Digitale Dekarbonisierung

Oliver D. Doleski · Thomas Kaiser ·
Michael Metzger · Stefan Niessen ·
Sebastian Thiem

Digitale Dekarbonisierung

Technologieoffen die Klimaziele erreichen

Springer Vieweg

Oliver D. Doleski
Siemens Advanta Consulting
Siemens AG, München
Deutschland

Thomas Kaiser
Siemens Advanta Consulting
Siemens AG, München
Deutschland

Michael Metzger
Technology
Siemens AG, München
Deutschland

Stefan Niessen
Technology
Siemens AG, Erlangen
Deutschland

Sebastian Thiem
Technology
Siemens AG, Erlangen
Deutschland

ISBN 978-3-658-32933-4 ISBN 978-3-658-32934-1 (eBook)
https://doi.org/10.1007/978-3-658-32934-1

Die Deutsche Nationalbibliothek verzeichnet diese Publikation in der Deutschen Nationalbibliografie; detaillierte bibliografische Daten sind im Internet über http://dnb.d-nb.de abrufbar.

Umschlaggestaltung: eStudioCalamar

Planung/Lektorat: Reinhard Dapper
Springer Vieweg ist ein Imprint der eingetragenen Gesellschaft Springer Fachmedien Wiesbaden GmbH und ist ein Teil von Springer Nature.
Die Anschrift der Gesellschaft ist: Abraham-Lincoln-Str. 46, 65189 Wiesbaden, Germany

In diesem Buch wird aus Gründen der besseren Lesbarkeit ausschließlich die männliche Form als generisches Maskulinum (maskulini generis) verwendet. Diese Form bezieht sich auf Personen beiderlei Geschlechts und anderweitige Geschlechteridentitäten gleichermaßen, soweit dies für die inhaltliche Aussage erforderlich ist.

Digitale Dekarbonisierung wird in dieser Publikation als Eigenname interpretiert und infolgedessen einheitlich „Digitale Dekarbonisierung" geschrieben.

Die Autoren dieser Publikation vertreten weder Positionen oder Meinungen noch etwaige wirtschaftliche Erwägungen der Siemens AG oder einer anderen Institution. Es handelt sich entsprechend um eine Fachpublikation mit ausschließlich privatem Charakter.

Geleitwort von Dr. Hubertus Bardt, Geschäftsführer und Leiter Wissenschaft des Instituts der deutschen Wirtschaft e. V.

Die deutsche Wirtschaft und ihre Unternehmen stehen aus mehreren Gründen vor fundamentalen Veränderungen. Zwei Entwicklungen stechen ins Auge, die bewährte und erfolgreiche Strukturen und Strategien grundlegend und kurzfristig infrage stellen. Digitalisierung und Dekarbonisierung.

Die Digitalisierung verändert die Basis vieler Unternehmen in Industrie und Dienstleistungsbranchen. Sie ist mehr als nur eine Erweiterung bestehender Kommunikations- und Vernetzungsmöglichkeiten, sondern verlangt, bestehende Produkte, Prozesse und Geschäftsmodelle von Grund auf neu zu denken. Grenzen der Unternehmen können sich erweitern, völlig neue Möglichkeiten können entwickelt werden. Gleichzeitig entstehen praktisch aus dem Nichts völlig neue Wettbewerber, die das eigene Geschäft schnell und vollständig bedrohen können.

Die Dekarbonisierung zwingt Unternehmen dazu, ihre Prozesse und Produkte mit Treibhausgasemissionen oder Energieverbräuchen neu zu denken und umzustellen. Die anspruchsvollen Klimaschutzziele der Europäischen Union zwingen Energiewirtschaft, Autoproduzenten, Mobilitätsanbieter und Grundstoffproduzenten zu massiven Investitionen und Innovationen. Die niedrigeren CO_2-Preise in anderen Ländern erschweren die Wettbewerbssituation für die Unternehmen zusätzlich.

Digitalisierung und Dekarbonisierung mischen die Karten völlig neu. Unternehmen müssen sich neu erfinden. Schnelle Innovation und Veränderungsfähigkeit sind Schlüssel, um mit diesen disruptiven Prozessen umzugehen und davon zu profitieren, statt von ihnen existenziell bedroht zu werden. Jede Herausforderung für sich ist so groß, dass zu viele Firmenleitungen daran scheitern werden, ihre Organisation schnell genug umzustellen. Zwei solche Entwicklungen gleichzeitig können als drohende Überforderung wahrgenommen werden.

Aber kann es nicht auch genau umgekehrt sein? Kann die Gleichzeitigkeit der Disruptionen es nicht sogar einfacher machen, sich an beide Entwicklungen anzupassen? Zwei Überlegungen sprechen dafür:

- Erstens: Statt sich zweimal hintereinander neu zu erfinden, reicht ein großer Schritt. Die Neuerfindung des Geschäftsmodells wird zwar schwieriger, weil sie beiden Einflussfaktoren gleichzeitig gerecht werden muss. Aber wer sich ohnehin grundlegend verändern muss, kann sich auch an eine Zukunft anpassen, die mehrdimensional anders aussieht. Einen fundamentalen Veränderungsprozess nach kürzester Zeit als unzureichend anzusehen und neu aufzusetzen, wäre sicher die risikoreichere Vorgehensweise.
- Zweitens: Das Problem der einen Disruption kann durch die andere Disruption zumindest teilweise adressiert werden. Die Digitalisierung kann einen wichtigen Beitrag zum effizienten Energie- und Ressourceneinsatz, zur Nachverfolgung von Emissionen in Wertschöpfungsketten oder zur Dematerialisierung von Prozessen leisten. Die Umstellung auf Videokonferenzen statt Geschäftsreisen im Kontext der Corona-Pandemie ist hierfür ein einfaches Beispiel. Digitale Prozesse können dazu beitragen, Energieangebot und -nachfrage besser aufeinander abzustimmen und lokale Stromnetze beispielsweise auch dann nicht zu überlasten, wenn über Nacht zahlreiche Elektroautos aufgeladen werden sollen. Digitale Prozesse können viele Schwierigkeiten der Dekarbonisierung lösen oder zumindest verringern.

Es zeigt sich, dass die beiden Disruptionen gemeinsam gedacht werden müssen. Dies findet noch zu selten statt. Das vorliegende Buch verfolgt genau diesen Ansatz. Die spezifische Perspektive liegt darin, die Herausforderungen des Klimaschutzes durch den Einsatz digitaler Konzepte und Technologien anzugehen. Dieser Ansatz wird systematisch sowohl konzeptionell begründet als auch praktisch unterlegt, vereinigen die Autoren doch umfangreiche Erfahrungen in Forschung, Beratung und unternehmerischer Praxis.

Das Buch zeigt deutlich, dass es Chancen der Digitalisierung für den Klimaschutz nicht nur theoretischer Natur gibt, sondern bereits vielfach Teil der praktischen Realität sind. Dass damit Vorbilder für viele andere Unternehmen beschrieben werden, ist ein besonderer Verdienst. Veränderungsprozesse brauchen Vorbilder, um bewältigbar zu erscheinen und um Inspirationen für die eigene Suche und Neuerfindung zu geben. Das Buch zeigt Wege zur Digitalen Dekarbonisierung auf und bietet Anregungen für Unternehmen, eigene Perspektiven zu entwickeln und mit der doppelten disruptiven Herausforderung aus Digitalisierung und Klimaschutz umzugehen.

Köln
im Mai 2021

Dr. Hubertus Bardt

Geleitwort von Professor Holger Hanselka, Präsident des Karlsruher Instituts für Technologie (KIT) sowie Koordinator des Forschungsbereichs Energie und Vizepräsident der Helmholtz-Gemeinschaft

Die Energiewende ist eine der zentralen gesellschaftlichen Herausforderungen unserer Zeit. Als Beitrag zum globalen Klimaschutz muss Deutschland den Einsatz fossiler Energieträger rasch und umfassend minimieren. Denn die Ziele der Energiewende in Deutschland sind ambitioniert: So sollen bis 2050 die Treibhausgasemissionen um 80 % bis 95 % reduziert werden.

Der Umbau des Energiesystems führt weg von einer zentralen Struktur und hin zu einem System, das durch eine dezentrale Erzeugung und Nutzung sowie den Bedarf starker und resilienter Netze zum Ausgleich einer stark schwankenden Erzeugung gekennzeichnet ist. Zu den Gründen hierfür gehört die zunehmende Energiegewinnung aus erneuerbaren Energiequellen sowie deren direkte Nutzung auch innerhalb regionaler und lokaler Netze. So muss trotz einer schwankenden Einspeisung in allen Sektoren – Strom, Wärme und Mobilität – eine sichere, zuverlässige und bezahlbare Energieversorgung gewährleistet werden. Damit dies gelingt, wird der Digitalisierung in vielen Bereichen des Gesamtenergiesystems eine zentrale Rolle eingeräumt.

Neue Technologien zur Energiespeicherung und -verteilung sowie intelligente Informations- und Kommunikationstechnologien sind für einen optimalen und sicheren Energiemix und resilienten Betrieb unerlässlich. Auch sind im zukünftigen Energiesystem Energieflüsse keine „Einbahnstraßen" mehr und Daten müssen in großem

Umfang ausgetauscht werden. Nur so ist beispielsweise zu erkennen, wann, wo und in welchem Umfang Überschüsse und Bedarfe bestehen. Um dies zu realisieren und künftige Netze zu simulieren, optimieren, planen, überwachen und sicher betreiben zu können, sind IT und Digitalisierung wesentliche Bausteine.

Dies hat der Forschungsbereich Energie der Helmholtz-Gemeinschaft bereits früh erkannt und in 2015 die gemeinsame Initiative „Energie System 2050" gestartet. Seither arbeiten zahlreiche Wissenschaftlerinnen und Wissenschaftler in vielfältigen Konstellationen an unterschiedlichen Aspekten der Energiewende, um neue Technologien und Komponenten für das Energiesystem der Zukunft zu entwickeln und in einem realistischen Umfeld zu testen. Mit den gebündelten Kompetenzen aus mehreren Zentren kann Helmholtz das Gesamtsystem, welches die Sektoren Strom, Wärme und Verkehr beinhaltet, beschreiben und schon heute unterschiedliche Wege zum Erreichen der Energiewende darstellen und bewerten.

Da das zukünftige Energiesystem sehr viel komplexer sein wird als das heutige, geht es auch darum, die Auswirkung der bevorstehenden Änderungen in der Praxis zu testen und somit für künftige Herausforderungen bestens gewappnet zu sein. So werden an den Forschungsinfrastrukturen des Energy Lab 2.0 in Karlsruhe und des Living Lab Energy Campus in Jülich in großem Maßstab Simulationen und Tests unter Realbedingungen durchgeführt. In Form von Reallaboren wird untersucht, was in der Theorie schon heute machbar ist, bislang in der Praxis aber noch in den Kinderschuhen steckt. So werden zum Beispiel neue Techniken zur Überwachung und Steuerung von künftigen Stromnetzen im realen Betrieb getestet. Und auch mit sogenannten digitalen Zwillingen wird gearbeitet. Mit diesen kann mittels Software eine Technologie simuliert werden, die es in der Realität noch nicht gibt. In Kombination mit Hardware-Komponenten können mit digitalen Zwillingen Systeme nachgeahmt werden, in die die reale Komponente künftig einmal eingesetzt werden soll. Dies beschleunigt die Forschung am Gesamtsystem immens. Zudem erleichtert dieses Werkzeug das Zusammenwachsen des Stromnetzes mit anderen Sektoren, wie etwa der Nahwärmeversorgung, dem Gasnetz oder einem experimentellen Wasserstoffnetz.

Wesentliche Beiträge zum Energiesystem der Zukunft liefert auch das von der Bundesregierung geförderte Kopernikus-Projekt „Neue Energienetzstrukturen für die Energiewende (ENSURE)". Gemeinsam mit zwei der Autoren dieses Buches, Prof. Stefan Niessen und Dr. Michael Metzger (Siemens AG), und zahlreichen weiteren Partnern aus Forschung und Industrie untersucht das Karlsruher Institut für Technologie (KIT), wie das zukünftige, an eine erneuerbare Energieversorgung angepasste Stromnetz – und der Weg dorthin – aussehen könnten.

Um all die genannten Herausforderungen auf dem Weg zur Energiewende zu meistern, ist die Zusammenarbeit von Forschungseinrichtungen mit großen Netzbetreibern, national und international agierenden Industriepartnern sowie innovativen Startups, essentiell. Denn nur gemeinsam können systemische, also das ganze System betreffende Lösungsoptionen erarbeitet werden. Hierbei ist wichtig, sich nicht auf bestimmte Technologien festzulegen, sondern technologieoffen heranzugehen, sprich unterschiedlichste Technologien einzubeziehen und verschiedene Transformationspfade zu berücksichtigen. So entwickelt die Helmholtz-Energieforschung eine Reihe von Handlungsoptionen, mit denen Akteurinnen und Akteure aus Politik und Wirtschaft auf künftige Entwicklungen flexibel und den jeweils aktuellen Anforderungen entsprechend reagieren können.

Bereits heute wissen wir: Das zukünftige Energiesystem wird durch eine Vielzahl an verteilten Anlagen für erneuerbare Energie und durch eine enge Vernetzung gekennzeichnet sein. Ein optimaler Betrieb derartig komplexer Energiesysteme kann nur dann gelingen, wenn der Digitalisierungs- und Automatisierungsprozess weiter voranschreitet. Daher freue ich mich, dass das vorliegende Buch „Digitale Dekarbonisierung" an konkreten Anwendungsfällen aufzeigt, welche Rolle die Digitalisierung im Energiesystem der Zukunft spielen wird. Den Autoren danke ich, dass sie mit dem Buch die Verknüpfung von Energiewende und Digitalisierung aufgreifen und damit einen ganz wesentlichen Beitrag auch zum Klimaschutz liefern.

Karlsruhe
im Mai 2021

Professor Holger Hanselka

Geleitwort von Dr. Stefan Küppers, Geschäftsführer Spezialtechnik/Digitalisierung der Westnetz GmbH

Die Energiewende ist weltweit beschlossen und alternativlos, wenn das in Paris 2015 beschlossene 1,5-Grad-Ziel erreicht werden soll. Um dies umzusetzen sind eine Reihe von Paradigmenwechseln notwendig, die oft in Megatrends beschrieben werden: Dekarbonisierung, Digitalisierung, Dezentralisierung, Demokratisierung usw. Es könnten leicht weitere hinzugefügt werden. Die Autoren haben mit diesem Buchtitel gleich zwei dieser Megatrends verbunden, die für eine Energiewende notwendig und hilfreich sind. Sie muss mit weniger und am Ende ohne Kohlendioxid gelingen, und die Digitalisierung bietet uns enorme Möglichkeiten, die das von Gewohnheiten und Stochastik geprägte „alte" Energiesystem nicht bieten konnte.

Auch die Verteilnetzbetreiber haben diese Trends lange schon erkannt. Als der PV-Boom vor ca. 10 Jahren begann, entstand der Leitsatz „Die Energiewende findet im Verteilnetz statt". Dies war Ausdruck der Tatsache, dass die erneuerbare Erzeugung in der Fläche stattfindet und in den „niederen Spannungsebenen". Inzwischen gibt es in Deutschland etwa 1,8 Mio. Stromerzeuger und auch ohne Förderung sind wegen der gestiegenen Strompreise für einen Privatkunden Bau und Betrieb von PV-Anlagen wirtschaftlich. Dieser Trend wird sich weiter verstärken.

Die Digitalisierung bringt weitere Möglichkeiten mit sich. Zunächst sind dafür wesentlich mehr Daten erforderlich, die den Betriebszustand der Netze aber auch des

Energiesystems in Summe abbilden. Sensoren oder Messsysteme ermitteln diese Daten und liefern diese an lokale, regionale oder überregionale Systeme weiter. Diese Daten sind dann notwendig, um den kostengünstigsten und für den vom Kunden gewünschten Ausgleich zwischen Energiedargebot und Energienachfrage zu gewährleisten. Dieser Ausgleich geschieht mit Hilfe von Aktoren, die Erzeuger oder Verbraucher zu- oder abschalten können. In der Theorie ist dies leicht und die Technik dafür ist grundsätzlich vorhanden. Daten sind allerdings auch die Basis, um die Systeme heute schon zu simulieren und das Abbild zu modellieren. Mithilfe der Systemmodellierung können wir heute die Pfade für den richtigen und sinnvollen Weg in das dekarbonisierte Energiesystem der Zukunft abbilden.

Der Teufel steckt dabei oft im Detail. Bleiben wir etwa im Stromsystem, so sind die extrem IT-sicheren, intelligenten Messsysteme in Deutschland zum einen teuer, aber auch von den gesetzlichen Anforderungen bisher vergleichsweise einfach ausgelegt. Der monatliche Verbrauch und die zugehörige Rechnung als transparente Information für den Kunden stellen wirklich nur einen Einstieg in die Digitalisierung dar. Zudem muss ein Kunde selbst agieren, wenn er seinen Energieverbrauch dann in der Folge beeinflussen möchte. Technisch ist es inzwischen möglich, Daten aus Verbrauch und Erzeugung quasi in Echtzeit zu erfassen und zu verarbeiten. Lokale Energiemanagementsysteme können mit übergeordneten Systemen schnell verbunden werden, die Kommunikation steuert die erforderlichen Ausgleichsvorgänge.

Allerdings muss sich die Erzeugungsseite in den Energiesystemen vielfach noch weiter entwickeln. So haben die Erneuerbaren z. B. im deutschen Stromsystem im Jahr 2020 fast einen 50%igen-Anteil bei der Stromerzeugung erreicht, aber in der Nacht und bei Flaute müssen Kohle-, Öl- und Gaskraftwerke sowie die verbliebenen Kernkraftwerke aushelfen. Ohne Speicherung ist dies weltweit heute mit Abweichungen prinzipiell sehr ähnlich, lediglich in der Primär- und Sekundärregelung gibt es Beiträge von Stromspeichern.

Darüber hinaus ist spätestens seit Paris klar, dass die Anstrengungen in den übrigen Sektoren des Energiesystems: Verkehr, Wärme und Prozessenergie, noch viel massiver erhöht werden müssen. Auch in diesen Sektoren sind die CO_2-Reduktionsziele zu erreichen. Die Sektorkopplung ist inzwischen akzeptierter und geförderter Teil des Lösungsbaukastens geworden. In der batteriebasierenden Elektromobilität ist diese Kopplung offensichtlich. Erneuerbar erzeugter Strom wird gespeichert, um damit im Verkehr Emissionen zu reduzieren. Das Ladeverhalten der Kunden kann dabei mit den Mitteln der Digitalisierung optimiert werden, um die Belastung der Netze zu begrenzen und um möglichst viel EE-Strom zu nutzen. Die Steuerungstechnik und die regulatorischen Rahmenbedingungen werden in den kommenden Jahren den Boden dafür bereiten.

Schaut man weiter in die Zukunft und setzt voraus, dass das Thema Speicherung von Energie und Kopplung aller Sektoren gelöst werden muss, so liegt viel Hoffnung in der Existenz und Nutzung eines CO_2-freien Gases, z. B. Wasserstoff. Wasserstoff kann aus EE-Strom gewonnen, beliebig lange gespeichert und in allen Sektoren genutzt werden.

Dieser Energieträger kann somit den EE-Strom sinnvoll ergänzen und ausgleichen, wenn benötigt. Die Basistechnologie für alle Ausgleichsvorgänge ist dabei die Digitalisierung. Ohne Daten aus dem System, Entwicklung der Wirtschaft sowie Einbeziehung der Demografie, Kenntnisse der Wünsche der Kunden und der Verfügbarkeit der jeweiligen sofort verfügbaren oder gespeicherten Energieträger wird dieses System nicht denkbar sein. Und die Digitalisierung wird helfen, die Verluste zu minimieren bzw. die Effizienz des Gesamtsystems zu steigern.

Dortmund
im Mai 2021

Dr. Stefan Küppers

Geleitwort von Dr. Felix Chr. Matthes, Research Coordinator Energy & Climate Policy beim Öko-Institut

Die Transformation zu einem Energiesystem sowie zu Wirtschafts- und Konsummustern, die der Anforderung von Klimaneutralität genügen, bildet eine der zentralen Herausforderungen des 21. Jahrhunderts. Der Erfolg oder Misserfolg dieser Transformation wird entscheidend sein für die Erhaltung vieler wichtiger Ökosysteme dieser Welt, aber auch und besonders für den zukünftigen Wohlstand und das zukünftige Wohlergehen menschlicher Gesellschaften. Dieser Transformationsprozess lässt sich als ein politisch getriebener und gleichzeitig fundamentaler Strukturwandel beschreiben. Er unterscheidet sich gerade wegen dieser Kombination von starker politischer Prägung und gleichzeitig sehr weitreichendem Strukturwandel im technischen, wirtschaftlichen und gesellschaftlichen Sinne von den bisherigen Erfahrungen mit politisch getriebenen Prozessen und Strukturwandelphasen. Die Transformation ist dabei geprägt durch den politisch determinierten Megatrend der Dekarbonisierung bzw. der Defossilisierung, jedoch auch durch die teilweise politisch, aber teilweise auch rein technologisch getriebenen Megatrends zunehmender Diversität und Dezentralität technologischer Systeme. Nicht Megatrends im engeren Sinne, aber wesentliche Eigenschaften der zukünftigen Energie- und Wirtschaftssysteme sind die steigende Kapitalintensität sowie eine zunehmende Infrastrukturbindung.

Für all diese Dimensionen bildet die Digitalisierung eine wesentliche Erfolgsbedingung. Die neue Vielfalt von Technologien, Akteuren und Anlagen führt zu einem Koordinationsaufwand in neuer Qualität. Wurde das deutsche Stromsystem über viele Jahrzehnte mit wenigen hundert Kraftwerksblöcken betrieben, tragen bereits heute etwa zwei Millionen Anlagen zur Stromerzeugung bei und das zukünftige System wird auf dem Zusammenspiel mehrerer Millionen Erzeugungs-, Speicher- und Nachfrageflexibilitätsoptionen beruhen. Diese Koordination wird einerseits nicht ohne eine viel stärkere Rolle von über Märkten erzeugten Preissignalen umgesetzt werden können, andererseits werden diese Märkte und die Verfügbarkeit der entsprechenden Preissignale wie auch die kurzfristigen Reaktionsnotwendigkeiten auf die Preissignale ohne eine sehr starke Digitalisierung nicht funktionieren können.

Auch wird die Digitalisierung mit Blick auf das teilweise von Massendaten abhängige zukünftige Energiesystem erheblich an Bedeutung gewinnen, als Folge der Wetterabhängigkeit sowie der zunehmend an Bedeutung gewinnenden räumlichen Strukturen von Solar- bzw. Windstromerzeugung bis hin zur Bewertung geologischer Formationen für Geothermie- und Speicheranwendungen oder für die CO_2-Ablagerung.

Gleichzeitig entstehen mit der starken Kapitalintensität wie auch der wahrscheinlich massiv zunehmenden Infrastrukturbindung erhebliche Herausforderungen bei der Optimierung von Anlagen und Systemen. In einem durch Kapitalkosten und Infrastrukturvorleistungen geprägten Energiesystem werden hohe Anfangsinvestitionen notwendig und dabei sind die Betriebskosten des Systems deutlich berechenbarer als heute. Wenn aber mit diesen hohen Anfangsinvestitionen suboptimale Kapitalstöcke entstehen, kann das auch zu sehr langfristig wirksamen Folgekosten führen. Die Robustheit dieser für den Erfolg von Energiewende und Klimaneutralität entscheidenden Investitionen, die teilweise unter erheblichen Unsicherheiten erfolgen müssen, können durch die mit Mitteln der Digitalisierung ermöglichte Optimierung oder die so umsetzbare Vielzahl von Sensitivitätsanalysen entscheidend verbessert werden. Und natürlich beziehen sich diese Optimierungsmöglichkeiten nicht nur auf neu geschaffene Kapitalstöcke, sondern auch auf die Möglichkeit zur optimierten Ausnutzung bestehender Anlagen- oder Infrastrukturen (z. B. im Bereich der Stromnetze).

Und so bildet die Digitalisierung sowohl auf der Investitions- als auch auf der Koordinierungs- und Teilhaberseite einer auf Klimaneutralität abzielenden Transformation eine der sehr wichtigen und wahrscheinlich auch entscheidenden Erfolgsbedingungen.

Berlin
im Mai 2021

Dr. Felix Chr. Matthes

Vorwort

Es ist Primetime abends vor dem Fernsehgerät. Nachrichtenzeit – sehen was sich in der Welt getan hat. Im Nordpolarmeer bricht eine Gletschereisplatte von der Größe eines kleinen Landes ab und schmilzt. Im pazifischen Ozeanien zieht sich die Küstenlinie sichtbar ins Landesinnere zurück, seit der Meeresspiegel langsam ansteigt. Bereits der dritte überdurchschnittlich starke Hurrikan erreicht die Küste der Vereinigten Staaten; und dies bereits im August, drei Monate vor Ende der Sturmsaison. Schalte das Fernsehen aus, mache den PC an, gehe ins Internet und öffne den Newsletter. In weiten Teilen Mittel- und Osteuropas fallen die Grundwasserspiegel wegen des zu trockenen zweiten Sommers. Überdurchschnittlich heftige Überschwemmungen nach Starkregen in der asiatischen Monsunregion. Dürre in weiten Teilen Afrikas. Mache den PC aus.

Der menschengeschaffene Klimawandel ist Realität. Neunzehn der zwanzig bislang wärmsten Jahre fallen in die Zeit seit der Jahrtausendwende. Wetterextreme nehmen weltweit statistisch belegbar zu. Alles Phänomene, die aus Sicht der Wissenschaft einer seit Beginn der Industrialisierung stetig ansteigenden Konzentration unterschiedlicher Treibhausgase in der Atmosphäre geschuldet sind. Etwa ein halbes Jahrzehnt nach dem Pariser Klimaschutzabkommen gab es kaum Veränderungen im Bereich der weltweiten Emissionen. Unverändert steigen die durchschnittlichen Temperaturen auf der Erde an, ohne dass eine Trendwende erkennbar wäre. Es ist Zeit für die Menschheit verantwortungsbewusst zu handeln.

Warum Digitale Dekarbonisierung?

Die Menschheit bleibt demzufolge aufgefordert, den Klimawandel aufzuhalten und so die Lebensgrundlage aller Spezies auf der Erde zu sichern. Aber was kann der Einzelne tun? Er kann Verzicht üben; er kann versuchen, seinen individuellen Anteil an Treibhausgasemissionen – seinen klimatischen Fußabdruck – zu reduzieren.

Wir, die Autoren dieses Buchs, wollen diesen bekannten und naheliegenden Ansatz des Konsumverzichts durch eine neue Idee, eine anwendungsorientierte Methodik ergänzen. In unserer beruflichen Praxis als Forscher, Praktiker und Unternehmensberater wurden wir in zahlreichen Industrieprojekten immer wieder mit der Frage konfrontiert, wie die einen Großteil der globalen Emissionen zu verantwortende Industrie und natürlich auch die menschlichen Ballungsräume einen eigenen, signifikanten Beitrag zur Treibhausgasminderung beisteuern könnten.

Der in diesem Buch vorgestellte Lösungsvorschlag lautet: *Digitale Dekarbonisierung*. Mit diesem Ansatz gelingt es – dies haben zahlreiche von den Autoren durchgeführte Projekte gezeigt – eine signifikante Reduzierung klimaschädlicher Treibhausgasemissionen durch die ganzheitliche Optimierung von Energiesystemen zu erzielen. Mithilfe technologieoffener Simulationsmethoden gelingt es unter Zuhilfenahme von digitalen Zwillingen oder Digital Twins, energetische Prozesse so zu optimieren, dass industrielle Standorte und Ballungsräume deutlich weniger Treibhausgase freisetzen. Ziel der Autoren ist, eine Methode vorzustellen, die es ermöglicht, energetische Prozesse derart umzugestalten, sodass sie, bei gleicher Leistung, deutlich weniger klimaschädliche Emissionen als zuvor freisetzen. Wir werden im Verlauf dieses Buchs anhand ausgewählter Anwendungsfälle aus der ganzen Welt zeigen, dass es sich bei Digitaler Dekarbonisierung nicht erst um ein prototypisches Konzept im Forschungsstadium handelt. – Vor dem Hintergrund des fortschreitenden Klimawandels eine gute Nachricht.

Wegweiser durch das Buch

Das Buch ist nach einem übergreifenden Einführungsteil in weitere sechs aufeinander aufbauende Kapitel gegliedert. Zur besseren Orientierung veranschaulicht Abb. 1 die Struktur und den Aufbau des Texts schematisch.

Das einleitende, erste Kapitel *„Dekarbonisierung als strategischer Fixpunkt“* bietet dem Leser die Möglichkeit zur besseren Orientierung und Standortbestimmung. Dazu werden zunächst die klimapolitischen Initiativen der letzten Jahrzehnte in der gebotenen Kürze skizziert und der Versuch einer vorsichtigen Bewertung des Status quo unternommen. Diesem folgt ein kurzer Abriss der wichtigsten Megatrends zur Lösung der Klimakrise sowie eine weiterführende Betrachtung der für diese Publikation

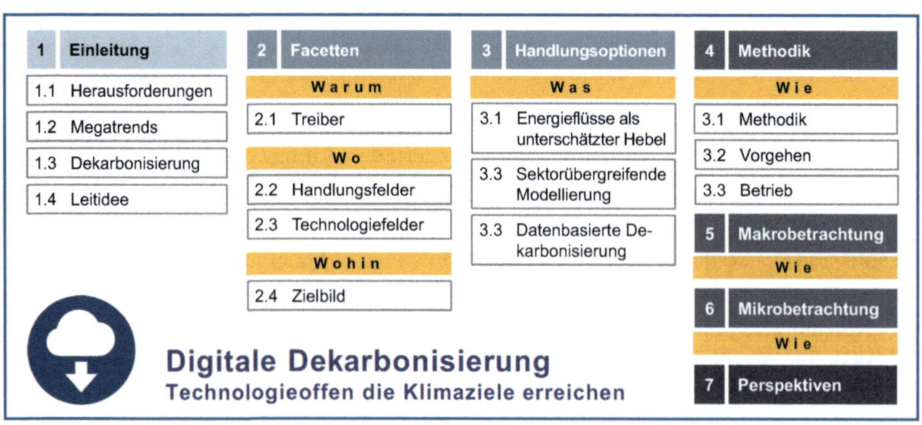

Abb. 1 Aufbau des Buches (schematisch)

konstitutiven Thematik der Reduzierung klimaschädlicher Treibhausgase. Das Einführungskapitel schließt mit einem Plädoyer zur technologieoffenen, d. h. freien Auswahl vorhandener Instrumente zur Dekarbonisierung des Energiesystems.

Im darauffolgenden zweiten Abschnitt *„Facetten der Dekarbonisierung“* wird die konzeptionelle Basis des Dekarbonisierungsansatzes unter Zuhilfenahme dreier Leitfragen erörtert. Mit der Frage, **warum** sich Gesellschaft und Wirtschaft intensiv mit der Reduzierung klimaschädlicher Treibhausgase beschäftigen, werden die wesentlichen Treiber der Dekarbonisierung vorgestellt. Die Autoren liefern hier eine Gesamtschau auf die relevanten Treiber für konkrete Maßnahmen zur Dekarbonisierung. Im Anschluss an die deskriptive Aufbereitung dieser Faktoren anhand der vier Themencluster Gesellschaft, Ökonomie, Technik und exogene Schocks wird die Frage erörtert, **wo** sich geeignete Ansatzpunkte oder Hebel in Gesellschaft, Wirtschaft und Technik für eine erfolgreiche Treibhausgasminimierung identifizieren lassen. Somit werden an dieser Stelle die zentralen Handlungs- und Technologiefelder einer nicht fossilen Wirtschaft vorgestellt. Zum Ende des zweiten Kapitels wird das Zielbild formuliert, welches die Frage zu beantworten sucht, **wohin** voraussichtlich die Dekarbonisierungsreise gehen wird.

Die Grundannahmen des zweiten Kapitels aufgreifend, beschreibt der dritte Abschnitt *„Handlungsoption Digitale Dekarbonisierung“*, **was** konkret getan werden kann, um eine signifikante Reduktion klimaschädlicher Treibhausgasemissionen zu erreichen. Dabei werden fundierte Ansätze wie die systemische Optimierung von Energieflüssen sowie der Ansatz der sektorübergreifenden Modellierung diskutiert. Bezugnehmend auf die Kerninhalte der allgemeinen Beschreibung des Systemmodells schließt das dritte Kapitel mit einer allgemeinen Beschreibung der Idee, digitale Technologien als Beschleuniger der gebotenen Reduzierung von Treibhausgasemissionen einzusetzen. Dies geschieht jedoch, ohne dabei die im folgenden vierten Kapitel synthetisierte methodische Lösung vorwegzunehmen.

Dementsprechend wird der für das Konzept der Digitalen Dekarbonisierung konstitutive methodische Überbau im vierten Kapitel *„Dekarbonisierung durch datenbasierte Optimierung“* eingeführt. Damit wird die Frage, **wie** das maßgebliche Methodengerüst für eine technologieoffene Dekarbonisierung durch datenbasierte Optimierung beschaffen sein muss, gestellt und beantwortet. Dies geschieht dergestalt, dass nach einer grundlegenden Einführung in die Modellierungsmethodik das Vorgehen, d. h. eine anwendungsorientierte Roadmap zur Umsetzung datenbasierter Optimierungsansätze vorgestellt wird.

Gemeinsam mit dem sechsten Kapitel *„Mikrobetrachtung inkl. Anwendungsfälle“* repräsentiert das fünfte Kapitel *„Makrobetrachtung inkl. Anwendungsfälle“* den, bildlich gesprochen, umsetzungsbezogenen „Maschinenraum“ eines digitalen Dekarbonisierungsvorhabens. Aufbauend auf der zuvor beschriebenen methodischen Basis präzisieren beide Kapitel die Idee technologieoffener Optimierung energetischer Prozesse.

Zum Abschluss geben die Autoren im siebten Kapitel *„Perspektive weniger Treibhausgase: eine Schlussbetrachtung“* neben einer Zusammenfassung wesentlicher Kernaussagen des vorliegenden Buches einige Anregungen für eine weiterführende Diskussion.

Herzlichen Dank für die Unterstützung

Zahlreiche Stationen und die freundliche Unterstützung vieler Mitstreiter begleiten den Weg zwischen der ersten Idee und dem finalen Buch. Ohne das Engagement und profunde Wissen ausgewählter Fürsprecher wäre der nunmehr vorliegende Text kaum realisierbar gewesen. Daher möchten wir uns ganz besonders bei unseren Mentoren und Freunden für deren großzügige Hilfe bedanken. Unser ganz besonderer Dank gilt in alphabetischer Reihung Dr. Hubertus Bardt, Professor Holger Hanselka, Dr. Stefan Küppers und Dr. Felix Chr. Matthes für ihre inspirierenden Geleitworte. Danken möchten wir namentlich auch unserem Lektor Herrn Dr. Ralf Willms für dessen tatkräftige Unterstützung bei der Finalisierung dieses Buchprojekts. Wir danken darüber hinaus dem gesamten Team vom Springer Vieweg Verlag, das zum Gelingen von „Digitale Dekarbonisierung" in besonderer Weise beigetragen hat. Stellvertretend seien hier Herr Reinhard Dapper sowie Frau Andrea Broßler vom Lektorat Informatik und Elektrotechnik genannt, deren engagierte und tatkräftige Unterstützung das gesamte Projekt begleitete. Unser abschließender persönlicher Dank gilt jedoch unseren Angehörigen, die uns viele Stunden der Freizeit in dieses Buchprojekt investieren ließen.

Konkrete Antworten auf die Frage, wie datenbasierte Verfahren bei der Dekarbonisierung von Energiesystemen helfen können und damit zugleich neue – die bekannten Ansätze jedoch keineswegs substituierende – Impulse zum Klimaschutz zu geben, ist das ambitionierte Ziel dieses Buchs. Das Autorenteam eint dabei das Bestreben, die Klimadiskussion durch eigene technologienahe Antworten zu ergänzen und damit den Lesern ein Angebot zur Realisierung emissionsarmer Energiesysteme zu offerieren. Insofern soll die vorliegende Schrift Mut machen, die Dekarbonisierung energetischer Prozesse beherzt anzugehen und sich dabei konsequent innovativer, datenanalytischer Modelle zur Optimierung von Systemen aller Art zu bedienen.

München und Erlangen
im Mai 2021

Die Autoren

Inhaltsverzeichnis

Über die Autoren

Oliver D. Doleski ist Principal bei Siemens Advanta Consulting und branchenweit bekannter Herausgeber. Nach wirtschaftswissenschaftlichem Universitätsstudium in München und verschiedenen leitenden Funktionen im öffentlichen Dienst sowie in Beratungs- und Dienstleistungsunternehmen war er viele Jahre erfolgreich freiberuflich als branchenübergreifend aktiver Unternehmensberater tätig. Heute widmet er sich vor allem im Energiesektor und in der Prozessindustrie intensiv den Themen Digitale Transformation, Internet of Things (IoT) und Smart City.

Sein Forschungsschwerpunkt liegt in den Bereichen Geschäftsmodellentwicklung (Integriertes Geschäftsmodell iOcTen) und Digitale Dekarbonisierung von Energiesystemen. Mit der Wortschöpfung Utility 4.0 etablierte Oliver D. Doleski bereits 2016 einen prägnanten Begriff für den Übergang von der analogen zur digitalen Energiewirtschaft. Er gestaltet als Mitglied energiewirtschaftlicher Initiativen den Wandel der Energiewirtschaft aktiv mit. Seine in der Unternehmenspraxis und Forschung gewonnene Expertise lässt er als Herausgeber und Autor in zahlreiche branchenweit beachtete Publikationen und Fachbücher einfließen, die sämtlich bei Springer Nature erschienen sind.

Dr. Thomas Kaiser leitet als Senior Vice President in zentraler Funktion bei der Siemens AG eine Bandbreite innovativer wachstumsorientierter Initiativen. Dabei besteht ein besonderer Fokus auf der operationalen Digitalisierung energieintensiver Industrien. Entsprechend trägt er auch geschäftliche Verantwortung für komplexe Programme zur Dekarbonisierung internationaler Kunden des Konzerns – hierzu zählen typischerweise die Öl & Gas-, die Chemie- und Metallindustrie sowie der Großanlagenbau. In dieser Kombination aus Geschäftsstrategie, innovativer Digitalisierung und integrativer Dekarbonisierung ist er zugleich ein gesuchter Ansprechpartner zahlreicher Unternehmer und CEOs in Europa und den USA – kombiniert mit einschlägigen Veröffentlichungen auch bei Springer Nature.

Nach seiner Promotion an der Fakultät für Wirtschaftswissenschaften der Universität der Bundeswehr in München war Thomas Kaiser vor ungefähr 25 Jahren Gründungsmitglied der Siemens Management Consulting gefolgt von Leitungsfunktionen für Qualitäts- und dann Nachhaltigkeitsmanagement – genannt sei hier die erstmalige Nachhaltigkeitsberichterstattung nach GRI-Richtlinien. Zwischenzeitlich leitete er über 10 Jahre das EMEA-Beratungsgeschäft einer US-basierten Gesellschaft mit Fokus auf Strategie und Performanz, bevor er wieder zur Siemens AG zurückkehrte.

Dr.-Ing. Michael Metzger entwickelt als Principal Engineer im Technologiefeld Energiesysteme der Siemens Technology mit den Mitteln der Digitalisierung Dekarbonisierungsstrategien für Energiesysteme und eine vorausschauende Betriebsführung von Stromnetzen. Nach dem Studium der Mathematik mit Studienrichtung Informatik an der Technischen Universität München und einer Promotion zum Doktor der Ingenieurwissenschaften an der Friedrich-Alexander-Universität in Erlangen ist er bei der Siemens AG in unterschiedlichen Positionen und Geschäftsfeldern tätig. Er startete seine industrielle Laufbahn als Projektleiter im Geschäftsgebiet Anlagen und technische Dienstleistungen. Über das Energiemanagement bei industriellen Produktionsprozessen kam er zur Integration der erneuerbaren Energien in unsere Stromnetze.

Seine Forschungsinteressen liegen methodisch im Bereich Operationsresearch und statistischem Lernen, die Anwendungsfelder sind vielfältig bei Energienetzen und

Infrastruktur. Michael Metzger betreibt die Umsetzung seiner Entwicklungen im Rahmen von Pilotprojekten. So ist er seit fast zehn Jahren als Projektleiter verantwortlich für die Pilotierung von Prototypen zu Microgrids und lokalen Energiemärkten. Als Lehrbeauftragter der Technischen Universität München gibt er seine Erfahrung an Studenten weiter und bindet diese in die Projektarbeit ein.

Professor Dr.-Ing. Stefan Niessen MBA leitet seit 2016 bei Siemens in der zentralen Konzernforschung das Technologiefeld Energiesysteme. Mit sieben Forschungsgruppen an verschiedenen Standorten in Deutschland, Österreich, Russland und China entwickelt er Modelle, Simulations- und Optimierungsverfahren für Auslegung und Betrieb multimodal gekoppelter Energiesysteme von Gebäuden, Werken, Städten und Ländern. Durch die Berücksichtigung der Kopplung der Versorgung mit Strom, Wärme, Kühlung, Antriebsenergie, Trinkwasser und chemischen Energieformen lassen sich Kosten senken, die Umwelteffizienz verbessern und neue Flexibilitätspotenziale heben. Parallel zu seiner Tätigkeit bei Siemens hat er die Professur für Technik und Ökonomie Multimodaler Energiesysteme an der TU Darmstadt.

Nach Studium und Promotion an der Fakultät für Elektrotechnik der RWTH Aachen war Stefan Niessen in den ersten sechs Jahren der European Energy Exchange AG als Mann der ersten Stunde im Kernteam für deren Aufbau. Die dafür erforderlichen wirtschaftlichen Kenntnisse erwarb er mit einem MBA an der Duke University. Danach arbeitete er zehn Jahre für einen französischen Anlagenbauer als Leiter des internationalen Marketings und als Leiter der Forschung und Entwicklung.

Dr.-Ing. Sebastian Thiem leitet die Forschungsgruppe „Distributed Energy Systems and Heat Conversion" in der Siemens Technology. Sein Team erarbeitet Konzepte und Methoden zur Integration erneuerbarer Energien in Standortenergiesystemen und Energiezellen. Die Methoden werden unter Verwendung von Optimierungsalgorithmen und Künstlicher Intelligenz in Tools umgesetzt und im Feld erprobt. Hierbei stehen multimodale Energiesysteme im Fokus – also die Frage, wie lassen sich Synergien zwischen verschiedenen Sektoren bestmöglich ausnutzen. Den Begriff des

„Multimodalen Energiesystems“ hat er bei seiner Promotion an der Technischen Universität München zum optimalen Energiesystemdesign von multimodalen Standortenergiesystemen maßgeblich geprägt.

Sebastian Thiem hat einen ingenieurwissenschaftlichen Hintergrund und hat am Karlsruher Institut für Technologie mit Auslandsaufenthalten an der Purdue University und University of California in Berkeley studiert. Nach seiner Promotion hat er unter anderem als Senior Key Expert in der Siemens Technology gearbeitet.

Über die Unterstützer

Lukas Höttecke ist Doktorand in der zentralen Forschungseinheit der Siemens AG und arbeitet in der Forschungsgruppe „Distributed Energy Systems and Heat Conversion" in Erlangen. Er studierte Elektrotechnik und Informationstechnik (B. Sc. und M. Sc.) an der Technischen Universität Dortmund und der Aalto University in Helsinki, Finnland. In seinem Studium wurde Herr Höttecke mehrfach ausgezeichnet, unter anderem mit dem Hans-Uhde-Preis für seine Masterarbeit.

In seiner Industriepromotion entwickelt Herr Höttecke seit 2018 effiziente Algorithmen zur Optimierung dezentraler Energiesysteme auf Resilienz. Die neuartigen Ansätze werden im gewerblichen und industriellen Umfeld in Deutschland erprobt. Besondere Forschungsschwerpunkte sind die Minimierung von langfristigen Planungsrisiken sowie die Berücksichtigung einer hohen Versorgungssicherheit in einer optimierten Investitionsplanung. Das Promotionsvorhaben wird von Herrn Dr. Sebastian Thiem (Siemens) und Herrn Prof. Dr. Stefan Niessen (TU Darmstadt) betreut.

Martin Küppers modelliert als Doktorand in der Gruppe „Energiesystemmodellierung bei Siemens Technology" Dekarbonisierungsstrategien in weltweiten Energiesystemen von der Länder- bis zur Regionen-Ebene. Zuvor hat er an der Rheinisch-Westfälischen Technischen Hochschule Aachen Elektrotechnik mit der Vertiefungsrichtung „Energietechnik" studiert. Während des Studiums hat er bereits praktische und internationale Erfahrungen durch ein Auslandssemester an der INSA Lyon und Praktika bei Siemens in Singapur und Siemens Advanta Consulting in München gesammelt. Seine

Promotion zum Doktor der Ingenieurwissenschaften wird von der Technischen Universität Darmstadt betreut.

Im Rahmen der wissenschaftlichen Dissertation und seiner Tätigkeit bei Siemens Technology beschäftigt sich Martin Küppers mit der datengetriebenen, digitalen Modellierung von Dekarbonisierungsszenarien in weltweiten Energiesystemen. Dabei entwickelt er Clustering-Verfahren zur automatisierten Aufbereitung und Auswertung dieser Systeme, bildet die technischen Vorgänge in weltweiten Energiesystemen standardisiert ab und erweitert die Modellierungstiefe z. B. durch geobasierte weltweite Daten.

Dr.-Ing. Florian Reißner ist Ingenieur bei der zentralen Forschungseinheit der Siemens AG in der Forschungsgruppe „Distributed Energy Systems and Heat Conversion". Nach verfahrenstechnischem Ingenieurstudium mit Doppelabschluss in Erlangen (Diplom) und Busan, Südkorea (Master), widmete er sich ab 2011 in einer Industriepromotion dem Thema „Industrielle Hochtemperaturwärmepumpen" und erlangte dabei seinen Doktortitel. Dabei gelang es ihm das weltweit erste Forschungsmuster einer Hochtemperaturwärmepumpe mit umweltfreundlichen halogenierten Arbeitsfluiden im Kilowatt-Maßstab in Betrieb zu nehmen. Diese Arbeiten legten den Grundstein für neuartige Wärmepumpensysteme, welche nachfolgend zu Forschungsarbeiten in einer kommerziellen Produktentwicklung führten.

Er erkannte ebenfalls frühzeitig, dass Standortenergiesysteme durch die Dekarbonisierung und die daraus resultierenden, stärker fluktuierenden Einflüsse von Preisen und Energieströmen zu immer komplexeren Systemen führen. Bereits während der Industriepromotion wurde das Thema „Digitale Energiesystemoptimierung" (seit 2013) ein Forschungsschwerpunkt. Bis heute hat er eine Vielzahl an Standortenergiesystemen sowohl in Regionen als auch in Ländern mittels Energiesystemdesign in verschiedenen Simulationstools untersucht und optimiert.

Abkürzungsverzeichnis

acatech	Deutsche Akademie der Technikwissenschaften
AF	Annuitätenfaktor
AR5	Fifth Assessment Report of the Intergovernmental Panel on Climate Change (IPCC)
bbl	Barrel (159 Liter Fass)
BIM	Building Information Modeling
BMVBS	Bundesministerium für Verkehr, Bau und Stadtentwicklung
CAPEX	Capital expenditures (Investitionsausgaben)
CCPP	Combined Cycle Power Plant
CCS	Carbon Capture and Storage (CO_2-Abscheidung und Speicherung)
CCU	Carbon Capture and Utilization (CO_2-Abscheidung und Verwendung)
CDDA	Nationally Designated Areas
CDP	Carbon Disclosure Project
CGG	UN Commission of Global Governance
CH_4	Methan
CHP	Combined heat and power plants (Kraft-Wärme-Kopplung)
CIM	Common Information Model
CO_2	Kohlenstoffdioxid, Kohlendioxid
CO_2e	CO_2-Äquivalente
COP	Coefficient of Performance
COP21	United Nations Framework Convention on Climate Change, 21st Conference of the Parties, Paris (Pariser Klimakonferenz)
CPS	IEA's Current Policies Scenario
ct	Eurocent
EEG	Erneuerbaren-Energien-Gesetz
EEX	European Energy Exchange
EOM	Energy-Only-Markt
ENTSO-E	European Network of Transmission System Operators for Electricity
ETES	Elektrothermischer Energiespeicher
ETRI	Energy Technology Reference Indicator
EU	Europäische Union (European Union)

GHD	Gewerbe, Handel und Dienstleistung
GHSL	Global Human Settlement Layer
GuD	Gas-und-Dampfkraftwerk
GW	Gigawatt
HDI	Human Development Index
IEA	International Energy Agency (Internationale Energieagentur)
IoT	Internet of Things (Internet der Dinge)
IPCC	Intergovernmental Panel on Climate Change (Weltklimarat)
ISI	Fraunhofer-Institut für System- und Innovationsforschung ISI
kt	Kilotonne
KWK	Kraft-Wärme-Kopplung
LP	Lineare Programmierung (linear programming)
MERRA-2	Modern-Era Retrospective analysis for Research and Applications, Version 2
MILP	Mixed-integer linear programming (gemischte ganzzahlige lineare Programmierung)
mmbtu	million British thermal units
mt	metric ton (Tonne, 1.000 kg)
MW	Megawatt
MWh	Megawattstunde
N_2O	Distickstoffmonoxid, Lachgas
NASA	National Aeronautics and Space Administration (Nationale Aeronautik- und Raumfahrtbehörde der USA)
NEP	Netzentwicklungsplan
NGO	Non-governmental organization (Nichtregierungsorganisation)
OPEX	Operational expenditures (Betriebsausgaben)
P2G	Power-to-Gas
P2H	Power-to-Heat
PPA	Power Purchase Agreement
PV	Photovoltaik
SEP	Systementwicklungsplan
STEPS	IEA's Stated Policies Scenario
THG	Treibhausgas (Greenhouse gas)
TOTEX	Total expenditures (Gesamtkosten)
TW	Terawatt
TWh	Terawattstunde
TYNDP	Ten Year Network Development Plan
UN	United Nations (Vereinte Nationen)
UN DESA	United Nations Department of Economic and Social Affairs (Hauptabteilung Wirtschaftliche und Soziale Angelegenheiten der Vereinten Nationen)

UNO	United Nations Organization (Organisation der Vereinten Nationen)
WEPP	World Electric Power Plants Database
WGS84	World Geodetic System 1984
WMO	World Meteorological Organization (Weltwetterorganisation)
WRI	World Resources Institute

1 Dekarbonisierung als strategischer Fixpunkt

The best way to predict the future is to create it. [Peter Drucker]

Zusammenfassung

Das Eis der Polkappen schmilzt, der Meeresspiegel steigt, Starkwetterereignisse nehmen weltweit zu, und seit der Jahrtausendwende erlebt unsere Erde die heißesten Jahre seit Beginn der Wetteraufzeichnungen. Infolgedessen gilt der menschengeschaffene Klimawandel heute als anerkannte Tatsache. Nur zu verständlich ist die inzwischen von immer mehr Menschen global und lokal vehement vorgetragene Forderung nach einem konsequenten Übergang hin zu einer klimafreundlichen Ökonomie. Nur, wo stehen wir in der Klimafrage heute? Und welche Trends sehen wir perspektivisch zur Lösung bei einer der größten Herausforderungen der Menschheit aller Zeiten? Die Autoren dieses Buchs beantworten in diesem Einführungskapitel diese und weitere Fragen in der gebotenen Kürze. Aber vor allem bieten sie dem Leser einen ersten Einblick in ihre Idee – und damit gewissermaßen den „Nordstern" dieser Publikation – zur Lösung der Klimakrise: die Ergänzung etablierter Ansätze zur Senkung des Ausstoßes von Treibhausgasen durch die **technologieoffene Dekarbonisierung energetischer Betriebsprozesse** aller Art. Aus Sicht des Autorenquintetts kann insbesondere das gewählte Paradigma der Technologieoffenheit einen die bekannten Instrumente ergänzenden Beitrag zur Klimarettung leisten.

Das Eis der Polkappen schmilzt, der Meeresspiegel steigt, Wetterextreme nehmen weltweit zu, und seit der Jahrtausendwende erlebt die Menschheit die heißesten Jahre seit Beginn der Wetteraufzeichnungen. So fallen neunzehn der zwanzig bislang wärmsten Jahre in diese Zeitspanne. Im Einzelnen gelten die sowohl vom Klimawandel als auch

O. D. Doleski et al., *Digitale Dekarbonisierung*,
https://doi.org/10.1007/978-3-658-32934-1_1

durch das El-Niño-Phänomen geprägten Jahre 2015 und 2016 als besonders heiß. 2017, 2018 und 2019 sind bislang die wärmsten Jahre außerhalb des überdurchschnittlich hohe Temperaturen begünstigenden El-Niño-Ereignisses. Konkret lag in den Jahren 2015, 2017 und 2019 die Durchschnittstemperatur 1,1 Grad Celsius und im El-Niño-Jahr 2016 sogar 1,2 Grad Celsius über dem Wert vor Beginn der Industrialisierung.[1]

Neben der Häufung hoher absoluter Jahresdurchschnittstemperaturen lässt eine weitere Erkenntnis aufhorchen. „The long-term temperature trend is far more important than the ranking of individual years, and that trend is an upward one."[2] stellt der Generalsekretär der *World Meteorological Organization (WMO)* Petteri Taalas fest. Indem er so den Blick von der isolierten Betrachtung einzelner Jahre auf den Trend signifikant ansteigender Durchschnittstemperaturen lenkt, wird ersichtlich, dass sich unsere Erde bereits inmitten einer globalen Erwärmungsperiode befindet.

Obwohl die hochkomplexen Wirkzusammenhänge des globalen Klimas bis dato noch nicht bis ins Detail bekannt sind und noch Unsicherheiten bezüglich der weiteren Entwicklungsdynamik des sich vor unseren Augen abspielenden Klimawandels herrschen, passt die Datenlage des globalen Temperaturanstiegs insgesamt sehr gut in das Bild eines durch den Menschen verursachten Klimawandels. Insofern kann angesichts des langfristig ansteigenden Temperaturtrends der anthropogene Klimawandel als gesicherte Tatsache angenommen werden. Klimaschutz ist heute damit schon lange kein Randthema engagierter Klimaschützer mehr, sondern liegt vielmehr im vitalen Interesse der gesamten Menschheit.

1.1 Klimaschutz – die globale Herausforderung

Der vom Menschen verursachte Klimawandel gilt inzwischen gemeinhin als eine Tatsache, die unseren Planeten negativ nachhaltig verändern wird. Ein globales Phänomen, das aus Sicht der Wissenschaft durch die seit Beginn der Industrialisierung stetig ansteigenden atmosphärischen Konzentrationen eines Mix unterschiedlicher *Treibhausgase (THG)* verursacht wird. Zu den wichtigsten langlebigen Treibhausgasen zählen dabei insbesondere Kohlen(stoff)dioxid (CO_2), Methan (CH_4) und Distickstoffmonoxid (N_2O), allgemein bekannter unter der Bezeichnung Lachgas. Kohlendioxid ist dabei mit einem Anteil von circa 81 % (2017) das weltweit am meisten emittierte Treibhausgas. Andere Gase wie beispielsweise Methan werden mit etwa 11 % zwar in signifikant geringeren Mengen in die Atmosphäre abgegeben, jedoch trägt ein Kilogramm Methan rund 30-mal mehr zum Klimawandel bei als ein Kilogramm Kohlendioxid.[3]

---

[1]Vgl. WMO (2018) und Umweltbundesamt (2020a).

[2]WMO (2018).

[3]Vgl. European Parliament (2019b).

Diese, aufgrund ihrer chemischen Eigenschaften, maßgeblich zum Anstieg der globalen Jahresdurchschnittstemperaturwerte beitragenden Gase entstehen heute primär entweder bei

- der Verbrennung von Kohle, Erdöl und Erdgas zur Strom- und Wärmegewinnung,
- der industriellen Weiterverarbeitung kohlenstoffhaltiger Rohstoffe in chemischen oder energetischen Prozessen oder
- in der Landwirtschaft.

Die Reduzierung dieser, das Weltklima aufheizenden Emissionen ist naturgemäß der entscheidende Hebel zur Korrektur des eingangs skizzierten Klimatrends.

1.1.1 Klimapolitische Initiativen im Überblick

Die hohe Relevanz des menschengeschaffenen Klimawandels für die Zukunft unserer Erde vor Augen, haben inzwischen weite Teile von Politik und Gesellschaft ein großes Interesse an einer spürbaren Reduzierung klimaschädlicher Treibhausgase. Das aus dieser Überzeugung folgerichtig abzuleitende Ziel des konsequenten Umbaus der Weltwirtschaft in eine weitgehend klimaneutrale Ökonomie war über den Zeitablauf jedoch nicht von jeher überall gleichermaßen sofort anerkannt. Es bedurfte einer Häufung weltweiter Temperaturrekorde, zunehmender Extremwetterereignisse und zahlreicher Klimakonferenzen, bis die klimapolitischen Ziele schließlich mit wachsender Ernsthaftigkeit verfolgt wurden. Einige der wichtigsten Stationen – von den Anfängen eines erwachenden Klimabewusstseins bis zum heutigen Stand globaler Klimaschutzinitiativen – mögen nachfolgend diesen Entwicklungsprozess kursorisch dokumentieren.

Club of Rome [1972]

Die Klimaschutzbewegung blickt inzwischen auf eine langjährige Tradition zurück. Eine der ersten und gleichzeitig wohl auch bekanntesten Initiativen dieser Art ist der *Club of Rome*. Dabei handelt es sich um einen bereits 1968 gegründeten internationalen Zusammenschluss von Experten, die sich bis heute für eine nachhaltige Zukunft der Erde einsetzen. Bekannt wurde die gemeinnützige Organisation mit dem 1972 publizierten Bericht *„The Limits to Growth"*, der seither weltweit sehr große Beachtung erfuhr.[4]

Während sich der Club of Rome zu Beginn der Siebzigerjahre des vergangenen Jahrhunderts noch primär auf die begrenzten Rohstoffressourcen des Planeten fokussierte, setzt sich angesichts der Klimaerwärmung heute zunehmend die Erkenntnis durch, dass bereits deutlich bevor die verfügbaren Ressourcen tatsächlich zur Neige gehen, deren

[4]Vgl. Meadows et al. (1972).

Verbrauch merklich eingeschränkt werden muss. Dies gilt vor allem für alle kohlenstoffhaltigen Rohstoffe, da deren Einsatz den Klimawandel weiter anheizt.[5]

Das größte Verdienst des Club of Rome ist es, bereits vor 50 Jahren damit begonnen zu haben, die Menschheit für die drängendsten Zukunftsprobleme unserer Erde zu sensibilisieren. Viele Entscheidungsträger in Politik, Wirtschaft und Politik haben „The Limits to Growth" in den vergangenen Jahrzehnten gelesen. Ebenso Schüler verschiedenster Bildungsinstitutionen, sodass sich die Erkenntnisse zu den Grenzen des Wachstums in der Öffentlichkeit weiter verfestigen konnten. Die inzwischen weltweit stattfindenden gesellschaftlichen Debatten zur nachhaltigen Sicherung unserer Lebensgrundlagen wäre ohne die Initialzündung des Clubs zweifelsohne schleppender verlaufen.

G7-Gipfel auf Schloss Elmau [2015]

Seit den richtungsweisenden Arbeiten des Club of Rome wurden im Kontext Wachstum und Klima – man ist fast geneigt zu sagen – unzählige wissenschaftliche Studien angefertigt, Initiativen gestartet und Konferenzen abgehalten.[6] Die Diskussion dieser Initiativen nimmt in der Literatur einen breiten Raum ein. Angesichts dieser umfangreichen Untersuchungen im Schrifttum und eingedenk der notwendigen inhaltlichen Fokussierung dieser Publikation sehen die Autoren an dieser Stelle von einer ausführlichen Erörterung der zahlreichen Entwicklungen seit 1972 ab. Dementsprechend soll der politisch-gesellschaftliche Entwicklungsprozess mittels eines Zeitsprungs in das für den Klimaschutz mit gleich drei internationalen Großereignissen bedeutenden Jahres 2015 skizziert werden.

Das zukunftsweisende „Klimajahr 2015" begann im Juni mit dem *G7-Gipfel auf Schloss Elmau* in Deutschland. Dabei haben die sieben größten Wirtschaftsnationen der Welt eine Reduzierung der weltweiten Treibhausgasemissionen um rund 70 % bis zum Jahr 2050 und eine vollständige Dekarbonisierung bis zum Ende dieses Jahrhunderts erstmalig bekundet.[7] Damit wurden in Elmau erste klimapolitische Eckdaten für den nachfolgenden Weltgipfel für nachhaltige Entwicklung in New York im September und die UN-Klimakonferenz in Paris im Dezember des gleichen Jahres gesetzt.

Weltgipfel für nachhaltige Entwicklung in New York [2015]

Als zweiter bedeutender Klimagipfel des Jahres 2015 fand im September der *Weltgipfel für nachhaltige Entwicklung* (engl. United Nations Sustainable Development Summit 2015) der Vereinten Nationen an ihrem Hauptsitz in New York statt. Charakteristisch für

[5] Vgl. Maier-Rigaud (2019).

[6] Exemplarisch und keineswegs erschöpfend seien hier die Ergebnisse der Brundtland-Kommission [1987] sowie die UN-Konferenzen von Rio de Janeiro [1992], Johannesburg [2002] und Rio de Janeiro II [2012] genannt.

[7] Vgl. Nature (2015, S. 128).

diese Konferenz ist, dass sie bis heute dank der breiten Beteiligung zahlreicher Nichtregierungsorganisationen (NGO), Verbände und Initiativen als Beispiel einer erfolgreichen Integration von Vertretern der Zivilgesellschaft in die Arbeit der Vereinten Nationen gilt.

Die Intention des Gipfels, mit seiner dem Ziel der Nachhaltigkeit folgenden Agenda, umfasst die nachhaltige Entwicklung wirtschaftlicher, sozialer und ökologischer Aspekte gleichermaßen. In der Präambel werden die wesentlichen Kernaussagen wie folgt zusammengefasst:

> **Preamble**
>
> This Agenda is a plan of action for people, planet and prosperity. It also seeks to strengthen universal peace in larger freedom. [...] We are determined to take the bold and transformative steps which are urgently needed to shift the world onto a sustainable and resilient path. As we embark on this collective journey, we pledge that no one will be left behind. The 17 Sustainable Development Goals and 169 targets which we are announcing today demonstrate the scale and ambition of this new universal Agenda. They seek to build on the Millennium Development Goals and complete what these did not achieve. They seek to realize the human rights of all and to achieve gender equality and the empowerment of all women and girls. They are integrated and indivisible and balance the three dimensions of sustainable development: the economic, social and environmental. [...]
>
> *Planet*
>
> We are determined to protect the planet from degradation, including through sustainable consumption and production, sustainably managing its natural resources and taking urgent action on climate change, so that it can support the needs of the present and future generations.[8]

Die auch unter dem Namen UNO-Nachhaltigkeitsgipfel bekannte Konferenz beschloss demnach die *17 Ziele nachhaltiger Entwicklung*.[9] Neben der Formulierung dieser Nachhaltigkeitsziele diente sie darüber hinaus zur Vorbereitung der im Dezember des gleichen Jahres stattfindenden Pariser Klimakonferenz.

Pariser Klimakonferenz [2015]

Auf der *UN-Klimakonferenz von Paris,* auch als „COP21" bekannt, entstand im Dezember 2015 schließlich eine umfassende und völkerrechtlich verbindliche globale Klimaschutzvereinbarung. Damit bekennt sich die Weltgemeinschaft erstmals zu konkreten, messbaren Zielen zur Bekämpfung des anthropogenen Klimawandels.

„The Paris Agreement central aim is to strengthen the global response to the threat of climate change by keeping a global temperature rise this century well below 2 degrees Celsius above pre-industrial levels and to pursue efforts to limit the temperature increase even further to 1.5 degrees Celsius."[10] Neben diesem Hauptziel, die Erderwärmung

---

[8] United Nations (2015a).

[9] Siehe zu den 17 Zielen detailliert United Nations (2015b).

[10] United Nations (2015d).

gegenüber vorindustriellen Werten auf deutlich unter 2 idealerweise in Richtung 1,5 Grad Celsius zu begrenzen, sieht das Abkommen ergänzend vor, die globale Treibhausgasneutralität noch im Laufe dieses Jahrhunderts zu erreichen. Ohne an dieser Stelle bereits den Ausführungen von Abschn. 2.1.3.2 vorwegzugreifen sei der Hinweis gestattet, dass in diesem Zusammenhang unter Treibhausneutralität ein Zustand verstanden wird, bei dem nicht mehr Treibhausgase emittiert werden, als gleichzeitig von natürlichen Kohlenstoffsenken wie beispielsweise Wäldern oder Ozeanen aufgenommen werden können.

Weiterhin verpflichten sich die Unterzeichnerstaaten der Pariser Klimaschutzvereinbarung in einem fünfjährigen Turnus ihre nationalen Klimaschutzbeiträge zu veröffentlichen und neue ehrgeizigere Ziele vorzulegen. Dies soll den Vertragsparteien als zusätzlicher Anreiz dienen, im Laufe der Zeit die individuellen Anstrengungen im Klimaschutz weiter zu steigern.

European Green Deal [2019]

Mit dem *European Green Deal*[11] sollen die Beschlüsse der UN-Klimakonferenz von Paris in der Europäischen Union weiter umgesetzt werden. Die *Europäische Kommission* verfolgt mit dem Green Deal das Ziel, dass bis Mitte des Jahrhunderts Europa zum ersten vollständig klimaneutralen Kontinent der Welt werden soll. Konkret bedeutet dieses Ziel nicht weniger als die vollständige Abkehr von der Nutzung fossiler Energieträger wie Kohle, Öl und Gas in der gesamten Europäischen Union bis zum Jahr 2050. Aus heutiger Sicht ein erstrebenswertes, aber auch ambitioniertes Ziel, welches die EU-Kommissionspräsidentin Ursula von der Leyen bei der Vorstellung ihrer Pläne angesichts der erforderlichen Anstrengungen sogar mit dem US-Raumfahrtprogramm Apollo in den sechziger Jahren verglich und in einer Pressekonferenz von Europas „Mann-auf-dem-Mond-Moment“ sprach.[12]

Neben dem visionären Ziel der EU-Kommission, Europa zum ersten klimaneutralen Kontinent zu transformieren, beinhaltet das Paket als Zwischenschritt auf dem Weg dahin eine deutliche Verschärfung der bis 2019 gültigen Ambitionen. Dabei soll das bisherige Emissionsreduktionsziel bis zum Jahr 2030 von bislang 40 % auf dann mindestens 55 % Einsparung im Vergleich zum Niveau des Referenzjahres 1990 angehoben und damit verschärft werden. Dieses Ziel bekräftigte Ursula von der Leyen nochmals in ihrer ersten Rede zur Lage der Europäischen Union vor dem Europaparlament am 16. September 2020 in Brüssel.[13]

[11] Vgl. für eine inhaltliche Orientierung European Commission (2019).

[12] Kommissionspräsidentin Ursula von der Leyen am 11.12.2019 bei der Vorstellung des Green Deal in Brüssel: „*Today is the start of a journey. But this is Europe's man on the moon moment.*“; siehe dazu Ekblom und Baczynska (2019).

[13] Vgl. European Commission (2020).

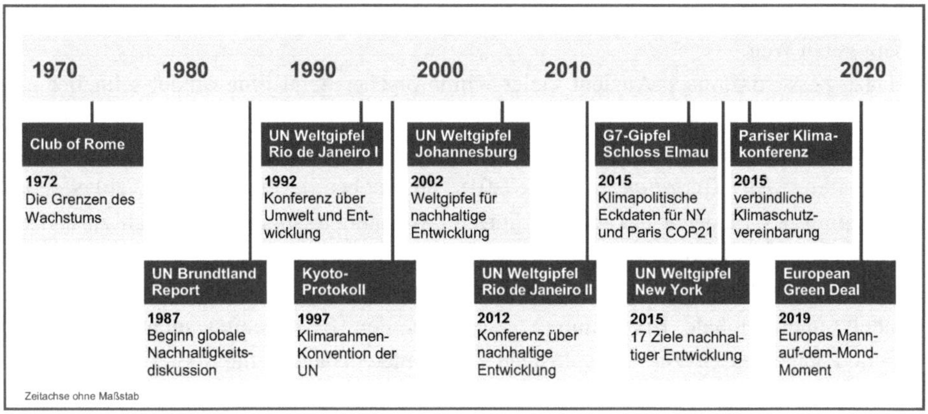

Abb. 1.1 Klimaschutz – Initiativen und Reaktion auf die globale Herausforderung im Zeitablauf

Die Weichen sind gestellt

Was ist allen vorgenannten Initiativen gemein? – Die Überzeugung, dass die Menschheit jetzt handeln muss, will sie die drohende Klimakatstrophe noch abwenden. Zahlreiche Initiativen und Konferenzen fanden daher seit den Siebzigerjahren des letzten Jahrhunderts statt. Deren Vielzahl und Inhalte können für den weniger mit den klimapolitischen Einzelheiten betrauten Leser mithin etwas verwirrend sein. Daher illustriert Abb. 1.1 zur besseren Übersicht eine zugegeben kleine Auswahl relevanter klimapolitischer Großereignisse entlang eines Zeitstrahls, welche aus Platzgründen hier nicht weiter vertieft werden können.

Obgleich die Menschheit noch längst nicht alle angestrebten Ziele im Klimaschutz erreicht hat, so konnten seit den Anfängen des Club of Rome 1972 doch bereits erste positive Ansätze und Erfolge im Klimaschutz erreicht werden. So hat die Weltgemeinschaft inzwischen damit begonnen, die Weichen in Richtung einer ernsthaften Bekämpfung des Klimawandels zu stellen. Auch ist das Bewusstsein für eine die Lebensgrundlage aller Spezies dieses Planeten perspektivisch bedrohende Klimaentwicklung nicht länger ausschließlich Angelegenheit klimaengagierter Eliten, sondern ist heute zusehends zum Gemeingut in immer mehr Gesellschaften und Kulturkreisen avanciert.

1.1.2 Status quo – wo stehen wir am Beginn des dritten Jahrzehnts?

Wo steht die Welt in der Klimafrage etwa ein halbes Jahrzehnt nach dem Pariser Abkommen (COP21)? – Es gab seit 2015 kaum Veränderungen und gerade dies ist alarmierend, so der Weltklimarat (IPCC). Die unmittelbaren Folgen des anthropogenen Klimawandels treten weltweit immer deutlicher zu Tage. Nach wie vor hält der globale Trend einer anhaltenden Erhöhung der durchschnittlichen Temperatur an, ohne dass eine Trendwende erkennbar ist.[14] Die Menschheit ist demzufolge keineswegs bereits auf einem guten Weg.

Dazu passt, dass nach Ansicht vieler Klimaforscher der Klimawandel schneller und stärker erfolgt, als noch vor einigen Jahren prognostiziert. Die Situation ist demnach unverändert kritisch. Bemerkenswert in diesem Zusammenhang ist, dass die britische Tageszeitung *The Guardian* im Mai 2019 angesichts der ungehindert ablaufenden Erwärmung des Planeten bekanntgab, ihre redaktionellen Sprachregelungen zu ändern. Vor dem Hintergrund der dramatischen Veränderung des Klimas intendiert das Blatt, die eigene Wortwahl an diese dramatische Entwicklung anzupassen. Begriffe wie „Klimawandel" und „globale Erwärmung" erscheinen den Redakteuren nicht ausreichend klar und angemessen zu sein: „Instead of 'climate change' the preferred terms are 'climate emergency, crisis or breakdown' and 'global heating' is favoured over 'global warming', although the original terms are not banned."[15] Mit dieser Präzisierung der Wortwahl unterstreicht der Guardian, dass sich die Menschheit bereits inmitten der Klimakatastrophe befindet.

Vor diesem Hintergrund bedarf es vor allem praktikabler Lösungen, um die kritische Konzentration klimaschädlicher Emissionen in der Atmosphäre nicht nur zu begrenzen, sondern auch spürbar zu reduzieren. Die Autoren wollen mit der vorliegenden Publikation einen zugegeben kleinen Beitrag zur Rettung des Weltklimas leisten. Bevor wir in den folgenden Kapiteln jedoch diesen neuen Ansatz zur technischen Unterstützung dieser Zielsetzung vorstellen, werden wir uns im folgenden Abschnitt zunächst der konstitutiven Frage widmen, welche Megatrends die globale Energiewende treiben.

1.2 Megatrends der globalen Energiewende

Angesichts global steigender Temperaturen muss erfolgreicher Klimaschutz bei den Ursachen dieses globalen Erwärmungstrends ansetzen. Diese sind – wie zu Beginn dieses Einführungskapitels dargelegt – Resultat des vom Menschen verursachten hohen Eintrags klimaschädlicher Treibhausgase[16] in die Erdatmosphäre.

Einmal abgesehen von den klimabelastenden Effekten der industriell betriebenen Landwirtschaft ist die weltweit ansteigende atmosphärische Konzentration von Treibhausgasen entweder das Resultat der Verbrennung fossiler Energieträger zur Energieversorgung oder der Nutzung kohlenstoffhaltiger Rohstoffe *zur Erzeugung von Grundstoffen* für die anschließende Produktion von Enderzeugnissen aller Art. Dabei

[14] Vgl. dazu IPCC (2019) und UNEP (2019).

[15] Carrington (2019).

[16] Treibhausgase sind per definitionem klimaschädlich. Da der Term „klimaschädliche Treibhausgase" im allgemeinen Sprachgebrauch üblich ist, schließen wir uns diesem Gebrauch an.

ist beiden letztgenannten Fällen gemein, dass sowohl bei der Energieversorgung als auch bei der Aufbereitung von Rohstoffen jeweils energetische und technische Prozesse zum Einsatz gelangen, die gleichermaßen von technologischen, wirtschaftlichen und politischen Megatrends beeinflusst sind.

Der technische Fortschritt sowohl bei den Energiesystemen als auch bei den Industrieprozessen wird maßgeblich von einem Set an *Megatrends* getrieben. Allerdings herrscht in Bezug auf die Zuordnung von Entwicklungen zur Gruppe der Megatrends in Fachdiskussionen bis dato noch keine einheitliche Festlegung. So wird im Schrifttum vielfach davon gesprochen, dass Energiesysteme und Betriebsprozesse von den drei dominierenden „Ds", also von Dekarbonisierung, Digitalisierung und Dezentralisierung maßgeblich geprägt werden. Andere Quellen, vornehmlich einer energiewirtschaftlichen Sicht nahestehend, erweitern diese drei Trends der globalen Energiewende um die zwei Phänomene der Demokratisierung und einer Degression der Elektrizitätserzeugungskosten zu den sogenannten „Fünf Ds".

Da der inhaltliche Fokus des vorliegenden Buchs auf der Gesamtheit sowohl energietechnischer als auch prozessualer Fragestellungen im Kontext der Klimafrage liegt und insofern nicht auf Fragestellungen aus dem Energiesektor im engeren Sinne beschränkt ist, werden nachfolgend die drei besonders relevanten Megatrends der globalen Energiewende, Dekarbonisierung, Digitalisierung und Dezentralisierung, näher betrachtet. Diese Beschränkung erscheint insofern angemessen, da diese den Blick auf die Megatrends lenkt, die die für diese Schrift konstitutiven Inhalte vornehmlich tangieren. Wir greifen diesen Gedanken zum Ende dieses einführenden Kapitels in Abschn. 1.4 nochmals auf.

1.2.1 Dekarbonisierung

Spätestens seit dem 2015er G7-Gipfel auf Schloss Elmau und der im gleichen Jahr wenig später abgehaltenen UN-Klimakonferenz von Paris drängt der Dekarbonisierungsbegriff als erstes „D" der drei Megatrends immer stärker auf die politische Tagesordnung und in den Blick einer zunehmend breiter werdenden Öffentlichkeit. Schließlich sorgt in die Atmosphäre freigesetzter Kohlenstoff, neben anderen Treibhausgasen, für den gefürchteten Treibhauseffekt oder mit anderen Worten: für die Erwärmung des Klimas.

In *Dekarbonisierung* steckt einerseits die Vorsilbe „de-" im Sinne von „herab" oder „ent-"[17] und andererseits das ebenfalls aus dem Latein entlehnte Wort „carbon" für Kohlenstoff. Folgerichtig bezeichnet der für diese Publikation zentrale Begriff der Dekarbonisierung allgemein Verfahren oder Ansätze, die eine spürbare Abkehr vom Kohlenstoff bezwecken. Der Begriff beschreibt demnach die nachhaltige Reduzierung

[17]Der in einigen deutschsprachigen Quellen ebenfalls Anwendung findende Begriff der Entkarbonisierung für Dekarbonisierung findet in diesem Buch keine Verwendung.

von Kohlendioxidemissionen aller Art, wobei in der öffentlichen Diskussion bislang vorrangig die beiden Industriesektoren „Energiewirtschaft“ und „Verkehr“ im Fokus stehen.

In der einschlägigen Literatur existiert eine Vielzahl ähnlicher Definitionen des Terminus „Dekarbonisierung“. Diese unterscheiden sich vornehmlich in deren Ausrichtung, die entweder eher populärer oder alternativ technischer Art sein können. Eine auf der internationalen Ebene oft zitierte, allgemein gehaltene Definition stammt aus dem Glossar des Syntheseberichts (Synthesis Report) des fünften Sachstandberichts (Fifth Assessment Report, AR5) des Weltklimarats, dem *Intergovernmental Panel on Climate Change (IPCC)* :

▶ **Definition 1: Decarbonization** The process by which countries or other entities aim to achieve a low-carbon economy, or by which individuals aim to reduce their consumption of carbon.[18]

Vorteil dieser zugegeben breit gefassten Definition des IPCC ist, dass wir damit unter Dekarbonisierung all diejenigen Aktivitäten und Initiativen subsumieren können, die grundsätzlich eine möglichst wenig Kohlendioxid emittierende Ökonomie zum Ziel haben. Damit fällt nicht nur der bekannte Ansatz der Vermeidung kohlenstoffhaltiger Emissionen bei der Verbrennung von Kohle, Erdgas oder Öl und damit die Abkehr von fossilen Energieträgern unter diesen Begriff. Vielmehr umfasst die so verstandene Reduzierung des Kohlenstoffs mithin alle Verfahren, bei denen CO_2-intensive durch CO_2-arme Prozesse ersetzt werden. In diesem Buch wird der oben zitierte Term „consumption of carbon“ des IPCC als Kohlenstoffnutzung, die zur Erhöhung des Anteils von klimawirksamem Kohlenstoff in der Atmosphäre führt, interpretiert. Ein erweitertes Grundverständnis, auf das wir abermals im Abschn. 1.4 zurückkommen werden.

Dekarbonisierung im engeren versus im weiteren Sinne

Wenn gemeinhin von Dekarbonisierung gesprochen wird, dann wird darunter primär die Reduzierung von Kohlenstoffemissionen verstanden *(Dekarbonisierung im engeren Sinne).* Diese sprachlich korrekte Auslegung berücksichtigt jedoch naturgemäß nicht die tatsächliche Bandbreite der verschiedenen Treibhausgase, die in ihrer Gesamtheit das Klima aufheizen. Daher wird in dieser Publikation der Dekarbonisierungsbegriff – sprachlich etwas unscharf – ebenso auf die erforderliche Reduzierung anderer Treibhausgase wie beispielsweise Methan und Distickstoffmonoxid (Lachgas) angewandt. Mit dieser fachlich gebotenen Erweiterung des ursprünglichen Begriffsinhalts ist es möglich, den Themenkomplex der Treibhausgasreduzierung in seiner Gesamtheit zu behandeln *(Dekarbonisierung im weiteren Sinne).*

---

[18]IPCC (2014, Annex II: Glossary, S. 121).

1.2.2 Digitalisierung

Mit dem zweiten „D" wird gleichzeitig der zweite konstitutive Begriff dieses Buchs eingeführt. Denn wie der Haupttitel „Digitale Dekarbonisierung" bereits verrät, behandelt diese Schrift innovative Möglichkeiten der Nutzung digitaler Technologien im Zusammenhang mit der intendierten Reduzierung von Treibhausgasen in Energiesystemen und ressourcenintensiven Betriebsprozessen. Aber dazu später im Kap. 3 mehr.

Bei kritischer Durchsicht der einschlägigen Fachliteratur wird schnell offensichtlich, dass bis dato kein einheitliches Verständnis in Bezug auf den Digitalisierungsbegriff besteht. Die Auffassungen sowohl in Fachdiskussionen als auch im Schrifttum sind – bezogen auf den Begriffsinhalt – mehr oder weniger uneinheitlich ausgeprägt. Infolgedessen reicht das Meinungsbild darüber, was unter Digitalisierung konkret zu verstehen sei, heute z. B. von der intelligenten Nutzung von Massendaten über die breite Anwendung moderner digitaltechnischer Systeme bis zum Design völlig neuer datenbasierter Geschäftsmodelle. Eine kleine Auswahl von Meinungsbildern, die beliebig ergänzt werden könnte.

Trotz der zuvor erwähnten Ermangelung einer allgemeingültigen Definition bieten die Autoren dennoch nachstehend eine nicht allein technisch, sondern vielmehr ganzheitlich orientierte Begriffsbestimmung des Buzzwords *Digitalisierung* wie folgt an:

▶ **Definition 2: Digitalisierung** Digitalisierung beschreibt den Prozess der Durchdringung und Vernetzung des täglichen Lebens mit digitalen Technologien. Herausragende Merkmale der Digitalisierung sind neben der Automatisierung von Geschäftsprozessen, dem Aufbrechen linearer Wertschöpfungsketten und der Etablierung komplexer Kooperationsnetzwerke auch die strukturelle Befähigung zu verstärkter Diversifikation sowie fortschreitender Individualisierung. Grundsätzlich ist Digitalisierung nicht auf technische Aspekte beschränkt, sondern wirkt sich auf alle gesellschaftlichen und sozioökonomischen Bereiche gleichermaßen aus.[19]

In Anlehnung an diese definitorisch soeben eingeführte Merkmalskombination deutet sich bereits ein vielfältiger Entscheidungs- und Lösungsraum digital ermöglichter Optionen[20] an – und wie argumentiert werden könnte, entlang der folgenden Dimensionen:

- Datensystematische Erkenntnisse für humane oder künstliche Intelligenz
- Entsprechender verarbeitender, übertragender und auswertender Informationstechnologien

---

[19] Doleski (2020, S. 8).

[20] Vgl. Kaiser und Doleski (2020, S. 16).

- Eingebettet in typischerweise repetitive Prozesse der produzierenden Wertschöpfung oder konsumierenden Nutzensteigerung
- Ge- oder benutzt durch Individuen, Gruppen oder Kohorten in einer professionellen oder privaten Lebenswelt

Das utilitaristische Motto, welches der Digitalisierung eine – hier nun im Folgenden der Dekarbonisierung – dienende Funktionalität zuweist, legt nahe, dass perspektivisch auch weiterhin Entwicklungen zur Optimierung von Energiesystemen, Infrastrukturen und Betriebsprozessen mehr und mehr von digitalen Technologien beherrscht werden. Der Einsatz innovativer Informations- und Kommunikationstechnologien stellt dabei geeignete Mittel bereit, die ein effizientes und häufig automatisiertes Zusammenspiel unterschiedlicher Systeme und Prozesse sicherstellen.[21] Aus der Kombination vernetzter Systemkomponenten mit intelligenten Steuerungsalgorithmen entstehen in den unterschiedlichsten Branchen bereits heute und noch stärker in Zukunft hocheffiziente Anwendungsfälle. Idealtypisch erzielen die so digitalisierten Lösungen trotz geringerem Input an Rohstoffen und Energie die gleiche Ausbringung im Vergleich zu ihren nicht-digitalisierten Pendants. Weitergedacht wohnt damit – wie die Autoren an späterer Stelle in diesem Buch noch belegen werden – der allgegenwärtigen Digitalisierung, als dem zentralen Innovationstreiber unserer Zeit, die Chance inne, auch als maßgeblicher Treiber für vornehmlich technische Effizienzgewinne zur Reduzierung klimaschädlicher Treibhausgase zu fungieren.

1.2.3 Dezentralisierung

Schließlich das dritte „D" für *Dezentralisierung,* welches sich logisch überwiegend aus den vorangehenden zwei Megatrends ableitet. Dieses Phänomen hat im Gegensatz zu den beiden branchenübergreifenden Phänomenen Dekarbonisierung und Digitalisierung jedoch einen regionalen und auch genuin energiewirtschaftlichen Branchenbezug. Denn Dezentralität ist in immer mehr Volkswirtschaften ein wichtiges und in einigen Staaten, wie beispielsweise Deutschland, sogar das zunehmend prägende Merkmal der Energieversorgung. Global erfolgt zwar nach wie vor ein Zubau von mit fossilen oder nuklearen Brennstoffen betriebener Großkraftwerke, jedoch werden gleichzeitig auch immer mehr Wind-, Solar- und Wasserkraftanlagen überall auf der Erde in Betrieb genommen.[22]

▶ **Definition 3: Dezentralisierung des Energiesystems** Im Gegensatz zur zentralen Stromerzeugung in Großkraftwerken erfolgt im dezentralen Energiesystem die Stromproduktion mittels vieler kleiner Erzeugungsanlagen (quantitative Komponente), die

[21] Vgl. Doleski (2017, S. 5 ff.).

[22] Vgl. unter anderem IRENA (2017, S. 18 f.), IRENA (2019) und urgewald (2019).

räumlich über ein größeres Gebiet verteilt sind (geografische Komponente). Unter *Dezentralisierung des Energiesystems* wird demzufolge die Abkehr von der zentralen Stromerzeugung in Großanlagen zugunsten der Zunahme lokaler, zumeist auf erneuerbaren Energien basierender Erzeugungskapazitäten verstanden.

Diese erneuerbaren Stromerzeugungsanlagen[23] sind in aller Regel deutlich kleiner, über eine größere Fläche disloziert, häufig in der Nähe des Bedarfs platziert und volatiler als klassische Großanlagen zur Elektrizitätserzeugung. Daraus folgt, dass eine von dezentral verteilten Anlagen bestimmte Stromerzeugung zunehmend kleinteiliger wird und im Falle von dargebotsabhängiger Erzeugung spürbar zeitlich veränderlicher ausfällt.[24] Grund dafür ist der Umstand, dass im Gegensatz zu fossilen oder nuklearen Großkraftwerken regenerative Energiequellen, wie Sonne oder Wind, nicht konzentriert an einem Ort, sondern verteilt auf eine Fläche anfallen. Um trotz dieser Kleinteiligkeit und Volatilität die Energienetze dennoch stets stabil betreiben zu können, muss das Energieangebot dezentraler Erzeuger zu jeder Zeit mit der vorhandenen Nachfrage synchronisiert werden. Dies geschieht unter Einsatz intelligenter Energiemanagementsoftware und komplexer Algorithmen zur Steuerung von Netz, Verbrauch und Speichern. Folgerichtig ist eine vollständige Dezentralisierung der Energieversorgung ohne Digitalisierung nicht denkbar.

1.3 Dekarbonisierung als strategischer Dreh- und Angelpunkt

Nachdem mit der kurzen Diskussion der drei interagierenden Megatrends Dekarbonisierung, Digitalisierung und Dezentralisierung erste Grundlagen für ein einheitliches Verständnis einer technologieoffenen Methodik zur Dekarbonisierung gelegt wurden, wird nachfolgend der für diese Publikation zentrale Begriff der Dekarbonisierung aus dem Vorabschnitt aufgegriffen und anhand von drei weiterführenden Leitfragen erörtert.

Welche Bedeutung hat Dekarbonisierung heute?

Rufen wir uns die Kernaussagen zu den globalen Herausforderungen des anthropogenen Klimawandels aus Abschn. 1.1 dieses Einführungskapitels nochmals in Erinnerung, so bleibt festzuhalten, dass die Erderwärmung auf Basis aller derzeit verfügbaren, seriösen Klimadaten signifikant voranschreitet. Wollen wir diese Klimaerwärmung aufhalten, so

[23]Der insbesondere im allgemeinen Schrifttum und in der Energiewirtschaft geläufige Begriff der „Energieerzeugungsanlage" für Elektrizität bereitstellende Anlagen findet zugunsten einer physikalisch präziseren Notation hier keine Verwendung.

[24]Unter dem Begriff *Dargebot* wird die in einem Energiesystem zur Verfügung stehende Elektrizitätsmenge verstanden.

müssen wir den Ausstoß klimaschädlicher Emissionen nachhaltig senken. Damit fällt der Dekarbonisierungsidee die Rolle des strategischen Dreh- und Angelpunkts innerhalb der globalen Klimadiskussion zu.[25] Diese Hervorhebung erscheint keineswegs überzogen, eingedenk des Faktums, dass mit der Dekarbonisierung voraussichtlich das größte Transformationsprojekt dieses Jahrhunderts adressiert ist.

Auf den Punkt gebracht, ist Dekarbonisierung im Grunde genommen praktisch angewandter Klimaschutz. Damit avanciert die Dekarbonisierung zum bedeutungsvollen Kern des Klimaschutzes und ist Katalysator für die Überführung der heutigen kohlenstoffreichen Wirtschafts- und Konsumweise hin zu einer zunehmend kohlenstofffreien Wirtschaft und Lebensgestaltung. Perspektivisch ist darunter also zu verstehen, dass in einer vollständig dekarbonisierten Volkswirtschaft schließlich alle energetischen und technischen Prozesse keine Treibhausgase mehr freisetzen sollen.

Seit wann steht die Dekarbonisierung auf der klimapolitischen Tagesordnung?
Wenngleich der Begriff Dekarbonisierung vornehmlich in Fachpublikationen auch schon vor dem Jahr 2015 vereinzelt auftauchte, so gewann er, wie bereits zuvor geschildert, doch erst im Nachgang zum G7-Gipfel auf Schloss Elmau in Deutschland erheblich an Bedeutung. Seit die sieben führenden Wirtschaftsnationen im Juni 2015 beschlossen hatten, dass die Weltwirtschaft bis zum Ende dieses Jahrhunderts vollständig dekarbonisiert sein soll, ist der Begriff fester Bestandteil der weltweiten Klimadiskussion.[26]

Dem Dekarbonisierungsbegriff fällt nach Elmau sukzessive eine zunehmend bedeutendere Rolle zu. So haben bereits zwei der 17 auf dem Weltgipfel für nachhaltige Entwicklung 2015 in New York beschlossenen Ziele einen unmittelbaren Bezug zur Dekarbonisierung: „Nachhaltige Energie für alle" (Ziel 7) und „Bekämpfung des Klimawandels" (Ziel 13).

Im 29 Artikel umfassenden Klimaabkommen der nur wenige Monate nach dem G7-Gipfel und dem UN-Gipfel in New York im gleichen Jahr abgehaltenen UN-Klimakonferenz von Paris wurde das Wort „Dekarbonisierung" noch vermieden. Allerdings wurde der Begriff zumindest indirekt dadurch berücksichtigt, dass die menschengeschaffenen Emissionen durch sogenannte „Senken" (sinks of greenhouse gases) neutralisiert werden, was einer speziellen Ausprägung der Dekarbonisierung entspricht.[27]

Dekarbonisierung oder doch besser Defossilisierung?
Mit dem Begriff der „Dekarbonisierung" wird heute, insbesondere bei der Stromerzeugung, die Umstellung auf Energieumwandlungsprozesse verstanden, die nicht auf

[25] Dekarbonisierung wird entsprechend Abschn. 1.2.1 an dieser Stelle im erweiterten Sinne als Reduzierung aller Treibhausgase verstanden.

[26] Vgl. Nature (2015, S. 128).

[27] Vgl. United Nations (2015c).

der Verbrennung von Kohlenstoff basieren. Weiten wir den Betrachtungshorizont jedoch von der Stromerzeugung auf alle Energiesektoren aus, so wäre es sachlich korrekter, von einer *„Defossilisierung"* zu sprechen, da eine undifferenzierte Verbannung des Kohlenstoffs nicht zielführend ist.

Denn ohne Kohlenstoff können in der *Prozessindustrie* – an dieser Stelle sei allein die sogenannte Kohlenstoffchemie exemplarisch genannt – kaum relevante Herstellungsprozesse realisiert oder zahllose Produkte nicht hergestellt werden. Auch hinter strombasierten, grünen Flüssigkraftstoffen steht ja gerade die Idee klimaschädlichen Kohlenstoff, beispielsweise in Form von Kohlendioxid in der Atmosphäre, in einen chemischen Kreislauf zu bringen.

In der Regel werden wir aber dennoch in diesem Buch, der üblichen Verwendung folgend, den Begriff „Dekarbonisierung" verwenden und dabei Kohlenstoff aus fossilen Quellen meinen.

Welche Transformationsansätze existieren im Dekarbonisierungskontext?
Die Transformation in Richtung einer dekarbonisierten Ökonomie existiert heute in zwei dominierenden Ausprägungen: einem stufenweisen Prozess in Richtung einer kohlenstoffarmen Wirtschaft (low carbon economy) und einer vollständigen, tiefgreifenden Vermeidung aller kohlenstoffhaltiger Emissionen (deep decarbonization).

Mit *„low carbon economy"* wird allgemein ein Transformationsansatz beschrieben, bei dem der Übergang zu einer klimaverträglichen Wirtschaft mit nachhaltigem Wachstum evolutorisch erfolgt. Obgleich dieser Prozess stufenweise unter Meidung von Extrema abläuft, geht der Umbruch in Richtung einer kohlenstoffarmen Ökonomie dennoch deutlich über die herkömmlichen Muster des Strukturwandels in Marktwirtschaften hinaus.[28] So übertrifft dieser Transformationsprozess angesichts dessen langfristig-visionären und umfassend branchenübergreifenden Charakters die Tragweite gewöhnlicher Initiativen der Umgestaltung wirtschaftlicher Strukturen.

Im Gegensatz zur tendenziell diffusiv ablaufenden „low carbon economy" handelt es sich bei der disruptiveren *„deep decarbonization"* um die radikale Ausprägung des Übergangs hin zu einer klimaneutralen bzw. -verträglichen Gesellschaft. Bei diesem tiefgreifenden Transformationsansatz erfolgt mit Blick auf die globalen Gefahren des fortschreitenden Klimawandels eine vollständige Absenkung des Ausstoßes von Treibhausgasen – hier allen voran von Kohlendioxid – bis spätestens zum Jahr 2050. Wenn damit die weltweiten Treibhausgasemissionen bis spätestens in der zweiten Hälfte des Jahrhunderts auf null zu senken wären, könnte das auf der UN-Klimakonferenz von Paris vereinbarte Zwei-Grad-Ziel der internationalen Klimapolitik erreicht werden. So stellt das hinter dem Deep-Decarbonization-Ansatz stehende Kalkül eine diskursive Herausforderung dar, technologische Präferenzen einschlägiger Interessensgruppen zu

[28]Vgl. Rotmans et al. (2001, S. 25 ff.) und Messner (2016, S. 150).

moderieren. Während dieser Übergang in die politische Arena hier nicht weiter betreten werden soll, schlagen die Autoren in der nun abschließenden Erörterung des Einführungskapitels stattdessen eine naturwissenschaftliche Annäherung vor.

1.4 Technologieoffen die Klimaziele erreichen

Wie soeben beschrieben fungiert die Dekarbonisierung heute als der strategische Dreh- und Angelpunkt der internationalen Klimapolitik. Sie ist damit gewissermaßen das zentrale Instrument zur Erreichung der globalen Klimaziele. Aber wie können die in Abschn. 1.1 skizzierten Klimaziele von der Weltgemeinschaft realistisch erreicht werden? Was sind die dieser Tage gebräuchlichsten Ansätze? Existieren vielleicht weitere Methoden und Vorgehensweisen für praktizierten Klimaschutz? – Diese Fragestellungen werden auf den nachfolgenden Seiten für eine weitergehende Erörterung skizziert. Dies geschieht, indem dem Leser zunächst eine kurze Beschreibung etablierter, einer breiteren Öffentlichkeit bekannter Dekarbonisierungsmaßnahmen präsentiert wird. Auf diese Übersicht rekurrierend, stellen die Autoren ihre Leitidee der Technologieoffenheit im Dekarbonisierungskontext vor. Dies geschieht, indem sie dem Leser gemeinhin weniger bekannte, prozessnahe Ansätze zur Dekarbonisierung nahebringen. Damit schließt diese Diskussion gleichzeitig dieses Einführungskapitel.

1.4.1 Etablierte Maßnahmen der Dekarbonisierung

Unterschiedliche Ursachen und Strukturen erfordern in aller Regel differenzierte Maßnahmen zur Reduzierung klimaschädlicher Treibhausgasemissionen. Aber welche Maßnahmen zur Minderung der Konzentration schädlicher Emissionen finden am Beginn dieses dritten Jahrzehnts vornehmlich Anwendung? Oder – die Frage näher am Titel des Buches orientiert formuliert – was sind die anerkannten Maßnahmen zur Dekarbonisierung?

Obgleich in Abhängigkeit von der jeweils betrachteten Branche oder dem individuellen Anwendungsfall die Ansätze zur Dekarbonisierung ein sehr breites Spektrum aufspannen, so können dennoch fünf in der Praxis besonders weit verbreitete Instrumente zur Treibhausgasminderung identifiziert werden. Zu diesen konkreten Maßnahmen zur Umstellung auf eine nachhaltige Wirtschaftsweise zählen:

1. **Substitution fossiler Energieträger.** Die Umstellung von einer auf fossilen Energieträgern basierenden Energieversorgung auf die verstärkte Nutzung regenerativer Energien repräsentiert bislang einen der größten Hebel für die Minderung klimaschädlicher Emissionen.
2. **Verwendung erneuerbarer Prozesswärme.** Ein Sonderfall der vorgenannten Substitution ist der Verzicht auf die Nutzung fossiler Energieträger bei der Erzeugung

von Prozesswärme und -kälte durch den alternativen Einsatz von Elektrizität aus erneuerbaren Energien, Solarthermie, Geothermie oder die Nutzung von Abwärme. Bei dieser Maßnahme wird allein die zuvor verwendete Energiequelle ausgetauscht, nicht jedoch das industrielle Prozessdesign verändert.

3. **Austausch emissionsverursachender Grundstoffe.** Durch den Austausch kohlenstoffhaltiger Roh-, Hilfs- und Betriebsstoffe durch kohlenstoffarme Alternativen emittieren industrielle Produktionsprozesse weniger Kohlendioxid. Bei diesem Ansatz werden die chemisch-physikalischen Grundeigenschaften, nicht jedoch die Produktionsverfahren oder Fertigungsschritte an sich dekarbonisiert. So kann z. B. der Einsatz CO_2-ärmerer Rohstoffe wie Holz anstelle von Beton oder die Nutzung klimafreundlicher Kältemittel bei der Kühlung die prozessbedingte Freisetzung von Klimaschadstoffen in die Atmosphäre unterbinden.
4. **Abscheiden entstehender Emissionen.** Durch Gasabscheidung mit anschließender Speicherung oder Nutzung kann das Entweichen von Treibhausgasen in die Atmosphäre technisch verringert werden. Im industriellen Maßstab kommen dabei heute zwei Verfahren zum Einsatz: Beim sogenannten *Carbon Capture and Utilization (CCU)* erfolgt nach Abscheidung direkt die Verwendung des abgefangenen Kohlendioxids. Im Falle von *Carbon Capture and Storage (CCS)* wird das Kohlendioxid nach der Abscheidung in geologischen Strukturen gespeichert. Wie jeder praktisch umgesetzte technische Prozess haben auch die Carbon-Capture-Anlagen keinen hundertprozentigen Wirkungsgrad. Sie fangen also nur einen Teil des emittierten Kohlendioxids ab.
5. **Senkung der Produktionsmenge.** Das letzte Instrument dieser Aufzählung repräsentiert gleichzeitig den trivialsten Dekarbonisierungshebel. Durch einfache Senkung der absoluten Produktionsmenge sinken proportional auch die herstellungsbedingten Emissionen.

Alle fünf Ansätze sind praxiserprobt, tragen seit Jahren erfolgreich zur inzwischen mehr und mehr einsetzenden Dekarbonisierung in unterschiedlichen Anwendungsfällen bei und sind einer an Klimafragen interessierten breiten Öffentlichkeit geläufig. Diese etablierten fünf Instrumente werden nachfolgend um eine Auswahl bislang minder bekannte Ansätze mit primär technischem Fokus ergänzt, keineswegs jedoch ersetzt.

1.4.2 Technologieoffenheit und prozessbezogene Maßnahmen der Dekarbonisierung

Der Klimawandel schreitet voran. Zur Erreichung der ambitionierten Klimaziele bedarf es daher des gesamten Arsenals praktikabler Instrumente zur Dekarbonisierung aller Lebensbereiche. Die weitere Umsetzung der vorgenannten fünf etablierten Maßnahmen ist dabei ebenso erforderlich, wie die Hinzunahme neuer sowie bislang weniger öffentlich bekannter Lösungsansätze.

Die Autoren sind davon überzeugt, dass der situationsadäquate Einsatz innovativer Technologien einen der zentralen Schlüssel zur Klimarettung darstellt. Bevor wir jedoch diesen Gedanken vertiefen, ist es an der Zeit, zunächst einen Schritt zurückzutreten und den Begriff der Technologieoffenheit in den Kontext der Dekarbonisierung einzubetten.

Leitidee der Technologieoffenheit

Technologieoffenheit wird in diesem Buch als strategischer Ansatz zur Dekarbonisierung verstanden, mit dessen Hilfe die jeweils beste technische Lösung zur Vermeidung von Treibhausgasen aus einem Set existierender Optionen ausgewählt werden kann. Damit steht Technologieoffenheit für die Bereitschaft, aus einer Vielfalt vorhandener Ideen und Lösungsmöglichkeiten flexibel zu schöpfen. Schließlich wäre es unklug, sich bei der Auswahl denkbarer Dekarbonisierungsansätze zu frühzeitig auf eine einzige technologische Option festzulegen. Umgekehrt gilt jedoch auch, dass einer ansonsten anzutreffenden Konnotation hinsichtlich einer potenziellen Renaissance kohlenstoffintensiver oder anderer nachhaltigkeitsfragwürdiger Energiequellen ebenfalls nicht das Wort geredet werden soll. Ausgewogen und folgerichtig betrachtet, hilft das Paradigma der Technologieoffenheit im Kontext der Suche nach Lösungen zur Reduzierung menschengeschaffener Treibhausgasemissionen bei der ganzheitlichen Suche nach effizienten Lösungen zur Vermeidung der sich abzeichnenden Klimakatastrophe.

Die in Fachdiskussionen mitunter anzutreffende Kritik, dass Technologieoffenheit mitunter Strategien, die auf Priorisierung setzen, unterminiert und so zur Verzögerung bei der Umsetzung von Klimaschutzmaßnahmen führt, ist nicht gänzlich von der Hand zu weisen. Ein gutes Beispiel wäre hier beispielsweise die Verzögerung bei der Förderung der Elektromobilität in Deutschland. So phlegmatisiert in diesem Beispiel die Diskussion um eine gleichzeitige technologieoffene Förderung unterschiedlicher Antriebstechnologien für Fahrzeuge die erfolgreiche, breite Einführung der E-Mobilität seit Jahren. Der nach dem Wortsinn eigentlich positiv konnotierte Begriff der Technologieoffenheit wird so gewissermaßen zum Bremsklotz für eine klimaschonende Transformation einer ganzen Branche.

Dieses Manko kann jedoch im Kontext dieser Publikation ausgeschlossen werden, da sich Technologieoffenheit im hier verstandenen Sinne unmittelbar auf die pragmatische Auswahl vorhandener Optionen und eben nicht auf die Festlegung übergeordneter Technologiepfade oder volkswirtschaftlicher Makroziele bezieht. Mit anderen Worten steht Technologieoffenheit hier für Wahlfreiheit, Agilität und Innovationskraft bei der Suche nach den besten Lösungen zur Reduzierung klimabelastender Emissionen aller Art.

> **Leitidee der Technologieoffenheit**
> Aus den vorgenannten Gedanken lassen sich nunmehr die Konturen der *Leitidee* für dieses Buch wie folgt synthetisieren:
>
> Technologieoffenheit ist ein zentraler Hebel für die signifikante Reduzierung klimaschädlicher Treibhausgasemissionen. Sie ermöglicht die flexible Auswahl situativ geeigneter, technischer Lösungen. Die Selektion sinnvoller Techno-

logien für eine nachhaltige Dekarbonisierung hat dabei stets aus dem Set aller prinzipiell denkbarer Optionen (Ganzheitlichkeit) ohne frühzeitige a-priori-Fixierung (Offenheit) zu erfolgen. Hiermit sollen potenziell alle Entscheider aus Politik, Wirtschaft und Gesellschaft angesprochen sein, den jeweiligen Spielraum technologischer Vielfalt im Rahmen eigener Entscheidungen und Handlungen zu nutzen.

Dieser Leitidee folgend, beschreiben die nachfolgenden Kapitel undogmatisch technische Lösungen, die einen messbaren Wertbeitrag zur Reduzierung klimaschädlicher Treibhausgase liefern können. Das Bild des nächtlichen Sternenhimmels der Nordhalbkugel bemühend, fungiert in dieser Publikation die Technologieoffenheit als strahlender *Nordstern,* der das Ziel symbolisiert, Methoden so zu entwerfen, dass energetische Prozesse aller Art so flexibel optimiert werden können, dass deutlich weniger Treibhausgase emittiert werden.

Prozessnahe Maßnahmen zur Treibhausgasminderung

Allein durch die Umstellung auf CO_2-freie regenerative Stromerzeugung oder kohlenstoffarme fossile Energieträger als Brückentechnologie kann das ambitionierte Ziel der umfassenden Reduzierung des weltweiten Ausstoßes von Treibhausgasen perspektivisch vermutlich nicht erreicht werden. Der Grund dafür ist im Bereich der prozessbedingten Industrieemissionen zu finden, die für einen beträchtlichen Anteil des gesamten Ausstoßes globaler Treibhausgase verantwortlich sind. So beziffert die International Energy Agency (IEA) den Anteil des Industriesektors an den weltweiten Treibhausgasemissionen des Jahres 2018 auf etwa 40 %: „After allocating electricity and heat emissions across final sectors, industry was the largest emitting sector, accounting for almost 40 % of global emissions in 2018, while the buildings and transport sectors corresponded to over a quarter each.“[29]

Zwei Hebel der Dekarbonisierung industrieller Verfahren sind weitläufig bekannt: Erstens die direkte Substitution klimaschädlicher Inputfaktoren wie Energieträger und Rohstoffe durch deren dekarbonisierte Pendants. Dieser Aspekt des Eins-zu-eins-Austauschs klimaschädlicher durch klimaneutrale Grundstoffe wurde zuvor im Abschn. 1.4.1 als etablierte Maßnahme des Klimaschutzes beschrieben. Und zweitens die systematische *Verbesserung der Effizienz* industrieller Prozesse durch den planvollen Einsatz innovativer Technologien. Damit erweitern die Autoren das Handlungsfeld der Dekarbonisierung. Der Blick wird auf Lösungsansätze gelenkt, die bereits vor der linearen Nutzung kohlenstoffhaltiger Inputfaktoren in unveränderten Anlagenkonstellationen und Herstellungsprozessen ansetzen. Anders ausgedrückt ist es nicht Ziel dieses Buchs zu beschreiben, wie der Input von Produktionsabläufen dekarbonisiert werden kann, sondern vielmehr Prozesse und Systeme so zu optimieren,

---

[29]IEA (2020).

dass diese den gleichen Output bei deutlich geringerem Ausstoß klimaschädlicher Emissionen sicherstellen. Die Chance, welche diesem Ansatz innewohnt, wird z. B. angesichts des Umstands offensichtlich, dass ausgerechnet die für einen Großteil der globalen Emissionen verantwortliche Herstellung industrieller Grundstoffe wie Stahl, Zement, Glas, Ammoniak und Ethylen auf herkömmlichem Weg besonders schwierig dekarbonisiert werden kann. Genau an dieser Stelle setzt jedoch der technologieoffene Optimierungsansatz dieser Publikation an.

Angesichts des explizierten Erfordernisses industrielle Systeme und Prozesse so umzugestalten, dass sie in ihrem Kern bereits klimaneutral optimiert sind, werden dem Leser nachfolgend additive Ansätze zur Dekarbonisierung vorgestellt, die die vorgenannten etablierten Maßnahmen ergänzen:

1. **Steigerung der Energieeffizienz.** Optimierung der direkten Energieausbeute durch den Einsatz energieeffizienter Anlagentechnik und konsequenter Abwärmenutzung.
2. **Verbesserung der Energiewandlung.** Technische Lösungen zur effizienten Energieumwandlung in industriellen Anwendungen.
3. **Optimierung bestehender Anlagenparks.** Steigerung der Effizienz von Anlagenparks (Industrieparks) durch Verwendung effizienter Technik, Ertüchtigung bestehender Anlagen, Umstellung von Herstellungsabläufen etc. mithilfe von Simulationsmethoden.
4. **Vermeidung prozessbedingter Emissionen.** Umgestaltung von Herstellungsverfahren mit dem Ziel, entweder dank technischer Verfahrensumstellungen den Ausstoß von Treibhausgasen zu mindern oder alternativ emissionsverursachende Inputfaktoren industrieller Prozesse durch möglichst klimaneutrale Substitute zu ersetzen.

Während diese Ansätze grosso modo betrachtet noch keinen unmittelbaren Erkenntnisgewinn darstellen, liegt deren – hier einführender – Mehrwert in der Fundierung innovativer Optionen einer Digitalen Dekarbonisierung. Insofern wirft diese Aufzählung prozessnaher Maßnahmen zur Dekarbonisierung zum Abschluss dieses Einführungskapitels die Frage auf, welchen Beitrag gerade auch digitale Technologien zur Dekarbonisierung der Industrie praktisch leisten und wie eine derartige Methode aussehen kann. Einstweilen bleiben die Autoren die Antwort darauf noch schuldig. Dies jedoch nicht ohne darauf zu verweisen, dass diese Frage in den späteren Kapiteln dieses Buchs beantwortet wird.

Facetten der Dekarbonisierung

2

Jede weite Reise beginnt mit dem ersten Schritt. [Lao Tzu (Laotze)]

Zusammenfassung

Im zweiten Kapitel werden die konzeptionellen Grundlagen des Dekarbonisierungsansatzes mittels dreier Leitfragen erörtert. Mit der einleitenden Frage, **warum** sich Gesellschaft und Wirtschaft intensiv mit der Reduzierung klimaschädlicher Treibhausgase beschäftigen, werden die wesentlichen Treiber bzw. Katalysatoren der Dekarbonisierung vorgestellt. Anschließend wird die Frage erörtert, **wo** sich geeignete Ansatzpunkte oder Hebel in Politik, Gesellschaft, Wirtschaft und Technik für erfolgreiche Initiativen zur Treibhausgasminimierung identifizieren lassen. Das Kapitel endet mit der Formulierung eines Zielbilds, welches die Frage zu beantworten sucht, **wohin** voraussichtlich die Dekarbonisierungsreise gehen wird.

Wenden wir uns nach dem Einführungskapitel jetzt den mannigfaltigen Facetten der Dekarbonisierung im Detail zu. Gegenstand dieses zweiten Kapitels ist die Erörterung der konzeptionellen Grundlagen der Dekarbonisierung. Dies geschieht über die Beantwortung von drei Leitfragen: Aufbauend auf den im Einführungskapitel zusammengetragenen Erkenntnissen werden im Abschn. 2.1 zunächst die wesentlichen Treiber der Dekarbonisierung diskutiert. Indem wir zunächst diese zentralen Faktoren, die das weltweite Interesse an einer Reduzierung klimaschädlicher Treibhausgase beflügeln, zusammentragen, wird damit die grundlegende Frage nach dem **Warum** sich Politik, Gesellschaft und Wirtschaft gleichermaßen intensiv mit dieser Thematik beschäftigen, beantwortet. Anschließend beschäftigt sich das zweite Unterkapitel mit den konkreten Handlungsfeldern der Dekarbonisierung. Mit anderen Worten gehen wir der

O. D. Doleski et al., *Digitale Dekarbonisierung*,
https://doi.org/10.1007/978-3-658-32934-1_2

Frage nach dem **Wo** geeignete Ansatzpunkte der Dekarbonisierung zu finden sind auf den Grund. Dabei wird diese Fragestellung in zwei Teilen beantwortet. In Abschn. 2.2 werden zunächst die allgemeinen und in Abschn. 2.3 die technischen Handlungsfelder der Dekarbonisierung erörtert. Aufbauend auf den in den Vorabschnitten erarbeiteten Erkenntnissen wird zum Ende dieses Kapitels in Abschn. 2.4 schließlich ein Zielbild synthetisiert. Damit wird die Frage beantwortet, **wohin** voraussichtlich die für den Planeten essenzielle Dekarbonisierungsreise gehen wird.

2.1 Treiber der Dekarbonisierung [WARUM]

Warum gelangte das Thema der Dekarbonisierung seit Mitte des letzten Jahrzehnts so in den Fokus der jüngsten Klimadiskussion? Eine Frage demnach, welche Faktoren diese Entwicklung besonders getrieben haben.

Die Dekarbonisierung geschieht vor dem Hintergrund der bereits im vorangehenden Kap. 1 skizzierten metrologischen Phänomene und klimapolitischen Zusammenhänge. Diese Rahmenbedingungen fungieren dabei gewissermaßen als Reservoir für die *Treiber* oder *Katalysatoren* der Dekarbonisierung. Diese aus den geltenden Umfeldparametern destillierten Treiber wirken ihrerseits als Auslöser konkreter Ansätze und Maßnahmen zur Dekarbonisierung. Ein sicheres Indiz für die praktische Relevanz dieser Treiber bei der Transformation einer bislang überwiegend kohlenstoffreichen Wirtschaftsweise hin zu perspektivisch weltweit überwiegend kohlenstofffreien Gesellschaften.

Die Untersuchung relevanter Rahmenbedingungen, die den globalen Trend zur sukzessiven Dekarbonisierung treiben, nimmt in der klimabezogenen Fachliteratur bereits einen breiten Raum ein. Es existiert kaum eine bedeutende Studie, kaum ein Konferenzbericht oder Fachbuch zum Klimawandel, die darauf verzichten. Vor diesem Hintergrund wird nachfolgend auf eine detaillierte Explikation dieser Umfeldfaktoren verzichtet. Daher erfolgt die Betrachtung der Treiber auf den nächsten Seiten verkürzt gegliedert in die vier Themencluster Gesellschaft, Ökonomie, Technik und dem Sonderabschnitt „exogene Schocks".

2.1.1 Gesellschaftliche Erwartungen

Beginnen wir die Betrachtung der Treiber der Dekarbonisierung und damit die Beantwortung der Frage nach dem **Warum** zunächst mit der Erörterung der wesentlichen gesellschaftlichen Erwartungen. Sind sich weite Teile der Weltöffentlichkeit im Prinzip über die Notwendigkeit des globalen Klimaschutzes durchaus einig, so muss der aufmerksame Beobachter jedoch bislang zum Teil erhebliche Unterschiede bei der öffentlichen Wahrnehmung des konkreten Klimageschehens und der daraus abgeleiteten Gefahreneinschätzung konstatieren. Angesichts dieser Gemengelage unterscheiden sich folgerichtig auch die individuellen Erwartungen von Kontinent zu Kontinent und von

Land zu Land teilweise erheblich voneinander. Aus insofern alles in allem doch recht diffusen Erwartungen der unterschiedlichen Gesellschaften lassen sich aber dennoch nachfolgende wesentliche Kernaspekte gesellschaftlicher Treiber der Dekarbonisierung konstatieren.

2.1.1.1 Klimaschutz

Wenn die Menschheit das bereits in Kap. 1 eingeordnete Pariser Zwei-Grad-Klimaschutzziel erreichen will, müsste sehr schnell eine nachhaltige Reduzierung aller menschengeschaffenen Treibhausgasemissionen erfolgen. „Damit dies gelingt, müssen wesentliche Weichenstellungen in den kommenden zwei Dekaden gelingen, wie der Übergang zu klimaverträglicher Ordnungspolitik und zu klimaneutralen Infrastrukturen und Städten."[1] Mit anderen Worten: Eine globale Aufgabe epochalen Ausmaßes, die zwingend eines breiten gesellschaftlichen Konsenses bedarf. Hier unbesehen von der Art der politischen Mehrheitsbeschaffung bedarf es wohl einer Mehrheit der Menschen, die sich mit dem Erfordernis des Klimaschutzes identifiziert und auch zusätzlich die erforderlichen Maßnahmen zur Eindämmung der Klimaerwärmung akzeptiert.

Damit steht unmittelbar die Frage im Raum, welche konkreten Erwartungen heutige Gesellschaften – jedenfalls diejenigen Teile davon, die das Phänomen des fortschreitenden Klimawandels nicht leugnen – an eine verantwortungsvolle Klimapolitik auf nationaler und internationaler Ebene haben. Zu nennen sind hier nachfolgende Aspekte:

Abkehr von fossilen Energieträgern

Die Forderung nach einer klimaverträglichen Gesellschaft hat zahlreiche Facetten. Einer der sowohl bekanntesten als gleichzeitig auch naheliegendsten Ansätze ist die Forderung nach einer konsequenten *Abkehr von fossilen Brennstoffen*. Da bei der Erzeugung und Umwandlung von Energieformen aus fossilen Energieträgern wie Kohle, Erdgas oder Öl in thermischen Prozessen stets klimaschädliche Emissionen freigesetzt werden, wird seit einigen Jahren die Forderung weltweit immer lauter, auf deren Einsatz möglichst gänzlich zu verzichten. Und es bleibt nicht allein bei Forderungen. Die gesellschaftliche Erwartung, auf kohlenstoffhaltige Energieträger zu verzichten und damit das Energiesystem zu dekarbonisieren, führte bereits in zahlreichen Ländern wie beispielsweise Belgien, Dänemark, Deutschland, Frankreich, Kanada, Neuseeland, Österreich, Schweden und das Vereinigte Königreich zu bindenden Beschlüssen, aus der Kohleverstromung auszusteigen.[2]

---

[1]Messner (2016, S. 152).

[2]Die Liste ist keineswegs abschließend. Eine deutlich größere Anzahl als die hier genannten Staaten haben inzwischen das Ende der Kohleverstromung offiziell beschlossen.

Ausbau der erneuerbaren Energien

Eng verbunden mit der vorgenannten Erwartung, auf die Nutzung fossiler Brennstoffe bei der Elektrizitätserzeugung zu verzichten, ist die Forderung nach einem klaren Bekenntnis zur primären Nutzung regenerativer Energien. Nur wenn die Weltgemeinschaft verstärkt Sonne und Wind zur lokal organisierten globalen Energiegewinnung heranzieht, kann der gebotene Übergang vom fossilen Zeitalter zur *postkarbonen Gesellschaft* gelingen. Mit diesem konsequenten *Ausbau der erneuerbaren Energien* kann es der Menschheit – so die Hoffnung – nach wie vor noch gelingen, die fortschreitende Erderwärmung nicht nur aufzuhalten, sondern langfristig das Klima sogar abzukühlen. Zweifelsohne eine Aussicht mit starker Motivationswirkung in Richtung Dekarbonisierung von Gesellschaft und Wirtschaft.

Klimafreundlichen Wärmesektor etablieren

Die Abkehr von fossilen Energieträgern bei gleichzeitigem Ausbau der Nutzung erneuerbarer Energien zur Stromerzeugung trägt einen erheblichen Beitrag zur Reduzierung klimaschädlicher Emissionen bei. Allerdings kann das Klima nicht allein durch eine Dekarbonisierung des Elektrizitätssektors gerettet werden. Daher verlangen Klimaforscher sowie ein weltweit stetig anwachsender Teil der Zivilgesellschaft die Forderung nach konsequenter Dekarbonisierung des Elektrizitätssektors möglichst auf alle Lebensbereiche auszuweiten.

Ein großer Anteil der Weltbevölkerung lebt derzeit in den warmgemäßigten bis subpolaren Breiten unserer Erde. Charakteristisch für diese Regionen ist das Erfordernis, in den Übergangszeiten Herbst und Frühling sowie ganz besonders in den Wintermonaten den größten Teil des Bruttoenergiebedarfs für die Bereitstellung von Raumwärme und Warmwasser aufbringen zu müssen. Infolgedessen ist gerade in den Gebieten nördlich und südlich des 45. Breitengrades ein wesentlicher Hebel zur Umsetzung des Zwei-Grad-Klimaschutzziels im *Wärmesektor* zu finden. Schließlich geht ein Großteil der Treibhausgasemissionen in diesen Regionen auf die Verbrennung fossiler Brennstoffe zu Wärmegewinnungszwecken zurück. Es ist daher nur konsequent, dass in den letzten Jahren zunehmend auch die Forderung nach einer klimafreundlichen Transformation des Wärmesektors in das Blickfeld der Klimapolitik geriet. Damit treibt, ergänzend zum Ruf nach einer Zäsur bei der Verstromung von Kohle, Erdgas oder Öl, die jüngste Forderung nach einer ebenso klimaschonenden Deckung auch des Wärmebedarfs die Tendenz zur Dekarbonisierung zusätzlich.

Mobilität ohne Reue

Schließlich treibt nicht zuletzt auch der Wunsch vieler Menschen mobil zu bleiben, ohne dabei jedoch das Klima zu belasten, den Trend zur Dekarbonisierung. Ähnlich wie im Falle der Wärmebereitstellung sind die klimabezogenen Effekte des Verkehrssektors ebenfalls erheblich. So ist der Verkehr allein in der Europäischen Union beispielsweise für beinahe 30 % der gemeinschaftlichen Kohlendioxidemissionen verantwortlich.[3] Damit liegt nahe, dass auch der Mobilitätssektor einen signifikanten Beitrag zur Verringerung der Treibhausgase leisten muss. Dies kann entweder mittels der Einführung der Elektromobilität als neuer Schlüsseltechnologie klimafreundlichen Verkehrs oder – zumindest für eine Übergangszeit – auch durch eine weitere Effizienzverbesserung oder Hybridisierung im Bereich herkömmlicher Antriebssysteme erfolgen. Notwendige Voraussetzung dafür ist jedoch die Dekarbonisierung des Stromsektors, denn nur wenn die CO_2-Last des Stroms gering ist, fährt ein Elektrofahrzeug klimaschonend. Darüber, ob bereits heute in Deutschland die Elektrizität ausreichend CO_2-frei ist, damit Elektromobilität gegenüber modernen Verbrennungsmotoren als klimafreundlich gelten kann, scheiden sich im Fachdiskurs noch die Geister. Einigkeit hingegen besteht darin, dass dies bei entsprechend konsequentem Ausbau der Erneuerbaren erreicht werden kann. Mobilität ohne Reue repräsentiert damit eine weitere gesellschaftliche Motivation zur fortschreitenden Dekarbonisierung.

2.1.1.2 Verantwortung

Angesichts der fortschreitenden Erwärmung der Erdatmosphäre resultiert aus der gesellschaftlichen und politischen Debatte um den Klimaschutz die Erwartung, sowohl individuell als auch kollektiv *Verantwortung* für eine lebenswerte Zukunft aller Spezies dieses Planeten zu übernehmen. Dieses verantwortungsvolle Tun konkretisiert sich dabei einerseits in klimaverträglichem Handeln von Individuen und andererseits in kontextual integrem Verhalten von Organisationen.

Jeder Einzelne trägt unmittelbar *Verantwortung* dafür, in seinem individuellen Umfeld einen geeigneten Beitrag zum Erreichen der Klimaziele beizutragen. Häufig geschieht dies durch Energieeinsparung oder sonstige Effizienzsteigerungen, die dank des reduzierten Einsatzes von Ressourcen mittelbar auch zur Treibhausgasreduktion beitragen. Allerdings zeigen Forschungen zum sogenannten *Rebound-Effekt* eine – sich erst auf den zweiten Blick offenbarende – Gefahr für den Klimaschutz.[4] So kann der Rebound-Effekt im Einzelfall dazu führen, dass die aus klimakonformem Handeln resultierenden Einsparungen in der Praxis effektiv nicht zu einem verminderten Eintrag von Emissionen in die Atmosphäre führen. Der Grund für diesen scheinbaren Widerspruch liegt darin, dass Einsparungen an der einen Stelle zu einem erhöhten Ressourcenverbrauch des Individuums an anderer Stelle führen kann.[5] Damit Einsparungen zum

[3]Vgl. European Parliament (2019a).

[4]Vgl. Jackson (2009, S. 95 ff.).

[5]Ein bekanntes Beispiel für einen praktischen Rebound-Effekt ist Energie, die durch die Nutzung von Energiesparlampen eingespart wird und anschließend durch eine deutlich längere Brenndauer auch über Nacht überkompensiert wird.

Ende durch den skizzierten Effekt nicht aufgezehrt werden, bedarf es einer Form der flankierenden *sozialen Innovation*. Darunter verstehen die Autoren eine Entwicklung, bei der die Grundlagen einer klimaschonenden Lebensweise individuell erlernt werden. Ohne eine bewusste Anpassung gelernter Konsummuster und der damit assoziierten Werte und Lebensstile jedes Einzelnen an die globalen Realitäten, ist eine klimaverträgliche Gesellschaft kaum vorstellbar.

Was in Bezug auf die Übernahme von individueller „Klimaverantwortung" für den Einzelnen gilt, sollte in besonderem Maße selbstverständlich auch für die Entscheidungsträger in Organisationen aller Arten und Größen gelten. Vor dem Hintergrund einer weltweit fortschreitenden Sensibilisierung der Öffentlichkeit für Klima- und Umweltfragen müssen Unternehmen, Verbände und sonstige Institutionen sichtbar als verantwortlich handelnde Teile der Gesellschaft agieren. In der Klimafrage ist gelebte Verantwortung, klare Gemeinwohlorientierung und vor allem glaubhafte *Integrität* essenziell für die eigene Reputation geworden. Weite Teile der Öffentlichkeit erwarten mittlerweile von Organisationen, die im Rahmen ihrer Tätigkeit in aller Regel direkt oder indirekt Ressourcen verbrauchen und dabei Treibhausgase emittieren, dass sie ihre Wertschöpfung umfassend und konsequent in signifikanten Schritten dekarbonisieren. Der Vollständigkeit halber, jedoch nicht konstituierend für die weiteren Betrachtungen, seien in diesem Zusammenhang auch die diskursiven und lenkenden Beiträge seitens der Politik, zivilgesellschaftlicher Organisationen und der moderierenden Medien angesprochen.

Zusammengefasst treiben in Bezug auf die wünschenswerte Übernahme von Verantwortung mithin zwei Aspekte die Bereitschaft zur Übernahme von Verantwortung für das Klimageschehen: Erstens wirken soziale Innovationen dergestalt inspirierend, dass sie dem Individuum das mentale Rüstzeug und die Einsicht für einen eigenen, individuellen Beitrag zur Treibhausgasminderung an die Hand geben. Zweitens wirkt der gesellschaftliche Erwartungsdruck gegenüber Organisationen, eine glaubhaft integre Klimapolitik zu betreiben, ähnlich katalytisch auf deren Bereitschaft eine aktive Rolle bei der Dekarbonisierung des eigenen Leistungsportfolios einzunehmen.

2.1.1.3 Nachhaltige Urbanität

Immer mehr Menschen ziehen auf der Suche nach Arbeit, besserer Infrastruktur und Bildung vom Land in die stetig wachsenden urbanen Räume dieser Erde. Das Phänomen der weltweiten *Landflucht* hält seit Jahrzehnten unvermindert an, so dass sich parallel zum globalen Bevölkerungswachstum gleichzeitig das Verhältnis von Land- und Stadtbevölkerung zugunsten städtischer Regionen immer weiter verschiebt. Einer Prognose des United Nations Department of Economic and Social Affairs (UN DESA) zufolge werden im Jahr 2050 von den voraussichtlich annähernd zehn Milliarden auf dem Globus dann lebenden Menschen beinahe sieben Milliarden in Städten wohnen: „Globally, more people live in urban areas than in rural areas, with 55 per cent of the world's population residing in urban areas in 2018. In 1950, 30 per cent of the world's population was urban, and by 2050, 68 per cent of the world's population is projected to be urban."[6]

Wenn demnach bereits Mitte dieses Jahrhunderts weltweit etwa zwei von drei Menschen in Metropolen leben, dann steht augenscheinlich außer Frage, dass dem Megatrend fortschreitender *Urbanisierung* eine Schlüsselrolle bei der Bewältigung des Klimawandels zufällt. Schließlich müssen immer mehr Bewohner auf immer engerem Raum ausreichend mit Trinkwasser, Nahrungsmitteln, Energie, Konsumprodukten, Mobilität, Kommunikationstechnik etc. versorgt werden. In der Konsequenz hat damit die Verstädterung einen enorm wachsenden Energiebedarf für innerstädtische Mobilität, erforderliche Wärmeerzeugung, bzw. Klimatisierung und die lebensnotwendige Ver- und Entsorgungslogistik zufolge. Ein Zusammenhang, der angesichts des globalen Klimawandels aufzeigt, dass nicht zuletzt die Form des urbanen Zusammenlebens sehr eng auch mit der Frage nach einer klimaverträglichen, emissionsfreien Erzeugung, Speicherung und Verteilung von Energie verknüpft ist.

Smart Cities sind Treiber der Dekarbonisierung

Angesichts des großen Energiehungers menschlicher Siedlungsgebiete sind Städte von herausragender Bedeutung für den erfolgreichen Übergang zu einer global post-fossilen Gesellschaft. „70 % of all emissions will come from cities. If we want to win the battle against climate change, we need to win the battle in the cities first."[7] Unsere Städte spielen damit eine der Schlüsselrollen bei der Transformation urbanem Zusammenlebens in Richtung des Idealbildes einer *nachhaltigen Urbanität.*[8]

Aber wie muss so eine nachhaltige Metropole aussehen? Wie muss die Stadt von morgen geschaffen sein, damit sie für die Menschen auch auf engem Raum lebenswert ist und gleichzeitig das Klima nicht belastet? Die Antwort lautet, dass sie intelligent sein muss. Dazu werden Städte mittels umfassender kommunikationstechnischer Vernetzung sämtlicher Systeme in die Lage versetzt, die städtische Infrastruktur effizienter und damit ressourcenschonender zu betreiben. Dank Technologien wie *Internet of Things (IoT)* können viele Milliarden innerstädtische Vorgänge in Echtzeit aufeinander abgestimmt und infolgedessen optimiert werden. Eine derart vernetzte Stadt, bei der alle Funktionen ineinandergreifen und – neben den naheliegenden technischen – vor allem auch gesellschaftliche Innovationen für ein besseres Zusammenleben Anwendung finden, wird gemeinhin als *Smart City* bezeichnet.

Den Umstand, dass in Städten derzeit ein Großteil der weltweiten Treibhausgasemissionen entsteht, ins Gedächtnis rufend, wird offenkundig, dass der Kampf gegen den globalen Klimawandel insbesondere in Megacities, Metropolen und Ballungsgebieten

---

[6]United Nations (2019, S. XIX).

[7]Busch (2020).

[8]Vgl. Aichele und Doleski (2014, S. 31).

gewonnen werden muss. Dabei liefern intelligente Städte sowohl die technischen Voraussetzungen als auch die konzeptionelle Basis für die gebotene spürbare Reduzierung klimaschädlicher Emissionen. Folgerichtig avanciert damit das Idealbild einer *Post-carbon Smart City* zu einem der potentesten Treiber und Sinnbilder für die Dekarbonisierung.

2.1.2 Ökonomische Erwägungen

Wenden wir uns nun den ökonomischen Aspekten zu, die den Megatrend der Dekarbonisierung – ähnlich wie die zuvor erörterten gesellschaftlichen Erwartungen – stimulieren. Auch hier wird die Frage nach dem **Warum** der Trend zur Dekarbonisierung existiert gestellt und der Versuch einer Beantwortung unternommen; diesmal jedoch aus einer wirtschaftlichen Perspektive.

2.1.2.1 Energiebedarf

Energie ist das Lebenselixier heutiger Volkswirtschaften. Der Energiebedarf steigt rund um den Globus seit über hundert Jahren stetig an. Im *World Energy Outlook 2019* untersucht die International Energy Agency (IEA) die Entwicklung des weltweiten Primärenergiebedarfs auf Basis definierter Szenarien. Im *Current Policies Scenario (CPS)* steigt der Weltenergiebedarf laut IEA bis 2040 jedes Jahr um etwa 1,3 %. Dies entspricht einer absoluten Zunahme von rund 29 % für den Fall, dass keine Änderungen am aktuellen Pfad vorgenommen werden. Anders ausgedrückt, die Menschheit also unverändert so weitermacht wie seit jeher. Das zweite IEA-Szenario *Stated Policies (STEPS)* unterstellt, dass sämtliche bislang angekündigten klimapolitischen Maßnahmen von den Regierungen auch tatsächlich umgesetzt werden. Auch dieses Szenario prognostiziert einen, wenngleich etwas geringeren, Anstieg von noch einem Prozent pro Jahr und damit eine Gesamtzunahme von etwa 22 % im Zeitraum bis zum Jahr 2040.[9]

Ein weltweit steigender Primärenergiebedarf hat bislang stets zu einer direkten Zunahme der energiebedingten Emissionen, vorrangig des Treibhausgases Kohlendioxid, geführt. Dieser Anstieg flacht sich im Vergleich zur Vergangenheit aufgrund der Substitution kohlenstoffhaltiger Energieträger durch erneuerbare Energien und durch gestiegene Effizienz des Energiesystems in jüngster Zeit zusehends ab. Allerdings deutet bislang vieles darauf hin, dass bei linearer Fortschreibung der Bedarfsentwicklung dennoch das Pariser Zwei-Grad-Klimaschutzziel deutlich verfehlt werden dürfte. Damit bleibt der wachsende Appetit der Weltgemeinschaft nach Energie ein relevanter Treiber für die Notwendigkeit einer konsequenten Dekarbonisierung im Bereich der Elektrizitätserzeugung und -bereitstellung.

---

[9] Vgl. IEA (2019, S. 1).

2.1.2.2 Energiekosten

Energiekosten sind in vielen Regionen der Welt ein bedeutender Kostenfaktor für Unternehmen und Privathaushalte gleichermaßen. Sie werden durch den Energiebedarf verursacht und setzen sich überwiegend aus den Kosten für Brennstoffe, Produktion inklusive Transport, Abgaben und Emissionszertifikate zusammen.

Wirkung der Brennstoffkosten

Über die Entwicklung fossiler *Brennstoffkosten* herrscht in Fachkreisen bislang keine einheitlich übereinstimmende Line vor. Das Meinungsbild umfasst das Kontinuum von stark ansteigenden Preisen fossiler Energieträger bis hin zur Unterstellung signifikant degressiver Tendenzen, also der Vorstellung langfristig merklich fallender Preise für Kohle, Erdgas und Öl. Angesichts dieser Uneinheitlichkeit innerhalb der Academia bzw. der einschlägigen Informationsdienstleister schließen sich die Autoren behelfsweise der Prognose der *Weltbank* an, die je nach Rohstoff von geringfügig fallenden oder maximal moderat ansteigenden Brennstoffkosten bis 2030 ausgeht. Die in Tab. 2.1 en détail aufgeführten Prognosedaten der Weltbank mögen auf den ersten Blick vielleicht überraschen, denn es galt über viele Jahre die Überzeugung als Standard, dass die Preise fossiler Brennstoffe infolge ihrer Verknappung stetig ansteigen würden. Der Grund für das mögliche Ausbleiben der bislang erwarteten Preissteigerungen liegt einerseits in der Erschließung immer neuer Lagerstätten und anderseits in den vielerorts sinkenden Erzeugungskosten bei den regenerativen Energien. Beide Effekte wirken damit gewissermaßen wie eine *Preisobergrenze* für die fossilen Energien.

Bezogen auf die reinen Brennstoffkosten kohlenstoffhaltiger Energieträger und an dieser Stelle die Klimafrage einmal bewusst ausblendend, kann zunächst keine ökonomische Motivation zur Dekarbonisierung abgeleitet werden. Der unterstellte moderate Anstieg der Beschaffungskosten bei Kohle, Erdgas und Öl fällt schlicht zu gering aus, als dass von einer energiekostengetriebenen Bereitschaft zum Austausch dieser Energieformen ausgegangen werden kann. Damit entfallen die Brennstoffkosten im Bereich der fossilen Energien als Treiber für die Dekarbonisierung.

Game-changer Emissionszertifikate

Wenn demnach die prognostizierte Preisentwicklung bei Kohle, Erdgas und Öl allein nicht dazu geeignet ist, eine klimafreundliche Substitution kohlenstoffreicher Energieträger durch regenerative Energien zu beschleunigen, dann besteht im Interesse des Klimaschutzes Handlungsbedarf. Es liegt auf der Hand, dass ein Lösungsansatz gefunden werden muss, der den klimafreundlichen Umbau des Energiesystems, mit anderen Worten dessen Dekarbonisierung, über einen anderen Mechanismus stimuliert.

Dies kann dergestalt gelingen, dass die vergleichsweise günstigen fossilen Brennstoffe um einen zusätzlichen Preis für deren Ausstoß von Treibhausgasen verteuert werden. Dazu wurde z. B. in der Europäischen Union bereits vor Jahren das

Tab. 2.1 Commodity prices forecasts in constant U.S. dollars (2010 = 100); World Bank (2020, Appendix A, Table A.3, S. 46)

Commodity	Unit				Forecasts					
		2017	2018	2019	2020	2021	2022	2023	2025	2030
Coal, Australia	$/mt	91,0	105,2	78,3	65,7	67,6	65,6	63,6	59,7	50,6
Crude oil, avg	$/bbl	54,3	67,2	61,7	35,4	41,8	43,5	45,2	48,9	59,0
Natural gas, Europe	$/mmbtu	5,9	7,5	4,8	3,1	4,1	4,3	4,4	4,8	5,9
Natural gas, U.S.	$/mmbtu	3,0	3,1	2,6	2,0	2,3	2,4	2,5	2,7	3,4
Liquefied natural gas, Japan	$/mmbtu	8,8	10,5	10,6	8,8	8,8	8,7	8,5	8,1	7,2

marktwirtschaftliche Instrument des *Emissionshandels* eingeführt.[10] Damit werden Kohlendioxidemissionen abgebende Energieträger quasi mit einer Art Preisuntergrenze belegt, indem *Emissionszertifikate* dem Kohlendioxidausstoß bildlich gesprochen ein Preisschild anheften und somit die Funktion einer *Pigou-Steuer*[11] einnehmen. Dahinter verbirgt sich der ökonomisch-ordnungspolitische Mechanismus, dass mit einem spürbaren Anstieg der Gesamtkosten eines Brennstoffs synchron dessen Nutzung zurückgefahren wird. Mit der Folge, dass aus ökonomischer Vernunft heraus der gewünschte Effekt einer messbaren Reduzierung klimaschädlicher Emissionen im Wertschöpfungsprozess resultiert. Damit repräsentiert die Bepreisung klimabelastenden Agierens über ein schrittweises Ansteigen der Kosten für *Emissionsrechte* einen weiteren Treiber der Dekarbonisierung. Denn in aller Regel tendieren Wirtschaftssubjekte zu möglichst kostenwirtschaftlichem Handeln, indem sie bei steigenden Energiekosten in effiziente, abgasärmere Technik investieren.

Ein wesentlicher Vorteil des Emissionshandels besteht darin, dass sich der regulatorische Rahmen auf die Vorgabe der Klimaziele beschränken kann. Im Falle des Europäischen Emissionshandelssystems hat jedes Mitgliedsland pro Jahr ein Kontingent an zulässigen CO_2-Emissionen. Durch die Verknappung dieser Kontingente von Jahr zu Jahr steigt der Preis der CO_2-Emissionsrechte. Es bleibt jedoch der unternehmerischen Kreativität und technischen Innovationskraft der Industrie überlassen, an welchen Stellen die Einsparung von Kohlendioxid am kostengünstigsten ist. Das Instrument des Emissionsrechtehandels ermöglicht es der Politik die Emissionsziele vorzugeben, ohne selbst dirigistisch Technologieentscheidungen fällen zu müssen. Dies ist ein gutes Beispiel für die in diesem Buch propagierte Technologieoffenheit.

2.1.2.3 Infrastruktur

Praktisch alle Lebensbereiche sind heute vom fortschreitenden Klimawandel betroffen. Folgerichtig sind Politik, Gesellschaft und Wirtschaft gleichermaßen gefordert, einen aktiven Beitrag zur Erhaltung unserer Lebensgrundlagen zu leisten. Eine außerordentlich wichtige Rolle beim Klimaschutz fällt dabei den vielfältigen Infrastrukturarten zu, die die menschliche Zivilisation überall auf der Welt in Gang halten. Schließlich konsumiert jede moderne *Infrastruktur* Ressourcen und benötigt Energie für ihren Betrieb. Beides Faktoren, die bis dato auf der überwiegenden Nutzung kohlenstoffhaltiger Rohstoffe basieren.

Änderungsdruck treibt Dekarbonisierung

Will die menschliche Gesellschaft den Klimawandel noch rechtzeitig stoppen, so muss sie zügig auch ihre Infrastrukturen klimagerecht modernisieren. Der unerlässliche Umbau des

---

[10] European Commission (2016).

[11] Unter Pigou-Steuer werden Lenkungsabgaben verstanden, die der gezielten Verhaltenslenkung dienen sollen. Insofern verfolgen Pigou-Steuern in aller Regel keinen Fiskalzweck.

Status quo in eine nachhaltige Gesellschaft erfordert nicht zuletzt Strukturen, die wenig Ressourcen verbrauchen und im Idealfall keine oder maximal wenig Emissionen in deren Betrieb freisetzen.

Die fortschreitende Klimaerwärmung und die bedrohliche Aussicht, womöglich das Zwei-Grad-Klimaschutzziel doch zu verfehlen, erhöhen den Druck, die vorhandenen Infrastrukturen zügig möglichst kohlenstofffrei, zumindest aber kohlenstoffarm, zu betreiben, beträchtlich. Angesichts der enormen Vielfalt und Größe heutiger Infrastrukturen zählt dieses Erfordernis zu den bedeutendsten Treibern der Dekarbonisierung überhaupt.

Dezentralität beflügelt Dekarbonisierung

Neben der soeben beschriebenen Notwendigkeit, die maßgeblich zum weltweiten Ausstoß klimaschädlicher Treibhausgase beitragenden Infrastrukturen klimafreundlich betreiben zu müssen, existiert mit dem in Abschn. 1.2.3 vorgestellten Megatrend der *Dezentralisierung* des Energiesystems ein weiterer infrastrukturnaher Treiber der Dekarbonisierung. Wie ausgeführt, ist für die dezentrale Erzeugung, vor allem von elektrischer Energie, eine verbrauchsnahe und damit räumlich verteilte Stromproduktion kennzeichnend. Aus Sicht des Kilmaschutzes dabei besonders relevant ist, dass diese weiträumig dislozierte Versorgungsstruktur zumeist auf der Nutzung erneuerbarer Energien basiert.

Elektrizität wird in zahlreichen Regionen der Erde bereits heute in großem Maßstab durch die Nutzung von Sonnen- und Windenergie bereitgestellt.[12] Räumlich verteilte Kleinerzeugungsanlagen ermöglichen in immer mehr Ländern eine klimafreundliche Versorgung der Gesellschaft mit Strom. Damit verfügt die Menschheit über ein Instrument, einen veritablen Hebel, den vielerorts nach wie vor klimabelastenden Infrastrukturbetrieb mittels der Umstellung auf Elektrizität aus erneuerbaren Energiequellen schrittweise zu dekarbonisieren. Tatsächlich weckt gerade vor dem Hintergrund der Klimaproblematik allein die bloße Existenz technisch ausgereifter Alternativlösungen zur klimafreundlichen Elektrizitätserzeugung bei immer mehr Menschen das Bedürfnis, diese dezentralen Anlagen vermehrt zur Dekarbonisierung der Infrastruktur einzusetzen.

Stranded assets vermeiden

Ein oft unterschätzter Hebel zur Dekarbonisierung resultiert aus der ökonomischen Motivation heraus, die Investition in sogenannte *Stranded assets* möglichst vermeiden zu wollen. Unter diesen „gestrandeten Vermögenswerten" werden Anlagegüter subsumiert, deren Wert oder Ertragskraft sich außerordentlich deutlich und schnell reduziert.

---

[12] Siehe zur Nutzung von Sonnen- und Windenergie exemplarisch IEA (2019), IRENA (2019), IRENA (2017), Hillebrandt et al. (2015, S. 7).

▶ **Definition 4: Stranded assets** 'Stranded assets' are assets that have suffered from unanticipated or premature write-downs, devaluations or conversion to liabilities. They can be caused by a range of environment-related risks and these risks are poorly understood and regularly mispriced, which has resulted in a significant over-exposure to environmentally unsustainable assets throughout our financial and economic systems.[13]

Rational handelnde Wirtschaftssubjekte sind im Normalfall bestrebt, Investitionen in Infrastrukturen zu meiden, denen akut oder auf Sicht ein *klimabezogener Wertverfall* droht. Folgerichtig tendieren Entscheider dazu, bevorzugt in Anlagegüter mit langfristig positiver Zukunftsprognose zu investieren. Vor dem Hintergrund der Klimafrage bedeutet dies, dass in der Praxis Investitionen in klimabelastende Infrastrukturen zugunsten klimafreundlicher Lösungen zurückgefahren werden. Zwei Beispiele für solche klimainduzierten Effekte verdeutlichen die praktische Relevanz von stranded assets als Treiber der Dekarbonisierung:

- **Energieproduktion:** Anlagen zur Erzeugung von Strom aus fossilen Brennstoffen laufen wegen deren Emission klimaschädlicher Treibhausgase schon in wenigen Jahren Gefahr, durch neue Gesetze und Auflagen zu Investitionsruinen zu werden.
- **Gasnetze:** Ein weiterer flächendeckender Ausbau der Gasnetzinfrastruktur ist mit erheblichen Kosten verbunden. Sollte in den kommenden Jahrzehnten die Nutzung von Erdgas zugunsten von klimafreundlichen Technologien, die Strom aus erneuerbaren Energien nutzen, zusehends abnehmen, so wären Teile der langfristig in den Gasnetzen gebundenen Investitionen verloren.

Diese Beispiele zeigen, dass langfristige Investitionsentscheidungen heute nicht mehr ohne Rücksicht auf deren Klimawirksamkeit getroffen werden können. Insofern ist der ökonomisch motivierte Wille, Stranded assets zu vermeiden ein in seiner Wirkung möglicherweise etwas unterschätzter Treiber für die Dekarbonisierung.

2.1.3 Technische Rahmenbedingungen

In den beiden vorherigen Textabschnitten wurden bereits die wichtigsten gesellschaftlichen und ökonomischen Erwartungen herausdestilliert, die den Megatrend der Dekarbonisierung treiben. Auf den Folgeseiten soll nunmehr die Frage nach dem **Warum** die Dekarbonisierungsthematik in den letzten Jahren einen derart starken Bedeutungszuwachs erfahren konnte, abermals betrachtet werden. Diesmal jedoch vor dem Hintergrund klimarelevanter technischer Rahmenbedingungen und Trends.

[13]Smith School of Enterprise and the Environment (2014).

2.1.3.1 Energietechnik

Ein wesentlicher Teil der anthropogenen Treibhausgasemissionen geht auf das Konto der Bereitstellung und Umwandlung von Energie. Damit entscheidet nicht zuletzt auch der Energiesektor darüber, ob die Klimaschutzziele von Paris realistisch erreicht werden können oder nicht. Folgerichtig fällt bei der Suche nach den technischen Treibern der Dekarbonisierung gerade der *Energietechnik* hohe Relevanz zu. Schließlich versetzen technische Entwicklungen die Handelnden vielfach überhaupt erst in die Lage, vorhandene Missstände abzustellen und damit letztendlich insgesamt bessere Lösungen bei idealerweise gleichbleibendem Output einzuführen.

Energieeffizienz in allen Sektoren

Um den Ausstoß von Kohlendioxid und anderer Emissionen im Kontext der Energiebereitstellung und -umwandlung nachhaltig absenken zu können, bieten sich im Wesentlichen zwei Alternativen an: Zunächst die bereits in Abschn. 2.1.1.1 explizierte Möglichkeit einer weiträumigen Substitution kohlenstoffhaltiger Energieträger durch erneuerbare Energien. Allerdings wird diese Umstellung auf kohlenstofffreie Energieträger allein voraussichtlich noch nicht ausreichen, um den fortschreitenden Klimawandel besonders in Hinblick auf das stetig kleiner werdende Zeitfenster zu stoppen und umzukehren. Additiv – keineswegs jedoch alternativ – bedarf es insbesondere einer zusätzlichen Verringerung des Energiebedarfs durch die Steigerung der Energieeffizienz inklusive der Einführung eines intelligenten Energiemanagements.

▶ **Definition 5: Energieeffizienz** *Energieeffizienz* ist definiert als das Verhältnis von Ertrag (Output) an Waren, Dienstleistungen oder umgewandelter Energie zum ursprünglichen Energieeinsatz (Input).[14]

Es sind intelligente, undogmatische Lösungen im Bereich der Energietechnik gefragt, die zu einer besseren Energienutzung und infolgedessen zu einer messbaren Dekarbonisierung aller Lebens- und Wirtschaftsbereiche beitragen. Bezogen auf die einzelnen Sektoren kann die Energieeffizienz unter anderem wie folgt gesteigert werden:

- **Elektrizität:** Aus Klima- und Kostengründen muss entweder der individuelle Stromverbrauch von Geräten, Anlagen und Prozessen oder des Energiesystems einer Region bzw. eines Landes bei gleichbleibender Leistung sinken. Dazu werden technische Innovationen eingesetzt, die Wandlung, Transport und Speicherung von Elektrizität so weit wie möglich verlustarm sicherstellen. Ein bekanntes Beispiel stellt der Austausch einfacher, konventioneller Dampfturbinen mit offenem Kreislauf *(Open Cycle)* durch die wesentlich effizienteren *Gas-und-Dampfkraftwerke (GuD),* im englischen Sprachraum unter *Combined Cycle Power Plant (CCPP)* bekannt, oder gar durch

---

[14]Vgl. European Parliament (2012, S. 10).

die sogenannten *Kraft-Wärme-Kopplungsanlagen (KWK)* bzw. *Combined Heat and Power (CHP)* dar. Ein weiterer Ansatz zur rationaleren Verwendung von Elektrizität ist der Einsatz einer elektronischen Drehzahlregelung bei Elektromotoren. Damit gelingt es, die Leistungsabgabe eines Motors exakt an die Last anzupassen und so direkt Energie und somit indirekt Emissionen einzusparen.
- **Wärme und Kälte:** Die Bereitstellung von Wärme und Kälte ist außerordentlich energieintensiv und für einen großen Teil der weltweiten Emissionen verantwortlich. Durch die *energetische Sanierung* der Außenhüllen von Gebäuden kann bereits ein beträchtlicher Teil der bislang erforderlichen Wärmeenergie bei gleicher Heiz- oder Kühlleistung eingespart werden. Bei genauer Betrachtung gibt es jedoch auch hier Grenzen der Effizienz, denn die Herstellung, Montage und Entsorgung von Wärmedämmstoffen ist auch mit CO_2-Emissionen verbunden. Effizienzsteigernd wirken insbesondere in Ballungsgebieten *Fernwärmenetze,* die sehr viele Verbraucher unter Nutzung klimafreundlicher Wärmequellen und -technologien gleichzeitig versorgen. Darüber hinaus können durch bessere Isolierung und Prozessinnovationen im Bereich der *Industriewärme* zusätzliche Einsparpotenziale gehoben werden. Aber auch der profane Austausch von *Altanlagen* durch deutlich modernere Kessel, Brenner oder Kühlaggregate trägt zu höherer Energieeffizienz bei.
- **Verkehr:** Moderne Antriebsaggregate sind heute deutlich sparsamer im Verbrauch als ihre Vorgänger noch vor wenigen Jahren. Allerdings beschränkt sich der Effizienzgewinn im Mobilitätssektor nicht allein auf verbesserte *Antriebstechnologien.* Auch die moderne Verkehrssteuerung ermöglicht mittels digitaler Technologien eine intensive Vernetzung unterschiedlicher Verkehrsträger zur optimierten Auslastung im jeweiligen Transportverbund.

Diese sektorbezogene Auswahl erhebt keinen Anspruch auf Vollständigkeit. Sie soll lediglich einen Eindruck davon vermitteln, dass die Energietechnik einen eigenen Beitrag dazu leistet, dass Energie effizient und mit geringen Schadstoffemissionen produziert werden kann.

An dieser Stelle sei noch die Anmerkung gestattet, dass durch Verbesserung der Energieeffizienz der absolute Energiebedarf in den Folgejahren in Summe geringfügig sinken dürfte – was eine gute Nachricht für das Klima ist –, dies jedoch ausdrücklich nicht für den Elektrizitätssektor selbst gilt. Aufgrund der unvermindert fortschreitenden Tendenz zur verstärkten *Elektrifizierung* nahezu aller Lebensbereiche und der ansteigenden Nutzung von Strom im Wärme- und Verkehrssektor, wird der absolute Stromverbrauch in den kommenden Jahren voraussichtlich sogar eher steigen.

Technischer Fortschritt treibt Dekarbonisierung

Mit dem Essen kommt der Appetit. So jedenfalls das bekannte Sprichwort. Ähnlich wie bei der sprichwörtlichen Nahrungsaufnahme verhält es sich mit der Dekarbonisierung. Mit wachsenden technischen Möglichkeiten zur Reduzierung klimaschädlicher Treibhausgase wächst auch früher oder später das Interesse, diese auch zum Einsatz zu bringen. Mit anderen Worten treibt häufig allein die Verfügbarkeit einer wirtschaftlich nutzbaren Technologie deren Nutzung. So hat z. B. der technische Fortschritt der letzten Jahrzehnte die großtechnische Nutzung der Geothermie oder Photovoltaik, oder auch die Wiederverwertung statt Emission von Kohlendioxid in chemischen Prozessen, um nur zwei Beispiele hier zu nennen, erst ermöglicht. Jeweils Phänomene mit mehr oder weniger direktem Bezug zur Energietechnik.

Angesichts einer aufkeimenden Diskussion um die Rolle des technischen Fortschritts sei an dieser Stelle betont, dass nach Einschätzung der Autoren der technische Fortschritt allein den Klimawandel nicht stoppen kann. Gleichwohl ist er ein wichtiger komplementärer Treiber der Dekarbonisierung.

Wenn Technologien überholt sind

Aber auch der zum technischen Fortschritt gegenteilige Fall treibt die Dekarbonisierung. Wenn beispielsweise Technologien zur Energiegewinnung nicht mehr dem Stand der Technik entsprechend sind, etwa weil sie zu viele Ressourcen verbrauchen oder die Umwelt unverhältnismäßig stark mit Treibhausgasen belasten, dann müssen diese ausgetauscht werden. Unabhängig, ob die Motivation zum Austausch einer veralteten Energietechnologie auf ökonomischen Erwägungen beruht oder möglicherweise einer Form des öffentlichen Drucks geschuldet ist, trägt der daraus resultierende *Modernisierungsdruck* mittelbar zur Reduzierung des Ausstoßes klimaschädlicher Emissionen bei.

Damit wurden exemplarisch drei Dekarbonisierungstreiber der Energietechnik, nämlich Energieeffizienz, technischer Fortschritt und Modernisierungsdruck, in der gebotenen Kürze vorgestellt. Im Folgenden werden wir uns mit den technischen Fragen der Leistungserstellung im Kontext der Klimafrage beschäftigen.

2.1.3.2 Leistungsprozesse

Nicht allein energietechnische Prozesse emittieren Kohlenstoff und andere Treibhausgase. Auch Leistungsprozesse setzen in aller Regel Emissionen frei und müssen folgerichtig klimafreundlich umgebaut werden. Denn nur so werden die bekannten Klimaziele perspektivisch nicht verfehlt.

Die Verwendung des Terminus „Leistungsprozess“ erfolgt in dieser Publikation übrigens mit Bedacht. Mit dieser sprachlichen Konkretisierung ist gewährleistet, dass sowohl klassische Herstellungsprozesse als auch das breite Spektrum der unterschiedlichen Serviceprozesse gleichermaßen adressiert werden können.

Emissionen begleiten Leistungsprozesse

Es ist ein Grundprinzip, dass der Einsatz kohlenstoffhaltiger Rohstoffe in Leistungsprozessen in irgendeiner Weise zur Emission von Kohlendioxid und anderen klimawirksamen Stoffen führt. Dies gilt auch für alle nicht-energetischen Prozesse, bei denen fossile Rohstoffe in chemischen Reaktionen lediglich weiterverarbeitet und nicht verbrannt werden. Auch in diesen letztgenannten Fällen werden früher oder später Treibhausgase freigesetzt. Ein technisch zwingender Zusammenhang, der unter anderem in besonderem Maße für die Kunststoffverarbeitung von der Produktion bis zur Entsorgung gilt: „In 2019, the production and incineration of plastic will add more than 850 million metric tons of greenhouse gases to the atmosphere – equal to the emissions from 189 five-hundred-megawatt coal power plants.“[15] Beeindruckende Zahlen, die den klimabezogenen Handlungsdruck bereits erahnen lassen.

Die fortschreitende Klimaerwärmung erfordert, die Entstehung klimawirksamer Treibhausgase möglichst zu vermeiden oder zumindest so weit wie technisch möglich zu reduzieren.[16] Weil sich die klimaschädlichen Emissionen vieler Leistungsprozesse aus den beiden Faktoren

a) energetische Nutzung fossiler Brennstoffe zur Energiegewinnung und
b) direkte prozessbedingte Freisetzung von Treibhausgasen durch die Verarbeitung kohlenstoffreicher Rohstoffe

zusammensetzen, müssen folgerichtig auch beide Auslöser beim Klimaschutz systematisch und ausgewogen betrachtet werden. Infolgedessen müssen bereits vorhandene technische Instrumente zur Reduzierung prozessbedingter Emissionen konsequent genutzt oder – falls noch nicht vorhanden – die erforderlichen technischen Voraussetzungen dafür geschaffen werden. Damit treibt das Erfordernis zum klimafreundlichen Umbau der Leistungsprozesse die Dekarbonisierung ebenfalls voran.

2.1.4 Exogene Schocks – Beispiel Covid-19-Pandemie

Zum Ende der Betrachtung relevanter Treiber ein abschließender Blick auf einen Themenkomplex, der auf den ersten Blick keinen direkten Bezug zur Dekarbonisierung zu haben scheint. Es handelt sich dabei um *exogene Schocks,* die auf Wirtschaftssysteme von jeher einwirkten und auch zukünftig immer wieder Einfluss auf menschliche Gesellschaften ausüben werden. So hat die Anfang 2020 einsetzende *Corona-* oder *Covid-19-Pandemie* gezeigt, dass exogene Schocks die gesamte Menschheit betreffen und das Wirtschaftsgefüge erheblich stören können. Ähnlich wie die Klimakrise schleichend, hat das Coronavirus weitaus sichtbarer gezeigt, dass große Krisen die existierende Wirtschafts- und Weltordnung fundamental verändern können.

---

[15] Muffett et al. (2019, S. 2).

[16] In zahlreichen physikalischen oder chemischen Umwandlungsprozessen können die jeweils verursachten Treibhausgasemissionen technisch nicht auf null reduziert werden. Daher sieht das Pariser Klimaschutzabkommen von 2015 in diesen Fällen vor, diese unvermeidbaren Emissionen in sogenannten *„Senken“* einzufangen und so direkt oder indirekt wieder aus der Atmosphäre zu entfernen.

Obwohl die Klimakrise für die Zukunft unseres Planeten insgesamt gravierender als Covid-19 sein dürfte, demonstriert die von einem unscheinbaren Virus hervorgerufene weltweite Infektionskrankheit gut sichtbar und gewissermaßen in Zeitraffer, wie globale Krisen das Leben auf unserer Erde beinahe über Nacht verändern können. Damit kann uns die Pandemie nicht nur helfen, die Mechanismen und innere Dynamik disruptiver Großereignisse besser zu verstehen, sondern verschafft der Weltgemeinschaft auch Gelegenheit dazu, essenzielle Lehren aus ihr zu ziehen. Eine dieser Erkenntnisse ist beispielsweise, dass es zur Vermeidung oder zumindest Beherrschung großer Katastrophen wie der Klimaerwärmung grundlegender Umbauten in Richtung resilienter, klimafreundlicher Strukturen bedarf.

Covid-19 als Katalysator der Dekarbonisierung
In Anbetracht der zum Teil erheblichen ökonomischen Einbrüche in zahlreichen Volkswirtschaften wurden von vielen Regierungen rund um den Globus zunächst in kürzester Zeit milliardenschwere Corona-Sofortprogramme aufgelegt. Nach diesen primär auf sehr schnelle Unterstützung angelegten initialen Hilfsprogrammen, drängt inzwischen eine neue Frage in das Blickfeld. Nämlich wie im Zusammenhang mit weiteren Konjunkturhilfen der Neustart nach Covid-19 klimagerecht ausgestaltet werden kann. Anders formuliert geht es um die klimaorientierte Ausgestaltung der Corona-Hilfen dergestalt, dass diese ihre *Steuerungswirkung* in Richtung einer klimafreundlichen Post-Covid-Wirtschaft voll entfalten können.

Richtig aufgesetzt und an ökologische Kriterien geknüpft, können die milliardenschweren Unterstützungsfonds nicht nur zur wirtschaftlichen Erholung nach Covid-19 beitragen, sondern gleichzeitig der Substitution fossiler Energieträger durch deren erneuerbare Pendants einen beträchtlichen Schub versetzen.[17] Wenn diese Konjunkturprogramme derart an Klimakriterien geknüpft werden, dass damit primär der Umbau in Richtung klimafreundlicher Technologien und Leistungsprozesse voranschreitet, dann hätte der Covid-19-Schock dem Klimaschutz erheblichen Vortrieb verschafft. Insofern wohnt globalen Schockereignissen die prinzipielle Möglichkeit inne, zu maßgeblichen Treibern einer fortschreitenden Dekarbonisierung zu avancieren.

Mit dem kurzen Exkurs zu den exogenen Schocks schließt dieser Abschnitt. Die vorangehende Darlegung der wichtigsten Treiber der Verringerung klimaschädlicher Treibhausgase, gegliedert in die vier Themencluster Gesellschaft, Ökonomie, Technik und exogenen Schocks, konnte die Frage nach dem **Warum** sich Politik, Gesellschaft und Wirtschaft seit einigen Jahren so intensiv mit ihr beschäftigen,

[17] Vgl. Marieni (2020).

Abb. 2.1 Treiber der Dekarbonisierung

beantworten. Die Vielzahl und vor allem die klimabezogene Tragweite der vorgestellten Treiber der Dekarbonisierung ist Indiz für deren Relevanz bei der Rettung des Weltklimas. Zur besseren Übersicht veranschaulicht Abb. 2.1 die wesentlichen Treiber der Dekarbonisierung nochmals grafisch.

2.2 Handlungsfelder des Übergangs zur emissionsarmen Ökonomie [WO]

Dekarbonisierung steht heute ganz oben auf der Agenda der Klimapolitik. Wer möchte dies angesichts der im Vorabschnitt betrachteten Faktoren bestreiten? Allerdings lässt sich aus der Kenntnis der identifizierten Treiber dieses Megatrends allein noch kein valides *Zielbild* der Dekarbonisierung ableiten. Zur Beantwortung der Frage in Abschn. 2.4 nach dem **Wohin** Politik, Gesellschaft und Wirtschaft gelangen müssen, um die am Horizont aufziehende Klimakatastrophe noch abwenden zu können, bedarf es eines Zwischenschritts. Nämlich der Bestimmung der für die Verringerung klimawirksamer Treibhausgase relevanten *Handlungsfelder*. Eingedenk des unbestritten erheblichen Einflusses der Wirtschaft auf den Umwelt- und Klimaschutz diskutiert der nachfolgende Abschnitt die Frage nach den Handlungsfeldern mit Priorität auf ökonomische Parameter. Damit geht dieser Text der Frage auf den Grund, **wo** situationsabhängig geeignete Ansatzpunkte der Dekarbonisierung zu finden sind. Dementsprechend wird in diesem Abschnitt der *Gestaltungsraum* aufgespannt, innerhalb dessen sich unternehmerische Initiativen zur Treibhausgasminderung entwickeln können. Bildlich gesprochen, handelt es sich bei den Handlungsfeldern somit um die *Spielwiese* zur Realisierung einer emissionsarmen Wirtschafts- und Weltordnung.

Wenden wir uns also der Kernfrage dieses Abschnitts zu und suchen nach den Bereichen, die einen signifikanten Effekt auf die notwendige Dekarbonisierung weiter Teile der menschlichen Zivilisation haben. Projekte zur Schaffung einer kohlenstoffarmen Gesellschaft erfordern ein breites Maßnahmenspektrum, welches konsequent an den richtigen Stellen strukturiert zum Einsatz gelangen muss. Nur so ist sichergestellt, dass der erhoffte Effekt einer nachhaltigen Reduktion klimaschädlicher Emissionen auch tatsächlich erzielt werden kann. Erfahrungen haben hier gezeigt, dass Maßnahmen zur Dekarbonisierung besonders in den Bereichen Geschäftsstrategie, Betrieb, Governance & öffentliches Engagement ihre Wirkung optimal entfalten können. Im Folgenden werden diese relevanten drei Handlungsfelder näher betrachtet.

2.2.1 Geschäftsstrategie

Die Tragweite des Übergangs von der kohlenstoffbasierten zur zumindest emissionsarmen oder gar emissionsfreien Ökonomie geht weit über das kurzfristige Tagesgeschäft hinaus. Denn im Kontext des klimafreundlichen Umbaus unternehmerischer Strukturen müssen vom Management zukunftsorientierte Entscheidungen getroffen werden, die zu einem beträchtlichen Anteil sowohl langfristiger als auch fundamentaler Natur sind. Immerhin erfordert der Wille zur konsequenten Reduzierung schädlicher Umwelteinflüsse des eigenen Handelns in aller Regel eine ebenso konsequente Neuausrichtung der normativen Firmenpolitik in Richtung Nachhaltigkeit, eine zukunftsfähige Umgestaltung betrieblicher Strukturen und zu guter Letzt die langfristige Ausrichtung der Geschäftsmodelle an den übergeordneten Klimazielen. Mit anderen Worten bedarf es einer *Geschäftsstrategie,* die sich bewusst am Ziel der Treibhausgasreduzierung ausrichtet.

Die Ausgestaltung der Geschäftsstrategie entscheidet maßgeblich darüber, ob Organisationen ihren jeweils individuellen Anteil an der erforderlichen Reduzierung klimawirksamer Treibhausgase erbringen oder möglicherweise auch nicht. Damit repräsentiert eine a priori klimafreundlich ausgerichtete Geschäftsstrategie die Basis für eine emissionsarme Zukunft. Insofern fällt der Strategie die Rolle eines außerordentlich bedeutenden Handlungsfeldes bei der Realisierung einer emissionsarmen Ökonomie zu. Auf der strategischen Ebene geschieht dies in erster Linie über ein klares Bekenntnis zu den Pariser Klimaschutzzielen und dem öffentlich manifestierten Willen, bis spätestens zum Jahr 2050 klimaneutral agieren zu wollen. Angesichts der zweifelsohne erheblichen Bedeutung der Strategie für den Erfolg von Initiativen zur Treibhausgasminderung sollen einige ausgewählte Aspekte dieses Handlungsfelds nachfolgend erörtert werden.

Strategie als nicht-deterministisches Handlungsfeld

Strategien existieren nicht isoliert im gewissermaßen luftleeren Raum. Sie sind vielmehr signifikant von ihrem jeweiligen Umfeld beeinflusst und mehr oder weniger ausgeprägt von diesem abhängig. Vor diesem Hintergrund drängt sich die Frage auf, ob das existierende Umfeld eines Unternehmens als fix anzunehmen ist, oder ob es durch gezielte unternehmerische Handlungen beeinflusst oder sogar mitgestaltet werden kann. Anhänger einer streng *deterministischen Sichtweise* unterstellen, dass Umfeldparameter aus Unternehmenssicht fix gegeben sind und demzufolge vom Management a priori als nicht beeinflussbar akzeptiert werden müssen.

Dieser strikt deterministischen Sichtweise folgen die Autoren im hier relevanten Dekarbonisierungskontext nicht. Es mag zunächst erstaunen, aber sogar die klimapolitischen Umfeldbedingungen determinieren das Verhalten von Wirtschaftssubjekten nicht absolut. So können Unternehmen selbst im Zusammengang mit der Suche nach dem angemessenen Umgang mit der Klimaproblematik durch ihre Strategie gewisse Umfeldbedingungen sukzessive zu ändern suchen und sich mithin individuell neu positionieren. Dank dieser hiermit vollzogenen Relativierung einer streng deterministischen Auffassung besteht die Chance, dass bei Suche und Auswahl von Maßnahmen zur Reduzierung von Treibhausgasen mögliche oder auch nur in den Köpfen der Entscheider existierende Denkverbote abgeschwächt oder sogar gänzlich aufgelöst werden können.[18]

Es entsteht damit der erforderliche Freiraum für Unternehmer, in der Geschäftsstrategie neue Wege auch im Klimaschutz gehen zu können. Die Erkenntnisse aus Abschn. 1.4.2 ins Gedächtnis zurückrufend, werden Unternehmen – aber auch ganze Gesellschaften – in die Lage versetzt, ergänzend zu den in Abschn. 1.4.1 beschriebenen etablierten Methoden zur Dekarbonisierung, neue oder auch unorthodoxe Wege zur Reduzierung klimaschädlicher Emissionen zu beschreiten. In der Konsequenz können so innovative Kräfte und Spielräume freigesetzt werden, die einerseits zur Rettung des Klimas einen spürbaren Beitrag liefern und andererseits den Wohlstand einer Gesellschaft insgesamt sichern helfen. Dies geschieht dergestalt, dass durch unternehmerische Investitionen in innovative, technische Lösungen auch in Zukunft Investitionsgüter weiterhin in großem Stil angeschafft werden und so die industrielle Wertschöpfung auch in der Post-Carbon-Welt weiterhin fortbesteht. Mit der undogmatischen Auswahl technischer Innovationen, die gleichzeitig auch dem Erreichen der Klimaziele nutzen, verliert das bisweilen heraufbeschworene Schreckgespenst der *klimabedingten Deindustrialisierung* ganzer Wirtschaftsregionen seinen Schrecken.

Geschäftsstrategien für klimafreundliche Wertschöpfung

Geschäftsstrategien sind in erster Linie durch Langfristigkeit ihres Ziel- und Planungshorizonts, der emergenten Fähigkeit, erforderliche Anpassungen nach Änderungen im relevanten Umfeld der Organisation flexibel vornehmen zu können und ihren alle Unternehmensbereiche berücksichtigenden Fokus charakterisiert. Folgerichtig bestimmen Geschäftsstrategien entscheidend die Zukunft von Unternehmen, indem sie die übergeordneten Leitplanken für das operative Handeln aller Organisationsmitglieder vorgeben.

---

[18]Vgl. Doleski (2015, S. 16).

Greifen wir diesen Gedanken der prinzipiellen Festlegung der strategischen Stoßrichtung des gesamten Unternehmens auf, so offenbart sich die besondere Relevanz der Geschäftsstrategie auch für das klimabezogene Agieren einer Organisation. Denn die essenzielle Frage, ob sich ein Unternehmen auch jenseits wohlfeiler Marketingtexte in Imagebroschüren oder ansprechender Fotos grüner Landschaften auf Websites redlich um eine echte Reduzierung klimaschädlicher Treibhausgase bemüht, konkretisiert sich maßgeblich in der Ausgestaltung der grundlegenden Geschäftsstrategie. Insofern fällt der Geschäftsstrategie berechtigterweise die Rolle eines wichtigen Handlungsfelds bei der Dekarbonisierung zu.

Bei der eingehenden Betrachtung des Handlungsfelds Strategie ist es entscheidend zu verstehen, wie Politik, Gesellschaft und Wirtschaft zur Dekarbonisierung auf der strategischen Ebene grundsätzlich beitragen können. Neben den in zurückliegenden Jahren seit Paris intensiv diskutierten und längst etablierten Ansätzen, wie der Alltag der Menschen vornehmlich über den Verzicht auf kohlenstoffreiche Brennstoffe in den unterschiedlichen Sektoren dekarbonisiert werden kann, interessiert an dieser Stelle – ohne den Ausführungen von Kap. 3 vorzugreifen – zunächst die Frage, wo geeignete strategische Ansatzpunkte der Dekarbonisierung industrieller Prozesse und Services zu finden sind.

Unternehmen, die sich zu den Klimaschutzzielen bekennen, steht inzwischen ein umfassendes Set strategischer Maßnahmenpakete zur Dekarbonisierung ihrer Wertschöpfung zur Verfügung. Um den Rahmen dieser Publikation jedoch nicht zu sprengen, soll an dieser Stelle lediglich eine komprimierte Auswahl vorstellbarer Geschäftsstrategien für eine klimafreundliche Wertschöpfung vorgestellt werden. Dabei handelt es sich um Strategien, die sowohl die etablierten als auch die prozessbezogenen Maßnahmen der Dekarbonisierung gleichermaßen adressieren:

- **Nordsternstrategie:** Festlegen des übergeordneten Ziels, dass derzeitige bzw. künftige Unternehmensportfolios konsequent an den Klimazielen und dem Wunsch nach Resilienz auszurichten sind. Daraus folgt, dass Geschäftsmodelle nicht mehr länger primär nach ihrem ökonomischen, sondern auch nach ihrem klimawirksamen Fußabdruck bewertet werden müssen. Genauer formuliert, integriert sich über die Monetarisierung dieses Abdrucks dessen ökonomische Relevanz a fortiori. Insofern manifestiert sich ein ständig zu adjustierender Norden in Form der jeweiligen Investitionsstrategie – und somit in der grundsätzlichen Allokation knapper Kapitalressourcen hinsichtlich der Investition oder De-Investition in ganzheitliche Geschäftsfelder.
- **Digitalisierungsstrategie:** Konsequente *Digitalisierung* relevanter Unternehmensfunktionen, um so beispielsweise den Weg für eine umfassenden Dezentralisierung der Energieversorgung durch kleinere regenerative Erzeugungsanlagen und verbessertes Energiemanagement freimachen zu können. Insbesondere die Fortschritte im Bereich des Managements von Energiesystemen durch den verstärkten Einsatz digitaler Technologien reduziert mittelbar die Treibhausgasemissionen durch einen

gedrosselten absoluten Energiekonsum. Neben diesen wirkungsmächtigen Stellhebeln existieren mittlerweile Myriaden von dedizierten Daten- und Informationstechnologien integrierenden Lösungen, welche in Echtzeit oder vorausschauend oder sogar regulierend Betriebsprozesse[19] emissionssparend optimieren.

- **Produktstrategie:** Konsequente Ausrichtung der *Produkt-* und *Wachstumsstrategie* auf die Erbringung von Komplettlösungen aus einer Hand, die als wesentliche Nebenbedingung zwingend auch die Ziele Klimaneutralität und Treibhausgasvermeidung berücksichtigt. Hierfür seien die beiden wesentlichen Facetten der Transparenz und eben gerade auch auf der konkreten Produkt- oder Serviceebene quantifizierte Emissionsverursachung genannt. Das für professionelle Kunden-Lieferanten-Beziehungen wohl bestetablierte sogenannte *Carbon Disclosure Project (CDP)* hat hierzu über ungefähr zwei Dekaden entsprechende Maßstäbe gesetzt.[20]
- **Partnerschaftsstrategie:** Netzwerke und *Partnerschaften* des Unternehmens sollten insbesondere auch vor dem Hintergrund der Klimafrage strategisch ausgewählt werden. In erster Linie stehen hierfür die Lieferanten bzw. wertschöpfungsbeitragenden Partner im Vordergrund, deren eigener Fußabdruck – erneut sei der CDP-Standard angeführt – entscheidungsrelevant sowohl ökonomisch als auch in Reputationshinsicht geworden sind. Neben dieser eher degressiven Sicht spielen vermehrt eine progressive und dabei auf gemeinsame Innovationen oder affirmative Gedankenanstöße setzende Partnerschaften eine bedeutende Rolle. Korrelierend mit Größe und Globalität werden mittlerweile solche auch „Joint Actions" genannten Initiativen zum Klimaschutz strategisch immer bedeutender. Es ist daher kein Zufall, dass die in Kap. 1 bereits gestreiften normativen Bezugssysteme hier strategieleitend sind: so rundet das Ziel „Partnership for the Goals" als Schlussakkord der *Sustainable Development Goals* der Vereinten Nationen[21] eindringlich deren Tragweite ab. Ebenso einschlägig sind die kapitalmarktbasierten Bewertungskriterien im Rahmen des *Dow Jones Sustainability Index*[22], sodass mittlerweile hier von einem genuinen Strategietyp auszugehen ist.
- **Integrationsstrategie:** Ganzheitliche *Integration* einer Vielzahl innovativer, klimafreundlicher Technologien in Produktions-, Informations- und Transportprozesse. Diese Strategie umfasst nicht allein den Zubau neuer Systeme oder Produktionsanlagen, sondern zielt auch ausdrücklich auf den zeitnahen Austausch überholter, klimabelastender Systeme in bereits existierenden Anlagen bzw. Anlagegütern.
- **Energiestrategie:** Formulierung und Realisierung der strategischen Zielsetzung, den Anteil fossiler Brennstoffe im Bereich der produktionsnahen Energiebereitstellung bis

[19] Siehe hierzu ausführlich Abschn. 2.2.2.

[20] Vgl. hierzu insbesondere CDP (2020).

[21] Vgl. United Nations (2015b).

[22] Der Dow Jones Sustainability Index ist ein Aktienindex, der neben ökonomischen insbesondere auch ökologische und soziale Kriterien berücksichtigt.

spätestens Mitte des Jahrhunderts auf null zu reduzieren. Diese Abkehr von Kohle, Erdgas und Öl wird von einem weiteren Ausbau der erneuerbaren Energien begleitet. So gesehen, der natürlichste Strategientyp, da er zurück zur Quelle der eigenen Wertschöpfungskette reicht.

- **Standortstrategie:** Unternehmerische Entscheidungen auch daran ausrichten, ob diese zu einem nachhaltigen Umgang mit Ressourcen im Kontext menschlicher Ansiedlungen beitragen. Denn immerhin befinden sich Unternehmen immer auch inmitten oder zumindest in räumlicher Nähe zu Ansiedlungen, auf die sie direkt oder indirekt wirken. Im gleichen Sinne aber zugleich vice versa trifft dies auch auf die nicht-urbanisierte Standortwahl bzw. Verlagerung zu. Während in eher urbanen Ökosystemen sich eher Synergieeffekte bei allen oben genannten Strategietypen mit anderen Wirtschafts- und Emissionsteilnehmern realisieren lassen, eröffnen nicht-agglomerationsnahe Standorte ergänzende Potenziale. Genannt seien hierbei allgemein Rohstoff oder speziell Energiequellen reiche Regionen, welche selbst emissionsverursachende Transport- oder Distributionsprozesse durch entsprechende Standortentscheidungen auch insgesamt verkürzen helfen.

Damit wurden einige Geschäftsstrategien für klimafreundliche Wertschöpfung vorgestellt. Obgleich sich diese Aufzählung noch beliebig detaillieren ließe, vermittelt sie dennoch bereits einen hinreichenden Eindruck der Vielfalt klimabezogener Ansatzpunkte innerhalb des Handlungsfeldes Geschäftsstrategie.

2.2.2 Betriebsprozesse

Neben der übergeordneten Geschäftsstrategie repräsentieren die *Betriebsprozesse* ein weiteres, bedeutendes Handlungsfeld der Dekarbonisierung. Es sei an dieser Stelle zusätzlich in Erinnerung gerufen, dass die soeben referenzierten Geschäftsstrategien der erfolgreichen Umsetzung mittels professioneller Geschäftsprozesse bedürfen. Die hier nun postulierte Relevanz der Betriebsprozesse für eine nachhaltige Reduzierung klimaschädlicher Treibhausgase resultiert aus dem Umstand, dass betriebliche Abläufe unmittelbar für den *klimakonformen Betrieb* aller Glieder der Wertschöpfungskette verantwortlich sind. Damit repräsentieren diese Prozesse den klimawirksamen operativen Hebel für die Realisierung einer kohlenstoffarmen Ökonomie.

Erfordernis emissionsneutraler Herstellungsprozesse

Erinnern wir uns kurz an die Feststellung aus Abschn. 2.1.3.2, wonach beim Einsatz kohlenstoffhaltiger Rohstoffe in Leistungsprozessen vielfach auch Treibhausgase emittiert werden. Diese Emissionen setzen sich bei industriellen Anwendungen in aller Regel aus Abgasen, die in der Folge der Verbrennung fossiler Rohstoffe zur Energiegewinnung entstehen und aus gasförmigen Abfallprodukten, die in nicht-energieerzeugenden Prozessen bei der physikalischen oder chemischen Verarbeitung kohlenstoffhaltiger Rohstoffe anfallen, zusammen. Vor diesem Hintergrund und angesichts der bereits vielfach erwähnten fortschreitenden Klimaerwärmung repräsentieren somit zweifelsohne Betriebsprozesse – neben der Geschäftsstrategie – ein für den Klimaschutz bedeutendes Handlungsfeld der Dekarbonisierung.

Damit fällt der Entwicklung und Förderung *emissionsarmer Herstellungsprozesse* eine für den Kilmaschutz erfolgskritische Rolle zu. Eine im Auftrag der EU-Kommission erstellte Studie[23] des Fraunhofer-Instituts für System- und Innovationsforschung ISI und ICF Consulting Services Limited gelangt unter anderem zu dem Ergebnis, dass eine umfassende Dekarbonisierung des Industriesektors bis 2050 prinzipiell möglich sei; mit den heute verfügbaren Technologien jedoch verfehlt werden würde.

> Bereits zwischen 2020 und 2030 müssen neue Technologien Marktreife erlangen [...]. Hierfür braucht es einen umfassenden Instrumentenmix, der unter anderem die Forschung und Entwicklung für CO_2-neutrale Herstellungsprozesse sowie die Schaffung von Nischenmärkten für CO_2-arme Grundstoffprodukte fördert. Zentral ist, nicht nur die Grundstoffindustrie selbst zu verändern, sondern die gesamte Wertschöpfungskette einzubeziehen. Besonders die Bauwirtschaft sollte sich als größter Nachfrager von CO_2-intensiven Produkten wie Stahl, Zement und Glas daran orientieren, wie viele Emissionen bei der Herstellung ausgestoßen werden.[24]

Wenn demnach die bisherigen Anstrengungen voraussichtlich noch nicht ausreichen, um die weltweiten Emissionen im erforderlichen Umfang zu mindern, dann müssen die etablierten Überlegungen um weiterführende, praktikable Ansätze ergänzt werden. Anders ausgedrückt sollten bekannte, etablierte Maßnahmen, wie beispielsweise die Substitution fossiler durch regenerative Energieträger, mittels innovativer Veränderungen in den Herstellungsprozessen zusätzlich weiter dekarbonisiert werden. Heute zählen Betriebsprozesse zur Herstellung z. B. von Metallen, Zement, Industriegasen und Glas zu den Spitzenreitern bei der Abgabe klimaschädlicher Emissionen. In diesen und vielen weiteren ähnlichen Fällen muss es daher gelingen, alle Herstellungsprozesse entlang der Wertschöpfungskette möglichst emissionsneutral zu optimieren.

Dekarbonisierung findet vor allem in den Prozessen statt

Die Dekarbonisierung des Wirtschaftssystems findet in der Praxis primär auf der Prozessebene statt. Dabei sind verschiedene Funktionen und Bereiche mit zum Teil deutlich unterschiedlich ausgeprägten Effekten – in Hinblick auf deren Klimawirksamkeit – beteiligt. Einige prozessuale Aspekte des Handlungsfeldes „Betriebsprozesse" werden nachfolgend skizziert:

---

[23]Der Name der Studie lautet „Industrial Innovation: Pathways to deep decarbonisation of Industry"; die Inhalte sind nachzulesen unter Chan et al. (2019).

[24]Fraunhofer (2019).

- **Prozesseffizienz:** Prozesse so optimieren, dass deren Wirkungsgrad durch den Einsatz neuer, energieeffizienter Systeme und Anlagen ansteigt.
- **Emissionsminderung:** Prozessbedingte Emissionen von Anlagen- oder Industrieparks mittels Nutzung effizienter Herstellungsverfahren und Modernisierung der Anlageninfrastruktur reduzieren.
- **Restemissionen:** Einführung von Innovationen zur Abscheidung, Speicherung und Nutzung von energetischen und prozessbedingten Industrieemissionen, die bei der industriellen Wertschöpfung zwangsläufig anfallen.
- **Logistikprozesse:** Reduzierung des Ausstoßes klimawirksamer Treibhausgase im Bereich der Beschaffungs- und Lieferkette durch verbesserte Steuerung von Transporten, schrittweise Elektrifizierung der Transportketten etc.
- **Kreislaufwirtschaft:** Prozesse der Kreislaufwirtschaft vorzugsweise mit erneuerbaren Energien betreiben und die bei der Rohstoffrückgewinnung prozessbedingt anfallenden Emissionen so weit wie möglich vermeiden oder zumindest dem Prozess entziehen.

Die Betriebsprozesse sind als Handlungsfeld der Dekarbonisierung erfolgskritisch für den Klimaschutz. Nur wenn es in großem Stil gelingt, die klimaschädlichen Emissionen von Geschäftsprozessen mithilfe technischer Innovationen und prozessnaher Maßnahmen spürbar zu reduzieren, besteht eine realistische Chance, die Klimaziele des Pariser Klimaschutzabkommens von 2015 erreichen zu können. Daher werden wir in diesem Buch ab Kap. 3 beginnen, eine datenanalytische Methode vorzustellen, mit deren Hilfe und ergänzend zu den etablierten Methoden dieses Ziel in der Praxis doch noch erreicht werden kann.

2.2.3 Governance und öffentliches Engagement

Die dritte Spielwiese der Dekarbonisierung umfasst zwei besonders im Fokus der öffentlichen Wahrnehmung stehenden Aspekte: die Unternehmensführung (Corporate Governance) und das öffentliche Engagement einer Organisation im Klimakontext.

Den Strukturwandel begleiten
Spätestens seit Paris stehen die *Leitplanken* der Klimapolitik fest. Um insbesondere das zentrale Zwei-Grad-Klimaschutzziel einzuhalten, bedarf es weltweit eines radikalen, klimaorientierten Umdenkens in Politik, Gesellschaft und Wirtschaft. Konkret bedeutet dies, die konsequente Abkehr von der Verbrennung fossiler Brennstoffe zur Erzeugung elektrischer oder thermischer Energie und die Reduzierung prozessbedingter industrieller Emissionen auf das absolute Minimum unter gleichzeitiger Nutzung emissionsabsorbierender *Senken*. Anders ausgedrückt muss die Wirtschafts- und Weltordnung ab der Mitte dieses Jahrhunderts vollständig dekarbonisiert sein.

Um diese für die Zukunft des Planeten essenziellen Ziele erreichen zu können, ist zunächst ein *globales Klimaregime* erforderlich, welches ein klimafreundliches Regelwerk im Sinne einer *Global Governance* festlegt und befolgt. Dabei definiert die UN Commission of Global Governance (CGG) den Global-Governance-Begriff als einen kontinuierlichen Prozess zum Ausgleich kontroverser oder unterschiedlicher Interessen, bei dem sowohl formelle Institutionen als auch informelle, nichtstaatliche Akteure zusammenwirken, wie folgt:

Definition 6: Global Governance Governance is the sum of the many ways individuals and institutions, public and private, manage their common affairs. It is a continuing process through which conflicting or diverse interests may be accommodated and co-operative action may be taken. It includes formal institutions and regimes empowered to enforce compliance, as well as informal arrangements that people and institutions either have agreed to or perceive to be in their interest.[25]

Für eine grundlegende klimafreundliche Transformation der Wirtschafts- und Weltordnung sind Bekenntnisse der Weltgemeinschaft allein jedoch nicht ausreichend. Die effiziente Bekämpfung des Klimawandels erfordert in gewisser Weise eine Form der aktiven Global Governance, die neben dem Willen vor allem auch die Kraft zur Durchsetzung weitreichenderer Reformen relevanter Rahmenbedingungen hat. Sie muss somit die Voraussetzungen schaffen, dass der erforderliche *Strukturwandel* in Gesellschaft und Wirtschaft auf allen Ebenen erfolgreich vonstattengehen kann; und dies möglichst weltweit. – Die vermutlich einzige Chance, dass eine umfassende Reduzierung der Treibhausgasemissionen auf absehbare Zeit überall auf der Welt Realität werden kann.

Kommen wir an dieser Stelle zurück zur operativen Frage nach den konkreten Handlungsfeldern einer emissionsfreien Wirtschaft. Die beschriebene Transformation auf der globalen Ebene hat unmittelbar Auswirkungen auf jedes einzelne Wirtschaftssubjekt. Schließlich folgt aus der Notwendigkeit eines globalen Strukturwandels unmittelbar das Erfordernis, die erforderlichen Maßnahmen auch im Kleinen konsequent umzusetzen. So verstanden muss die auf Akteursebene übertragene unternehmerische Governance nicht allein den übergeordneten Vorgaben – man möchte sagen mechanistisch – folgen, sondern weitergedacht auch das eigene unternehmerische Handeln aktiv am Ziel der Dekarbonisierung ausrichten. Insofern sind Politik, Gesellschaft und Wirtschaft aufgerufen, erforderliche Reformmaßnahmen zu unterstützen und den Strukturwandel durch geeignete Governance auf allen Ebenen zu begleiten – wie bereits oben im Lichte der Partnerschaftsstrategien beschrieben.

---

[25]CGG (1995, S. 4).

Engagement zahlt sich aus

Es ist in diesem Buch bereits mehrfach angeklungen: Die Dekarbonisierung ist epochale Herausforderung und globales Großprojekt zugleich. Sie ist in ihrer Tragweite – wenn überhaupt – maximal mit der *Digitalisierung* als vierter industrieller Revolution zu vergleichen. Ähnlich wie im Falle der Digitalisierung handelt es sich beim Megatrend der umfassenden Reduzierung klimawirksamer Treibhausgasemissionen um eine disruptive *Transformation,* die sowohl in Gesellschaft als auch Wirtschaft tiefgreifende Veränderungen auslöst. Allesamt Aspekte, die in den kommenden Jahren der Dekarbonisierung maximale Aufmerksamkeit in der Weltöffentlichkeit garantieren dürften.

Und genau hinter dieser öffentlichen Wahrnehmung verbergen sich für Organisationen und sogar ganze Branchen enorme Chancen. Die besondere Attraktivität des Handlungsfelds *Engagement* liegt darin, dass Organisationen, die frühzeitig ihre Wertschöpfung aufgrund des Einsatzes innovativer Technologien klimaneutral umgestalten, folgende Vorteile für sich vereinnahmen können:

a) Aufbau eines positiven Images
b) Vermeidung von Reputationsschäden
c) Absatzchancen für klimaneutrale Produkte und Dienstleistungen
d) Einsparung von Emissionsabgaben und Ausschluss von Strafzahlungen
e) Beibehaltung eines bevorzugten Lieferantenstatus innerhalb eines Partnernetzwerks dank klimaneutraler Produkte.

Naheliegend ist, dass beispielsweise mit den neuen Absatzchancen auch Risiken verbunden sind. So kann eine frühzeitige Investition in eine Energiespeichertechnologie nicht von den zukünftigen Skalen- und Lerneffekten profitieren, womit der Investor später von Nachzüglern überholt wird. Die hier vorgestellte Methode der Digitalen Dekarbonisierung hilft, diese Risiken zu reduzieren, indem sie wesentliche Einflussfaktoren und ihre zeitliche Entwicklung in eine Szenario-basierte Analyse einbezieht.

Diese Vorteile belegen, dass authentisches, öffentliches Engagement für den Klimaschutz sich als Investition auch für Unternehmen ökonomisch durchaus auszahlt.

Alle drei vorgenannte Handlungsfelder spannen in ihrer Gesamtheit den Gestaltungsraum auf, in welchem sich Initiativen zur Treibhausgasminderung frei entfalten können. Wie Abb. 2.2 illustriert, definieren Geschäftsstrategie, Betriebsprozesse, Governance und öffentliches Engagement somit gleichermaßen das Bezugssystem zur Realisierung einer emissionsarmen Wirtschafts- und Weltordnung.

2.3 Technologiefelder der Dekarbonisierung [WO]

Nachdem nunmehr die wesentlichen Ansatzpunkte in Politik, Gesellschaft und Wirtschaft für erfolgreiche Initiativen zur Treibhausgasminderung skizziert wurden, beleuchten die nachfolgenden Ausführungen die relevanten Technologiefelder der Dekarbonisierung.

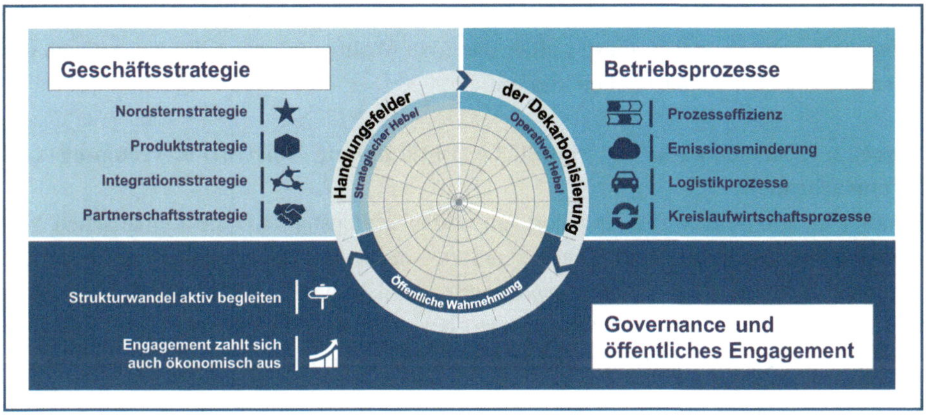

Abb. 2.2 Handlungsfelder der Dekarbonisierung

Zunächst werden dabei die besonderen Auswirkungen des weltweit unverändert wachsenden Anteils erneuerbarer Energiequellen – oder kurz Erneuerbarer – auf das jeweilige Energiesystem in Abschn. 2.3.1 betrachtet. Welchen Beitrag dazu insbesondere die Sektorkopplung leisten kann, wird in Abschn. 2.3.3 an konkreten Beispielen erläutert.

2.3.1 Erneuerbare Energien und Energiemanagement

Stromerzeugung durch Wind und Sonne unterliegt naturgemäß Schwankungen. Je nach Anteil der Stromerzeugung aus Wind und Sonne, sind unterschiedliche Technologien erforderlich, um diese Schwankungen zu beherrschen.

2.3.1.1 Drei Phasen der Dekarbonisierung eines Energiesystems

Ein fortschreitender Anteil erneuerbarer Stromerzeugung lässt sich in drei Phasen unterteilen, die jeweils eine Kombination unterschiedlicher Technologien erfordern:

Phase 1: „Add-on" – Integration der Erneuerbaren in ein existierendes fossil-nukleares Stromerzeugungssystem

Die Erfahrung in verschiedenen Ländern zeigt, dass sich ein Erneuerbarenanteil von unter 20 % mit den vorhandenen *Ausgleichsmechanismen* eines solide entwickelten konventionellen Erzeugerparks beherrschen lässt. Diese Ausgleichsmechanismen sind auch ohne Erneuerbare erforderlich, um Schwankungen der Stromnachfrage oder Auswirkungen des kurzfristigen Stromhandels zu kompensieren. Stromsysteme, die in einen internationalen Verbund wie beispielsweise das *europäische Verbundnetz* eingebunden sind, profitieren von der Unterstützung ihrer jeweiligen Nachbarn und erreichen somit die Phase 2 bei einem höheren Anteil Erneuerbarer, als Stromsysteme von Ländern in Insellagen wie beispielsweise Japan. Traditionell wurden thermische Kraftwerke in der

Nähe der Verbrauchsschwerpunkte gebaut. Solange diese thermischen Kraftwerke nicht rückgebaut werden, stehen diese immer dann zur Verfügung, wenn die Kapazitäten aus Wind und Sonne nicht ausreichend liefern.

Phase 2: „Netzengpässe" – räumliche Entkopplung von Stromerzeugung und Stromverbrauch

Wind- und Solarkraftwerke sind dort am wirtschaftlichsten, wo die klimatischen Verhältnisse am günstigsten sind. Diese Standorte sind in der Regel nicht in der Nähe der Verbrauchszentren. Die *Stromtransportnetze* wurden bereits in Phase 1 und davor zur Bereitstellung von Ersatzlieferungen bei Kraftwerksrevisionen oder -ausfällen errichtet. Bei einem Anteil der Erneuerbaren von über 20 % geraten die Stromtransportnetze allerdings an die Grenze ihrer Leistungsfähigkeit. Mit zunehmendem Anteil Erneuerbarer kommt es verstärkt vor, dass die Leistungsfähigkeit der Netze nicht ausreicht, um den gesamten erneuerbar erzeugten Strom zu den Verbrauchern über größere Distanzen zu transportieren. In diesem Fall lautet zumeist die Ultima ratio kurzfristig die Einspeisung der Erneuerbaren zu drosseln und stattdessen die Stromlast mit konventionellen Kraftwerken zu decken. Dieser sogenannte *„Redispatch"* bzw. das Einspeisemanagement im Falle der Abregelung von erneuerbaren Einspeisungen verursacht zusätzliche Kosten, weil die Erneuerbaren trotz Drosselung den Großteil ihrer Vergütung für nicht eingespeisten Strom dennoch erhalten und weil die konventionellen Kraftwerke für ihren ungeplanten Einsatz zusätzlich vergütet werden müssen. Beispielsweise lagen diese Kosten für das oben beschriebene Netzengpassmanagement in Deutschland im Jahr 2019 bei erstaunlichen 1,2 Mrd. EUR.[26]

Redispatch in der Energiewirtschaft

In der Energiewirtschaft bezeichnet der Begriff *Dispatch* die Einsatzplanung von Kraftwerken durch die jeweiligen Kraftwerksbetreiber, mit anderen Worten die Kraftwerkseinsatzplanung. Unter *Redispatch* wird im energiewirtschaftlichen Kontext die Änderung der ursprünglichen Einsatzplanung durch die Übertragungsnetzbetreiber zur Vermeidung von Netzengpässen verstanden. Während also der Zweck des Dispatchs in einer wirtschaftlich lukrativen Fahrweise des Kraftwerks liegt, verfolgen Maßnahmen des Redispatchs das Ziel, regionale Überlastungen von Betriebsmitteln im Stromnetz zu vermeiden oder zu beseitigen.

Phase 3: „Flexibility" – räumliche und zeitliche Entkopplung von Stromerzeugung und Stromnutzung

Bei weiter zunehmendem Ausbau der Erneuerbaren werden sich Situationen und Konstellationen häufen, bei denen die gesamte Stromerzeugung durch erneuerbare Energieträger die Stromnachfrage mitunter bzw. temporär deutlich übertrifft. An Tagen mit besonders niedrigem Verbrauch, wie beispielsweise am Osterwochenende 2020,

---

[26] Vgl. Bundesnetzagentur (2019).

war dies in Deutschland bereits der Fall.[27] Stunden mit Stromüberschuss sind selbst mit perfektem Stromnetzausbau allein nicht zu beherrschen. Neben der *räumlichen Verteilung* durch Stromnetze wird zusätzlich eine *zeitliche Verteilung* benötigt. Schnell wird in diesem Sinne der Ruf nach *Batteriespeichern* laut. An dieser Stelle sei jedoch ergänzend angemerkt, dass bereits heute eine ganze Reihe an Maßnahmen für die zeitliche Flexibilisierung bereits existieren, die deutlich kostengünstiger und umweltfreundlicher sind. Stationäre Batteriespeicher können zusätzlich durchaus einen wesentlichen Beitrag zur dynamischen Flexibilität im Millisekundenbereich für die Netzstabilisierung leisten. Zeitliche Flexibilität kann grundsätzlich aus Energiespeichern kommen, oder Verbraucher passen ihren Strombedarf zeitlich an das Dargebot der Erneuerbaren an. Wie lassen sich diese Dilemmas und Ambiguitäten besser lösen? Insbesondere die später in Abschn. 2.3.3 noch eingehend betrachtete Sektorkopplung erschließt dafür kostengünstige Flexibilitätspotenziale auf Verbraucherseite.

2.3.1.2 Übergang zwischen der Phase 2 auf Phase 3

Ein konkretes Beispiel für den Übergang von Phase 2 auf Phase 3 kann anhand der geplanten Entwicklung bzw. für Deutschland im Zeitraum 2018 bis 2035 illustriert werden:

Im Jahr 2018 ist die installierte nicht-erneuerbare Kraftwerksleistung ausreichend, um die Spitzenlast mit Sicherheitsreserve zu decken. Eine derartige Sicherheitsreserve ist für Systemdienstleistungen, wie Redispatchmaßnahmen, und ungeplante Ausfälle von Stromleitungen sowie für Lastprognosefehler erforderlich. In Abb. 2.3 ist die schrittweise Stilllegung von Kern- und Kohlekraftwerken dargestellt. Zum Zeitpunkt der Drucklegung dieses Buchs ist noch nicht definitiv entschieden, ob das letzte *Kohlekraftwerk* Deutschlands im Jahr 2038 oder bereits 2035 stillgelegt wird. Neben dem oben angesprochenen zunehmenden Überschuss an erneuerbarer Leistung zeigt sich hier noch ein weiterer Effekt beim Übergang von Phase 2 auf Phase 3: die *gesicherte Kraftwerksleistung* nimmt ab. Als gesichert gilt die Kraftwerksleistung in einem Kraftwerkspark, die mit hoher Sicherheit ständig zur Verfügung steht.[28] Zur Ermittlung der gesicherten Leistung werden von der installierten Kraftwerksleistung alle zum Betrachtungszeitpunkt in Revision befindlichen Kraftwerkskapazitäten abgezogen. Da keine Technologie immer zu 100 % verfügbar ist, wird darüber hinaus zusätzlich die durchschnittliche Ausfallrate der thermischen Kraftwerke abgezogen.

Selbst unter der eigentlich unrealistischen Annahme, dass der Stromverbrauch in Deutschland nicht weiter steigt, reicht bereits im Jahr 2023 die gesicherte Leistung nicht mehr aus, um die *Spitzenlast* ausreichend zu decken. Die Deckungslücke ist jedoch noch so gering, dass sie sich durch grenzüberschreitenden Stromhandel decken lassen sollte.

---

[27] Vgl. IfW (2020).

[28] Vgl. Paschotta (2020).

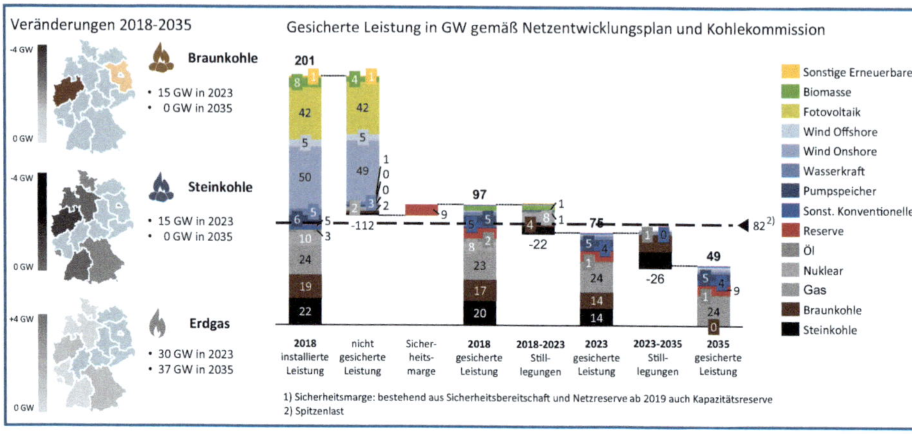

Abb. 2.3 Entwicklung der gesicherten Leistung beim Übergang von Phase 2 zu Phase 3

Bis zum Jahr 2035 jedoch vergrößert sich diese Deckungslücke auf dann 33 GW. Es wäre demnach leichtsinnig sich darauf zu verlassen, dass diese Deckungslücke kontinuierlich und zuverlässig durch Stromlieferungen aus dem Ausland gedeckt werden kann.

Es ist derzeit jedoch keine Technologie mit ausreichender gesellschaftlicher Akzeptanz erkennbar, welche für sich genommen in der Lage wäre, diese Deckungslücke in Zukunft zu schließen. Jedoch gibt es eine ganze Reihe unterschiedlicher Technologien, die jeweils einen signifikanten Beitrag dazu leisten könnten. Diese Technologien betrachten wir im weiteren Verlauf dieses Abschnitts.

Bedeutung der Prognose

In jedem Fall ist eine gute Prognose der Einspeisung der Erneuerbaren Voraussetzung für die Erschließung der Flexibilität. Die Prognose für einige Stunden im Voraus ist mittlerweile zuverlässig. Dabei besteht seitens Forschung und Entwicklung der Ehrgeiz, die örtliche und zeitliche Auflösung des Prognoseinhalts und dessen Horizont noch weiter zu verbessern.

dekarbonisiert – dezentral – digital – multimodal gekoppelt – flexibel – komplex

Wie jede Industriesparte, so profitiert auch die Energieversorgung von den aktuellen fundamentalen technologischen Entwicklungen. Auch für Energieversorgungssysteme stehen zunehmend verteilte und vernetzte *Sensorik* und leistungsfähige *Kommunikationsinfrastruktur* zur Verfügung. Diese wird kombiniert mit verteilter Rechenleistung auf den Geräten, in dezentralen Steuerungseinrichtungen, sowie mit zentralen Rechenkapazitäten auf Servern oder der Cloud. Nur dank dieser technischen Entwicklungen wird es zukünftig möglich sein, das zunehmend komplexe Energieversorgungssystem noch planerisch und steuernd zu beherrschen. Die Komplexität steigt durch die große

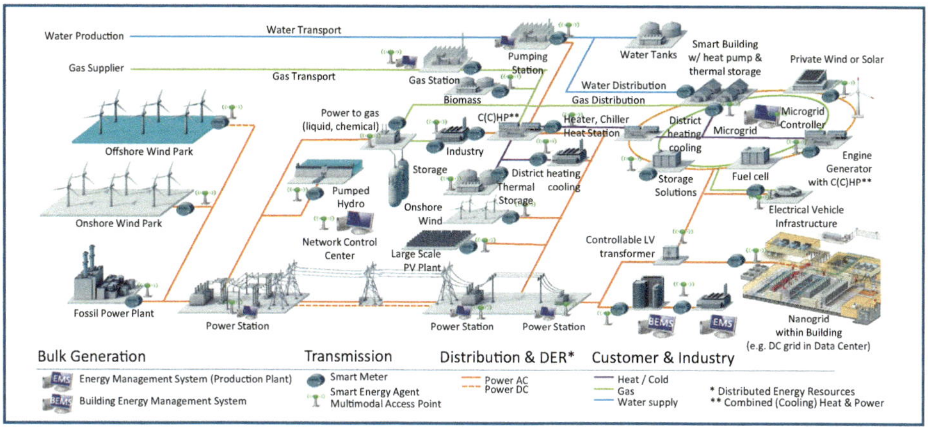

Abb. 2.4 Das Energiesystem der Zukunft: dekarbonisiert – dezentral – digital – multimodal gekoppelt – flexibel

und zunehmende Anzahl an Komponenten, wie z. B. Windräder, Solarzellen etc. In Deutschland existieren beispielsweise 2020 rund 1,8 Million Stromerzeugungsanlagen.[29] Darüber hinaus existieren bereits Technologien, welche die Energieform Strom mit anderen Energieformen koppeln. Kraft-Wärme-Kopplungsanlagen erzeugen Strom und Wärme, Wärmepumpen wandeln Strom in Wärme um und Elektrofahrzeuge wandeln Strom in Bewegung um. Durch diese Kopplung entstehen weitere Freiheitsgrade, aber auch weiterer Komplexitätszuwachs.

Die Abb. 2.4 illustriert diese Vielschichtigkeit des modernen Energiesystems anschaulich.

2.3.2 Speicherlösungen

Als isolierte Einzelkomponente ist die Nutzung eines Energiespeichers nicht sinnvoll. Ein Energiespeicher ist – etwas überspitzt formuliert – eine Energievernichtungsmaschine, denn jeder Energiespeicher hat einen Wirkungsgrad unter 100 %. Das bedeutet, dass man immer weniger Energie herausbekommt, als man ursprünglich hineingesteckt hat. Außerdem kosten Energiespeicher Geld. – Wozu sind Energiespeicher also gut?

Als Teil eines umfassenden Energiesystems können *Energiespeicher* gleich in mehrfacher Hinsicht nützliche Beiträge leisten:

[29] Vgl. Fraunhofer (2020).

- **Flexibilität.** Durch Vorratshaltung können Einspeisung und Entnahme zeitlich voneinander entkoppelt werden.
- **Versorgungssicherheit.** Unterbrechungsfreie Stromversorgung für Verbraucher mit besonderer Empfindlichkeit gegenüber Kurzunterbrechungen, wie z. B. Rechenzentren, Abfüllanlagen oder Druckereien.
- **Schwarzstartfähigkeit.** Im Falle eines ausgedehnten Stromausfalls liefern Speicher die nötige Startenergie zum Wiederanfahren von Kraftwerken.
- **Kostensenkung.** Reduzierung von Steuern und Abgaben. So können Speicher beispielsweise dazu dienen, dass PV-Anlagen Strom gewissermaßen „hinter dem Zähler" in die eigene Batterie einspeisen und so die landestypisch möglicherweise anfallenden Steuern und Abgaben von durch das öffentliche Versorgungsnetz geleiteten Stroms reduzieren oder gar völlig vermeiden helfen.

Auch wenn die Menschheit seit langem danach sucht – die perfekte *Speichertechnologie* existiert nicht. Jede Speichertechnologie hat unterschiedliche technische und wirtschaftliche Eigenschaften und somit kommt es auf den jeweiligen Anwendungsfall an, welche Speichertechnologie dafür am besten geeignet ist.

Fahrzeugspeicher
Speichertechnologien lassen sich nach Umwelteinfluss, Leistung, Energie, Wirkungsgrad, Ansprechzeit, Selbstentladung und nicht zuletzt nach Investitionskosten einteilen. Ein *Dieseltank* hat auf Volumen und Gewicht bezogen eine sehr hohe Energiedichte. Er lässt sich mit hoher Leistung beladen – ein gewöhnlicher Tankvorgang an der Tankstelle entspricht rund 5 MW Ladeleistung, während sich die leistungsfähigsten Ladestationen für Elektrofahrzeuge heute im Bereich von wenigen 0,1 MW bewegen. Der Wirkungsgrad des Dieseltanks ist nahe 100 %, wenn dieser dicht verschlossen ist. Moderne *Li-Ionen-Batteriespeicher* haben einen Wirkungsgrad nahe 90 %, eine geringe Selbstentladung und sprechen innerhalb von Sekundenbruchteilen an. Die Anzahl der Ladezyklen ist bestimmend für ihre Alterung und ihr maximaler Energieinhalt steht in einem festen Verhältnis zu ihrer Leistung. Kommerziell verfügbare Batterien können ihre Nennleistung bis zu vier Stunden lang liefern.

Wasserspeicher
Dagegen gibt es *Wasserspeicherkraftwerke* z. B. in den Alpen, die auch mit einem jahreszeitlichen Zyklus betrieben werden. Sie können bis 1.000 MW Leistung liefern und ihre wesentlichen Komponenten halten 50 Jahre und länger. Allerdings liegt der Wirkungsgrad im Pumpspeicherbetrieb lediglich in der Größenordnung von 75 % und je nach Geografie und Topologie spielt die Selbstentladung durch Verdunstung und Versickerung eine Rolle.

Super-Kondensatoren
Am anderen Ende des Spektrums bieten *Super-Kondensatoren* die Möglichkeit Ladezyklen dauerhaft im Millisekundenbereich zu durchlaufen, ohne dadurch schnell

zu verschleißen. In Kombination mit Batterien können die Super-Kondensatoren die Batterie vor zu schneller Alterung durch hohe dynamische Belastung schützen. Letztere treten beispielsweise zunehmend auf, wenn die stabilisierende Funktion der mechanischen Trägheit ihrer Turbinen und Generatoren durch Leistungselektronik ersetzt werden muss.

Chemische Speicher
Speicherzyklen im Bereich von Wochen oder Monaten bieten *chemische Energiespeicher*. Traditionell handelt es sich hierbei um Speicher für Erdölprodukte und Erdgas. Mit Elektrolyse- und nachgeschalteten Syntheseverfahren lässt sich elektrische Energie in chemische Energie umwandeln. Technologisch ist es somit möglich, erneuerbar gewonnenen Strom dauerhaft als chemische Energie zu speichern. Derzeit in der Öffentlichkeit am intensivsten diskutiert ist hier die Erzeugung von gasförmigem *Wasserstoff* durch die *Elektrolyse* von Wasser. Für die Speicherung des Wasserstoffs gibt es unterschiedliche Technologien wie die Beimischung zu Erdgas, die separate Lagerung in Drucktanks oder die Speicherung durch Diffusion in organische Flüssigkeiten oder Metalle. Mit Ausnahme der Beimischung zum Erdgas sind diese Speichertechnologien mit Energieaufwand zur Kompression oder Rückgewinnung des Wasserstoffs verbunden und weisen einen Wirkungsgrad von bis zu 80 % auf. Prozesse zur Rückverstromung von Wasserstoff durch Mitverbrennung in Gasturbinen mit Wirkungsgraden bis zu 45 %, in Gas-und-Dampfkraftwerken (GuD) bis zu 63 % oder zur Nutzung in Brennstoffzellen mit Wirkungsgraden von bis zu 80 %. Durch die Verkettung der Prozesse haben somit chemische Speicher einen Gesamtwirkungsgrad von in der Regel unter 40 %.

Alternativ kann der Wasserstoff mit dem industriell erprobten *Fischer–Tropsch-Verfahren* in flüssige Produkte umgewandelt werden, die ähnlich den Erdölprodukten Benzin, Diesel oder Kerosin einsetzbar sind. Der Wirkungsgrad der Prozesskette vom Strom bis hin zur chemischen Energie liegt bei rund 50 %. Bei der späteren Umwandlung der chemischen Energie in Nutzenergie treten jedoch wiederum Verluste auf.

Insgesamt weisen die Prozessketten der Wasserstofftechnologie einen Wirkungsgrad von deutlich unter 40 % auf. Ferner erfordern sie Investitionen in drei unterschiedliche Komponenten: Elektrolyseur, Speicher und Umwandlungsprozess. Damit ist das Alleinstellungsmerkmal dieser Technologie nicht ihre Wirtschaftlichkeit, sondern die Fähigkeit Energie über Wochen und Monate zu speichern.

▶ Das Alleinstellungsmerkmal von modernen Wasserstofftechnologien ist angesichts des ungünstigen Wirkungsgrads regelmäßig nicht die Wirtschaftlichkeit, sondern deren Fähigkeit Energie über Wochen und Monate sicher speichern zu können.

Es gilt also: Die eine perfekte Speichertechnologie existiert nicht. Je nach Anwendung bieten sich unterschiedliche Technologien an.

2.3.3 Sektorkopplung

Energiespeicherung ist immer dann notwendig, wenn sich der Zeitpunkt des Dargebotes oder des Bedarfes einer bestimmten Energieform nicht zeitlich verschieben lässt. Bei Stromerzeugung aus Sonne und Wind bietet die Möglichkeit der Abregelung eine gewisse Flexibilität. Dies jedoch unter Inkaufnahme des unwiederbringlichen Verlusts der so abgeregelten Energie. An dieser Stelle sei jedoch angemerkt, dass zur Vermeidung ausufernder Investitionen in die Infrastruktur, die nur im Falle sehr seltener Einspeisespitzen gebraucht werden, die Abregelung durchaus eine wirtschaftlich sinnvolle Alternative sein kann.

Sektor Haushalte

Eine bessere Ausnutzung der erneuerbaren Energien auf der einen und der Infrastruktur auf der anderen Seite bietet hingegen die zeitliche Verschiebung des Stromverbrauchs. Diese ist grundsätzlich dann möglich, wenn der Zeitpunkt der Leistungserbringung in gewissen Grenzen variieren kann. Das oft genannte Beispiel hierfür ist die Spülmaschine, die immer dann am Tag oder in der Nacht laufen kann, wenn ein großes Angebot regenerativer Energie im Netz verfügbar ist. Es gibt tatsächlich eine Reihe an Energiebedarfen, die eine solche Nachfrageflexibilität ermöglichen. In Privathaushalten sind dies neben Haushaltsgeräten zunehmend Wärmepumpen und Ladevorgänge von Elektrofahrzeugen.

Sektor Industrie

In der Industrie lassen sich eine Vielzahl an Prozessen mit Flexibilitätspotenzial, wie beispielsweise Elektroöfen, Produktionsprozesse mit Zwischenspeicherung von Zwischenprodukten oder Tanks für Zwischenprodukte in der chemischen Verfahrenstechnik identifizieren. Bei der praktischen Umsetzung steckt der Teufel jedoch im Detail und die Wechselwirkung von Verbrauchsflexibilität mit den Produktionsprozessen ist in der Regel komplex. Da in vielen Industrien Energie weniger als 10 % der Kosten ausmacht, ist der wirtschaftliche Anreiz und infolgedessen die Aufmerksamkeit des Managements hier in der Regel nicht ausreichend für eine systematische Erschließung von grundsätzlich vorhandenen Flexibilitätspotenzialen.

Bei einzelnen Industriezweigen machen allerdings die Energiekosten einen deutlich größeren Anteil der Gesamtkosten aus. Beispielsweise liegen diese bei der Aluminiumherstellung bei 30 % bis 40 % und so räumen einzelne Aluminiumhersteller den Netzbetreibern, gegen entsprechende Vergütung, bereits heute die Möglichkeit ein, notfalls die Aluminiumproduktion in Abhängigkeit vom verfügbaren Elektrizitätsangebot im Netz zu drosseln. In energieintensiven Sparten, neben der genannten Aluminiumherstellung, gilt dies unter anderem auch für die Stahl- oder Papierindustrie, so gibt es seit langem ausgefeilte Energiemanagementsysteme, die z. B. dabei helfen, Kosten durch Vermeidung von Lastspitzen zu senken.

Tab. 2.2 Flexibilitätspotenzial großskaliger Stromverbraucher. (Quellen: Holtrup (2015, S. 1) und Husarek et al. (2019))

Quelle der Flexibilität	Potenzial in GW 2035
Industrielle Prozesse	3
Ladevorgänge von 8 Mio. Elektrofahrzeugen	4
Wasserstoffelektrolyse	3 bis 6
Großwärmepumpen in Fernwärmesystemen	12
Summe	**22 bis 25**

Selbst in einem so industrialisierten Land wie Deutschland wird das Gesamtpotenzial an industrieller Nachfrageflexibilität derzeit auf lediglich rund 3 GW geschätzt.[30] Das entspricht lediglich gut 3 % der Spitzenlast und knapp 3 % der im Jahr 2020 installierten erneuerbaren Leistung. Die Tab. 2.2 gibt einen Überblick über das Flexibilitätspotenzial auf der Verbrauchsseite in Deutschland.

Sektor Verkehr

Neben industriellen Prozessen bietet die zeitliche Verschiebung von Ladevorgängen von *Elektrofahrzeugen* Flexibilitätspotenzial. Dieses steht jedoch nur dann zur Verfügung, solange die Fahrzeuge auch mit dem Stromnetz verbunden sind und der Ausgangs- und Zielladezustand der Fahrzeugbatterie eine zeitliche Verschiebung erlaubt. Für einen Fahrzeugpark von 8 Mio. Fahrzeugen ergibt sich ein Flexibilitätspotenzial von 4 GW.[31]

In der aktuellen Debatte um den Aufbau einer Infrastruktur zur Wasserstoffelektrolyse in Deutschland werden 3 GW bis 6 GW Elektrolyseurleistung diskutiert. Auch wenn die Elektrolyseure für die wirtschaftliche Performance so häufig wie möglich laufen sollten, so bieten sie grundsätzlich die Möglichkeit der gezielten Zu- und Abschaltung in Abhängigkeit vom erneuerbaren Dargebot.

Sektor Wärme- und Kälteversorgung

Eine weitere wichtige Quelle der Nachfrageflexibilität sind *Wärmepumpen.* Mit einem Erntefaktor von bis zu vier wandeln sie elektrische Energie in thermische Energie um. Neue Einfamilienhäuser werden sehr häufig mit kleinen Wärmepumpen ausgestattet. Auch in städtischen Fernwärmesystemen werden schrittweise die Kohle-, Öl- und

---

[30]Vgl. Holtrup (2015, S. 1).

[31]Vgl. Husarek et al. (2019).

Gaskessel durch großskalige Wärmepumpen ersetzt. Weiterentwicklungen der Wärmepumpentechnologie hin zu höheren Temperaturen machen dies möglich. Die inhärente Wärmekapazität von Gebäuden, insbesondere wenn diese aus Stein und Beton sind, und Fernwärmenetzen stellt einen kostenlosen Energiespeicher dar. Dieser Speicher ist nutzbar, wenn in den Systemen und Gebäuden ein Schwankungsbereich der Temperatur zugelassen wird. Solange die Zieltemperatur in diesem Bereich gehalten wird, kann der thermische Speicher beladen und entladen werden. In einigen Gebäuden wird die inhärente Speicherkapazität des Gebäudes durch Erdspeicher und Warmwasserspeicher ergänzt. Im Vergleich zu Batteriespeichern sind die thermischen Energiespeicher wesentlich kostengünstiger, selbst wenn die Kostendegression der Batteriespeicher sich noch deutlich fortsetzt. Gespiegelt am deutschen Energiesystem ist ein thermischer Speicher um einen Faktor 30 kostengünstiger als ein Batteriespeicher.

Die hier für die Energieform der thermischen Energie angestellte Betrachtung lässt sich auf weitere Energieformen erweitern, denn praktisch jede Energieform lässt sich deutlich kostengünstiger speichern als elektrische Energie.

Nach den kostenlosen, da inhärenten thermischen, Speichern vorhandener Gebäude sind die mit Abstand kostengünstigsten Energiespeicher Lager und Tanks für Erdöl und Erdölprodukte. Diese werden gefolgt von Erdgas- und Eisspeichern. Auch Trinkwasserspeicher können als Energiespeicher in Gegenden wie beispielsweise im Nahen Osten sinnvoll eingesetzt werden, denn dort muss das Wasser entweder unter Stromeinsatz aus mehreren hundert Metern Tiefe hochgepumpt werden oder energieintensiv aus Meerwasser gewonnen werden.

Wie Abb. 2.5 zeigt, sind Technologien zur Umwandlung der unterschiedlichen Energieformen vorhanden und inzwischen im Wesentlichen technisch voll ausgereift.

Aktuelle technologische Trends erweitern das Potenzial für die Nutzung der Flexibilität aus der Kopplung verschiedener Energieformen. Neben dem bereits erwähnten Ausbau der Wärmepumpen- und Fernwärmetechnologie werden, von Südeuropa ausgehend, Fernkältenetze und Kaltwasser- und Eisspeicher aufgebaut.

Abrundend sei nochmals betont, dass die größten Flexibilitätsquellen in Form der Elektromobilität über die Kopplung zwischen Mobilität und Elektrizität und mittels der Wasserstoffelektrolyse über die Kopplung von Strom und chemischen Energieformen bestehen.

An dieser Stelle sei bereits angedeutet, dass es für die praktische Nutzung dieser Flexibilitäten eine fundamentale Voraussetzung gibt, welche sich im Titel dieser Publikation widerspiegelt. Diese besteht in der Einbindung in ein engmaschiges digitales System bestehend aus mehreren situationsabhängigen Elementen sowohl maschineller Intelligenz (Sensorik, Aktorik, Steuerung) als auch kognitiv-künstlicher Intelligenz in Form von Echtzeitdiagnose, Prognose, deren Information und Kommunikation, sowie ergänzender Themenfelder wie eines elektronischen Handels.

Die später in Kap. 5 und 6 eingeführten Anwendungsbeispiele werden diese Zusammenhänge nachdrücklich illustrieren können.

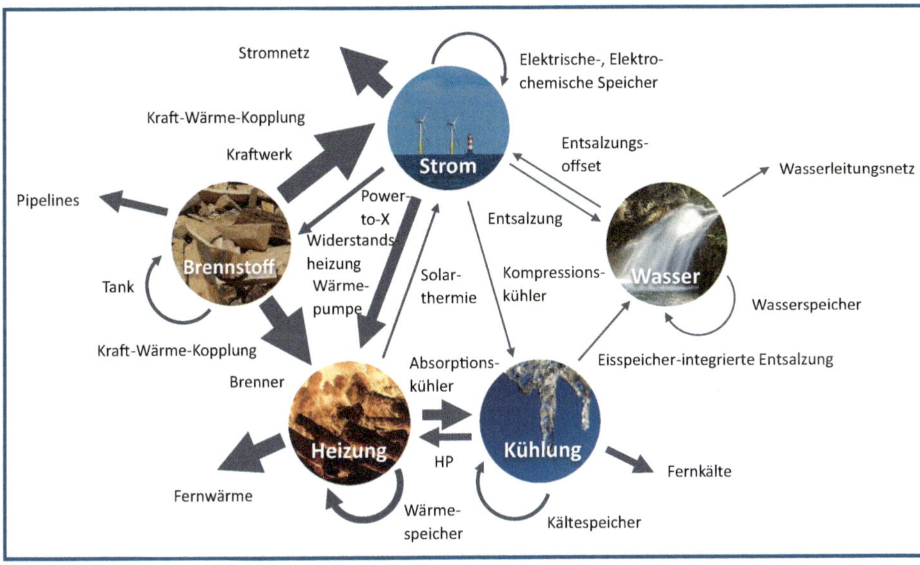

Abb. 2.5 Unterschiedliche Energiemoden und Technologien zur Umwandlung (Vgl. Thiem, 2017, S. 20)

2.4 Zielbild Dekarbonisierung [WOHIN]

Wer kein *Ziel* hat, der kommt überall hin – nur nicht zwangsläufig dorthin, wohin er ursprünglich wollte. Diese mit einem gewissen Augenzwinkern allgemein formulierte Feststellung lässt sich problemlos auch auf Initiativen zur Dekarbonisierung übertragen. So geschieht die Dekarbonisierung keineswegs um ihrer selbst willen. Ganz im Gegenteil. Sie verfolgt den aus Gründen des Klimaschutzes erstrebenswerten und den in der Zukunft prinzipiell erreichbaren Zielzustand einer emissionsfreien Gesellschaft.

Aufbauend auf der Kenntnis der wichtigsten Treiber der Dekarbonisierung aus Abschn. 2.1 und dem Wissen sowohl der in Abschn. 2.2 analysierten allgemeinen als auch der in Abschn. 2.3 vorgestellten technischen Handlungsfelder der Dekarbonisierung wird zum Ende dieses zweiten Kapitels ein realitätsnahes Zielbild der Dekarbonisierung synthetisiert. Damit wird nach dem **Warum** und dem **Wo** die bislang unbeantwortete Frage nach dem **Wohin** der Pfad der Dekarbonisierung voraussichtlich gehen wird beantwortet.

2.4.1 Zielbilder stiften Orientierung für die Dekarbonisierung

Das Zielbild konkretisiert die dazugehörigen Ziele, indem es eine Vorstellung oder eben ein greifbares Bild von einer erstrebenswerten Zukunft zeichnet. Insofern schafft das Zielbild im Kontext der Dekarbonisierung zunächst hilfreiche *Orientierung* bei der Suche nach geeigneten Ansätzen zur Emissionsminderung und gibt darüber hinaus nutzbringende Umsetzungsimpulse zur Reduzierung klimaschädlicher Treibhausgase.

▶ **Definition 7: Zielbild** Unter einem *Zielbild* wird ein Set zukunftsgerichteter Festlegungen verstanden, die bis zu einem definierten Zeitpunkt in der Zukunft erreicht werden sollen. Zu jedem Zielbild gehören zwingend mess- und nachprüfbare Kenngrößen, die eine transparente Kontrolle der Zielerreichung ermöglichen. Ein Zielbild ist im Gegensatz zum normativ wirkenden Leitbild prozess- und maßnahmenorientiert mit temporärer Ausrichtung. Damit ist die Gültigkeit von Zielbildern von vornherein zeitlich befristet. Zielbilder werden in regelmäßigen Abständen oder im Falle wesentlicher Veränderungen systematisch hinterfragt.[32]

Angesichts seines dezidiert orientierungsstiftenden Charakters kann ein durchdacht formuliertes Zielbild seine hilfreiche Wirkung ebenso im Falle der Suche nach erfolgversprechenden Wegen zur Dekarbonisierung von Gesellschaft und Wirtschaft entfalten. Insofern ist dieses Bild einer angestrebten Zukunft besonders dazu geeignet,

a) das Spielfeld von Dekarbonisierungsinitiativen von vornherein kriterienbasiert einzugrenzen und
b) aus der Vielzahl prinzipiell denkbarer Maßnahmen zur Emissionsminderung die situativ erfolgversprechendsten Alternativen auszuwählen.

Übertragen auf das vorliegende Buch fungiert damit das Zielbild in den Folgekapiteln einem *Kompass* ähnlich. Es hilft den Lösungsraum für eine klimafreundliche Transformation der Wirtschafts- und Weltordnung so einzugrenzen, dass jeweils vorwiegend besonders geeignete Aspekte näher beleuchtet werden. Diese fokussierende Wirkung spart damit Zeit bei der Ausgestaltung von Dekarbonisierungsinitiativen und der Auswahl präferierter Lösungsmethoden.

2.4.2 Zielbild der technologieoffenen Dekarbonisierung

Das grundsätzliche Ziel der Dekarbonisierung lässt sich einfach auf den Punkt bringen: Realisierung einer auf Dauer weitgehend kohlenstofffreien Weltwirtschaft. Diese gängige Zielformulierung greift mit ihrer Fokussierung ausschließlich auf die Abkehr vom Kohlenstoff jedoch deutlich zu kurz. Schließlich berücksichtigt diese Zielbeschreibung nicht das Phänomen, dass tatsächlich ein vielfältiger Mix unterschiedlicher, ebenso höchst klimawirksamer, Treibhausgase die Erdatmosphäre aufheizt. Folgerichtig wird in diesem

[32]Doleski (2020, S. 14).

Buch, so wie bereits in Abschn. 1.2.1 dargelegt, *Dekarbonisierung im weiteren Sinne* so verstanden, dass auch die Reduzierung anderer Treibhausgase, wie beispielsweise das relativ zu Kohlenstoff deutlich klimawirksamere Lachgas, ebenfalls unter diesen Terminus subsumiert werden. Damit erscheint es angebracht, das eingangs formulierte *Ziel* der Dekarbonisierung nunmehr in einem Detail wie folgt zu konkretisieren:

▶ **Ziel der Dekarbonisierung** Das Ziel der Dekarbonisierung ist die Realisierung einer auf Dauer hinsichtlich Treibhausgasen weitgehend emissionsfreien Weltwirtschaft.

Nachfolgend wird dem Leser zunächst das allgemeingültige Zielbild der Dekarbonisierung vorgestellt. Dieses generische Zielbild wird anschließend in den Technologiekontext eingebettet. Infolgedessen wird, der Leitidee der Technologieoffenheit folgend, aus dem generischen schließlich das handlungsorientierte Zielbild einer technologieoffenen Dekarbonisierung abgeleitet.[33]

Das generische Zielbild der Dekarbonisierung

Angesichts des fortschreitenden Klimawandels existiert nach Überzeugung der Autoren keine seriöse Alternative zu einer umfassenden Reduzierung klimaschädlicher Treibhausgase. Ohne eine rasche, grundlegende klimafreundliche Transformation der globalen Wirtschafts- und Weltordnung kann insbesondere das Pariser Zwei-Grad-Klimaschutzziel wahrscheinlich nicht erreicht werden.

Wenn somit die Notwendigkeit dieses Wandels zwingend ist, dann geht es in der Konsequenz nun nicht mehr um die Frage, ob eine umfassende Dekarbonisierung erfolgen muss, sondern lediglich um deren konkrete Ausgestaltung. Es geht somit also nicht mehr um das Ob, sondern nur noch um das Wie. Wenn allerdings die Notwendigkeit einer deutlichen Emissionsminderung unbestritten ist, dann ist nunmehr lediglich die Frage der konkreten Umsetzung noch offen. Dazu bedarf es eines *roten Fadens,* einer Agenda, der den Akteuren in allen Gesellschafts- und Wirtschaftssektoren die erforderliche Orientierung in diesem transformativen Prozess verschafft.

Dieses allgemeine oder *generische Zielbild* der Dekarbonisierung lässt sich so beschreiben:

▶ **Generisches Zielbild der Dekarbonisierung**
Der Klimawandel schreitet voran. Daher ist die Menschheit aufgefordert, zu handeln und die Emission klimawirksamer Gase in den nächsten Jahren entweder zu stoppen oder zumindest mittels Emissionssenken zu binden. Die Realisierung einer emissionsfreien Gesellschaft und Wirtschaft ist dabei eine

[33] Siehe zur Herleitung des handlungsorientierten Zielbilds vertiefend Kaiser und Doleski (2020, S. 7 ff.).

globale Aufgabe, die eine Vielzahl aufeinander abgestimmter Maßnahmen und Aktivitäten umfasst. Zu diesen zählen im Wesentlichen die Abkehr von fossilen Brennstoffen, der Ausbau erneuerbarer Energien, der Umstieg auf nachhaltige Mobilitätskonzepte, die Umgestaltung unserer Städte zu Postcarbon Smart Cities und die Ausweitung der Sektorkopplung. Der Einsatz dieser Instrumente erfolgt dabei mit der Zielsetzung, eine klimaneutrale Wirtschafts- und Weltordnung zu realisieren, deren oberste Priorität die Sicherung des langfristigen Überlebens aller Spezies auf der Erde ist.

Auch in diesem Umfeld muss ökonomisches Handeln weiterhin stattfinden. Infolgedessen tritt an diese Stelle eines klimagefährdenden Wirtschaftswachstums das neue Ziel des „Clean Growth“. Darunter wird hier eine von Pragmatismus getriebene Variante der Dekarbonisierung verstanden, welche nachhaltiges Wirtschaftswachstum und die Nutzung technischer Innovationen einschließt.

Damit ist das generische Zielbild der Dekarbonisierung skizziert. Nun gilt es, dieses allgemeine Zielbild in den konstitutiven, handlungsorientierten Kontext der Technologieoffenheit einzubetten. Ein gedanklicher Transfer, der die Frage, **wohin** Initiativen zur Dekarbonisierung unserer Gesellschaft gerade auch unter Würdigung technischer Implikationen voraussichtlich gehen werden, zu beantworten sucht.

Handlungsorientiertes Zielbild einer technologieoffenen Dekarbonisierung

Das *handlungsorientierte Zielbild* der Dekarbonisierung fußt – wie bereits erwähnt – zum einen auf der Kenntnis der wesentlichen Treiber und zum anderen auf der Eingrenzung situationsabhängig geeigneter Ansatzpunkte. So erfolgt gleich zu Beginn der Zielbildformulierung der erforderliche Relevanzcheck in Bezug auf relevante Dekarbonisierungstreiber. Diese priorisierende Vorgehensweise reduziert die virulente Gefahr einer Beschäftigung mit weniger relevanten Nebenaspekten bei der Zielbildformulierung deutlich. Mittels der anschließenden Gegenüberstellung dieser in Abschn. 2.1 beschriebenen gesellschaftlichen, ökonomischen und technischen Treiber mit den im zweiten Schritt im Abschn. 2.2 identifizierten Handlungsfeldern des Übergangs zu einer emissionsarmen Gesellschaft erfolgt die Konkretisierung des Raums, innerhalb dessen sich unternehmerische Initiativen zur Treibhausgasminderung entwickeln können. Anders ausgedrückt erlaubt die Kenntnis der strategischen, prozessualen und technischen Handlungsfelder die notwendige Eingrenzung des Spielfeldes von Dekarbonisierungsinitiativen. Nach dieser erforderlichen Fokussierung kann schließlich nun im dritten Schritt das tatsächliche oder handlungsorientierte Zielbild zusammengefügt werden.

Im Abschn. 1.4.2 wurde bereits ausgeführt, dass der flexible Einsatz innovativer Technologien die etablierten Maßnahmen zur Dekarbonisierung optimal ergänzt. Damit fällt der Grundhaltung einer undogmatischen Technologieoffenheit eine wichtige Rolle bei der Klimarettung zu. Dementsprechend wird das allgemeingültige generische Zielbild wie folgt in den Technologiekontext eingebettet. Es entsteht das situativ gültige, handlungsorientierte Zielbild einer technologieoffenen Dekarbonisierung wie folgt:

> **Handlungsorientiertes Zielbild der technologieoffenen Dekarbonisierung** Basierend auf dem generischen Zielbild der Dekarbonisierung erweitert das handlungsorientierte Zielbild dieses um die *Leitidee der Technologieoffenheit.* Sie fungiert im handlungsorientierten Zielbild als zentraler Hebel zur Reduzierung klimaschädlicher Emissionen. Dabei erfolgt die Auswahl geeigneter Technologien stets flexibel aus einem umfassenden Pool prinzipiell denkbarer Technologien ohne vorhergehende dogmatische Fixierung auf bestimmte Optionen. Damit wird gewährleistet, dass in Entscheidungsprozessen der jeweilige Spielraum technologischer Vielfalt vollumfänglich genutzt wird. Infolge der Möglichkeit zur flexiblen Auswahl situativ geeigneter, technischer Lösungen wird so insgesamt ein potenzielles Optimum bei der Reduzierung klimaschädlicher Treibhausgase erzielt. Technologieoffenheit muss die Bewertungskriterien für diese Optimierung an den Anfang stellen, dann ergibt sich ein wesentlicher, eigener Beitrag der Technologieoffenheit zur langfristigen Realisierung einer klimaneutralen Wirtschafts- und Weltordnung.

Damit gleicht das handlungsorientierte Zielbild einer *Handlungsmaxime,* die, konsequent angewandt, einen signifikanten Beitrag dazu leisten kann, dass energie- und emissionsintensive Wertschöpfungsprozesse auch in Zukunft weiterhin eine breite gesellschaftliche Akzeptanz finden werden.

Letztere – und sich dabei zugleich in sich ändernden Lebens- und Konsumgewohnheiten manifestierend – stellt neben den bisher diskutierten Strategien und Handlungen der ökonomisch-technischen Institutionen einen weiteren kritischen Pfad dar. Denn eine solche politisch zu verantwortende und medial zu begleitende Transformation wird mit partiellen und zumindest temporären Wohlfahrtsverlusten einhergehen können. Diese insbesondere im Rahmen der Institutionenökonomie[34] sehr ausgeprägte Diskussion soll hier jedoch nicht weiter vertieft werden.

2.4.3 Abgeleitete Aktionsfelder technologieoffener Dekarbonisierung

Zum Abschluss dieses zweiten Kapitels wird eine Auswahl konkreter Aktionsfelder der technologieoffenen Dekarbonisierung en détail ausdifferenziert. Hierzu werden die zuvor in Abschn. 2.2 identifizierten Handlungsfelder und die Technologiefelder aus

[34] Vgl. einführend Williamson (1990).

Tab. 2.3 Aktionsfelder technologieoffener Dekarbonisierung (Auswahl)

Aktionsfeld	Ansatzpunkte
Elektrizität	• **Treibhausgasemissionen senken:** Reduzierung der bei der fossil-thermischen Stromerzeugung anfallenden Emissionen. Dies kann z. B. sowohl durch die etablierte Substitution fossiler Brennstoffe durch regenerative Energien als auch durch technische Optimierung energetischer Prozesse erfolgen • **Emissionssenken nutzen.** Einführung technischer Lösungen zum Abbau klimawirksamer Treibhausgase über die Nutzung „natürlicher Senken“ wie z. B. Wälder oder alternativ über „technische Senken“ wie die Speicherung extrahierter Treibhausgase in geologischen Strukturen (CCS) oder deren unmittelbare Einbindung in Produkte (CCU) • **Anlagenmix optimieren.** Konfiguration, Anzahl und Auslegung von Energieerzeugungsanlagen mittels datenanalytischer Verfahren so planen, dass diese die extrapolierte Nachfrage der kommenden Jahre stabil und effizient decken kann • **Neue Speicherkonzepte integrieren.** Mittels eigens für diese Fragestellung ausgelegter Optimierungsmodelle die beste Integrationslösung für Speicher erneuerbarer Energie in das Elektrizitätsnetz ermitteln. Dabei sind Anzahl, Auslegung und Typ (Batterie, chemische Kurzzeitspeicher, Power-to-Gas etc.) gleichzeitig optimal aufeinander abgestimmt auszulegen
Wärme und Kälte	• **Wärme- und Kältebereitstellung optimieren.** Mithilfe datenanalytischer Verfahren sowohl Aufbau und Dimensionierung thermischer Anlagen als auch die Steuerung energetischer Prozesse optimieren. Darüber hinaus sind neuere Lösungen wie beispielsweise die Nutzung geothermischer Energie in den Pool möglicher Technologien aufzunehmen • **Gebäudehüllen isolieren.** Mit der thermisch-energetischen Sanierung wird der Wärmebedarf in Gebäuden spürbar abgesenkt. Datenanalytische und bildgebende Verfahren zeigen die Schwachstellen im Bereich der Isolierung auf • **Auf Fernwärme umstellen.** Umstieg auf Fernwärmekonzepte, die Wärme auf Basis erneuerbarer Energien hocheffizient erzeugen. Zentrale Fernwärmeanlagen eignen sich aufgrund ihrer Größe dabei besonders für technische Innovationen im Bereich der energetischen Prozesse
Verkehr	• **Verkehr vermeiden.** Durch technische Innovationen wie Videokonferenzen können Fahrten insgesamt reduziert werden. Aktuell zeigen die Entwicklungen im Zuge der Covid-19-Pandemie, dass beispielsweise die Fahrten ins Büro bei vielen Menschen durch die vermehrte Nutzung von Homeoffice bzw. Videokonferenzsysteme abnehmen • **Intelligent planen.** Optimierungsverfahren zur datengestützten intelligenten Raumplanung helfen, Städte und Region so zu planen, dass die Bevölkerung sich mit möglichst kurzen Wegen versorgen und ihren täglichen Aufgaben nachgehen kann

(Fortsetzung)

Tab. 2.3 (Fortsetzung)

Aktionsfeld	Ansatzpunkte
Industrie	• **Substitution fossiler Energieträger.** Die Nutzung fossiler Energieträger im Produktionsprozess entweder durch nachhaltige Energieträger substituieren oder den absoluten Energieverbrauch mit Hilfe datenanalytischer Optimierungsverfahren messbar absenken • **Kohlenstoffreiche Industrieprozesse modernisieren.** Industrieprozesse, bei denen kohlenstoffhaltige Rohstoffe zum Einsatz kommen (müssen) und bei deren Verarbeitung Treibhausgase freigesetzt werden, so modernisieren, dass die Menge freigesetzter Emissionen abnimmt • **Emissionssenken nutzen.** Einführung technischer Lösungen zum Abbau klimawirksamer Treibhausgase über die Nutzung „natürlicher Senken“ wie z. B. Wälder oder alternativ über „technische Senken“ wie die Speicherung extrahierter Treibhausgase in geologischen Strukturen (CCS) oder deren unmittelbare Einbindung in Produkte (CCU) • **Technischen Fortschritt nutzen.** Den technischen Fortschritt gezielt für prozessnahe Ansätze zur Dekarbonisierung nutzen. So können beispielsweise thermische Prozesse dank des Einsatzes moderner Öfen und besserer Isolierungen deutlich effizienter betrieben werden. Darüber hinaus können alternativ digitale Steuerungen die Ausbringung von Herstellungsprozessen bei gleichzeitig geringerem Energieaufwand deutlich anheben • **Recycling klimafreundlich ausbauen.** Das Recycling von Rohstoffen sollte zwingend weiter ausgebaut und dabei klimaschonend betrieben werden. Hier sollte global die Vorgabe gelten, dass kreislaufwirtschaftliche – häufig thermische – Prozesse technisch so zu optimieren sind, dass diese deutlich weniger Emissionen als bislang üblich freisetzen

Abschn. 2.3 mit der Idee des soeben synthetisierten handlungsorientierten Zielbilds in Übereinstimmung gebracht.

Die Tab. 2.3 stellt die relevanten Ansatzpunkte je Aktionsfeld vor, denen aus Sicht der Autoren allesamt praktische Relevanz bei der Realisierung der Dekarbonisierung zufallen. Dabei werden den Aktionsfeldern Elektrizität, Wärme und Kälte, Verkehr und Industrie die Ansätze zugeordnet, die in der Praxis einen erkennbaren Effekt auf die angestrebte Reduzierung klimawirksamer Treibhausgase aufweisen.

Die sachlichen Zusammenhänge zwischen generischen und handlungsorientierten Zielbildern sowie den hier soeben abgeleiteten Aktionsfeldern technologieoffener Dekarbonisierung veranschaulicht Abb. 2.6 abschließend nochmals grafisch. Mit der Zielbildformulierung kurz zuvor und der Vorstellung möglicher Aktionsfelder konnte die Frage nach dem **Wohin** beantwortet werden. Damit wenden wir uns im nachfolgenden dritten Kapitel dieses Buches der Frage zu, **was** konkret getan werden kann, um eine signifikante Reduktion klimaschädlicher Treibhausgasemissionen erreichen zu können.

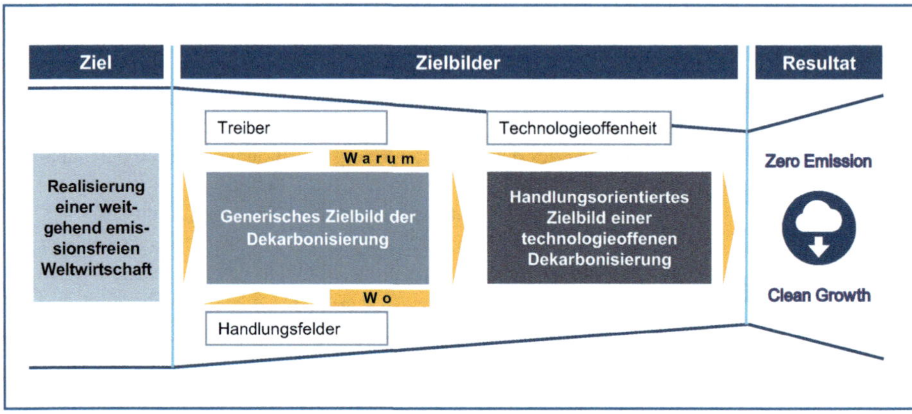

Abb. 2.6 Zielbild der technologieoffenen Dekarbonisierung

Handlungsoption Digitale Dekarbonisierung

3

It always seems impossible until it's done. [Nelson Mandela]

Zusammenfassung

Im dritten Kapitel wird das Konzept der Modellierung von Energiesystemen als Grundlage für die Identifikation der wirksamsten Maßnahmen zur Digitalen Dekarbonisierung eingeführt. Energiebedarfe werden dazu mit der optimalen Kombination aus vorhandenen und zukünftigen Technologien für die Versorgung mit Strom, Wärme, Kühlung, Antriebsenergie, Trinkwasser und chemischen Energieformen gedeckt. Freiheitsgrade sind hierbei langfristig die Auswahl der Komponenten und kurzfristig deren optimierter Betrieb. Die Basis für bestmögliche Auslegung und Betrieb der Energiesysteme sind Prognosen der Energiebedarfe und eine Datenbank mit den technischen und wirtschaftlichen Eigenschaften der verfügbaren Komponenten. Insbesondere bei den wirtschaftlichen Annahmen muss mit Szenarien gearbeitet werden, denn die zukünftige Entwicklung wesentlicher Grundgrößen – wie zukünftige Zinssätze, Primärenergiepreise oder konjunkturbedingte Nachfrageschwankungen – sind zum Zeitpunkt der Investition in Komponenten mit Abschreibungszeiträumen von über zehn Jahren und mehr unbekannt.

3.1 Energieflüsse als unterschätzter Hebel

Vielfach werben Unternehmen damit, sie seien bereits CO_2-neutral. Bei näherer Betrachtung werden hier zumeist Interpretationsspielräume genutzt. Anders ist wohl kaum zu erklären, dass die gleichen Unternehmen weiterhin fossile Strom- und Wärme-

O. D. Doleski et al., *Digitale Dekarbonisierung*,
https://doi.org/10.1007/978-3-658-32934-1_3

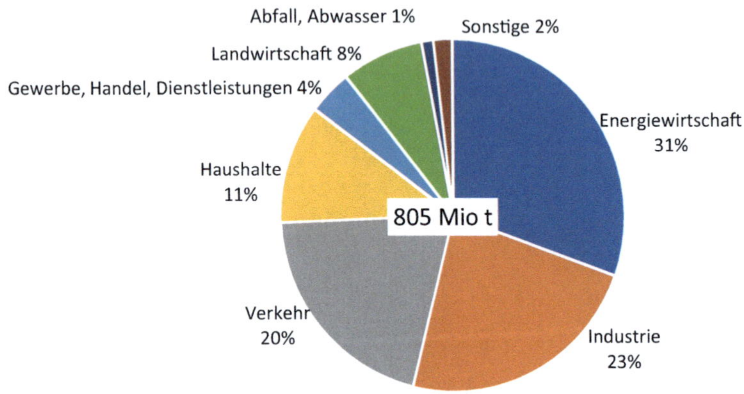

Abb. 3.1 CO_2e Ausstoß von Deutschland im Jahr 2019; vgl. Umweltbundesamt (2020c)

bereitstellungsanlagen betreiben. Begründet wird der plakative Ausweis der CO_2-Freiheit mit zugekauften *Zertifikaten.* Dies ist zwar ein gängiges Procedere, ändert jedoch nichts an der Tatsache, dass diese Unternehmen de facto weiterhin Kohlendioxid emittieren.

In den weiteren Betrachtungen geht es ausschließlich um die *faktische Dekarbonisierung,* also um die reale Vermeidung des CO_2-Ausstoßes durch das betrachtete Energiesystem. Je nach Aufgabe kann es sich bei dem betrachteten *Energiesystem* um einen Standort, ein Unternehmen, eine Stadt oder ein ganzes Land handeln. Die prinzipielle Herangehensweise zur Ermittlung und Priorisierung der CO_2-Minderungsmaßnahmen durch *digitale Systemmodelle* ist in jedem Fall wesensgleich und wird in diesem Kapitel vorgestellt.

Die Quellen klimaschädlicher Treibhausgase, zu denen – wie in Abschn. 1.1 bereits ausgeführt wurde – keineswegs allein Kohlendioxid zählt, sind vielfältig. Deshalb wird folgerichtig auch von CO_2-Äquivalenten gesprochen. Z. B. ist ein Kilogramm Methan um einen Faktor 28 klimawirksamer als Kohlendioxid. Wird also ein Kilogramm Methan emittiert, entspricht dies 28 kg CO_2-Äquivalenten. Das in Industrie und Medizin häufig verwendete Lachgas (N_2O) ist gar um einen Faktor 256 klimaschädlicher als Kohlendioxid. In der Praxis werden die CO_2-Äquivalente mit „e" für das englische „equivalent" abgekürzt zu CO_2e. Mit 88 % hat Kohlendioxid den größten Anteil an Deutschlands Klimawirkung.[1] Aufgrund der Dominanz von Kohlendioxid wird hier der explizite Hinweis auf CO_2-Äquivalente weggelassen, wenn es aus dem Zusammenhang hervorgeht.

Bei der Auswahl und Entwicklung von Klimamaßnahmen ist es daher wichtig, dass auch wirklich alle relevanten Effekte berücksichtigt werden. Dies bedeutet konkret, dass verschiedene Ansatzpunkte für die Dekarbonisierung in Energiewirtschaft, Industrie, Gebäudewirtschaft, Verkehr, Landwirtschaft zueinander ins Verhältnis gesetzt werden müssen. In Abb. 3.1 sind die Beiträge dieser verschiedenen Sektoren zur Dekarbonisierung exemplarisch für Deutschland dargestellt. Die größten Beiträge zur CO_2-Minderung wurden seit 1990 durch Energiewirtschaft und verbesserte Wärmeisolation von Gebäuden geleistet.

[1] Vgl. Umweltbundesamt (2020b).

In die Zukunft gerichtet gibt es eine Vielzahl möglicher CO_2-Minderungsmaßnahmen. In der Studie ‚Klimapfade für Deutschland' wurden diese in Bezug auf ihre CO_2-Vermeidungskosten miteinander verglichen.[2] Als Vergleichsgröße werden hier die Kosten pro vermiedener Tonne CO_2-Äquivalent herangezogen.

Die möglichen Maßnahmen lassen sich unterteilen in die Kategorien:

- Errichtung neuer Anlagen
- Effizienterer Betrieb von Anlagen
- Klimaschonender Rückbau und Entsorgung

Bei modernen Wohngebäuden entstehen beispielsweise in der Errichtungsphase ähnlich viele CO_2e-Emissionen, wie während der gesamten Nutzungsdauer durch Heizung und Beleuchtung anfallen. Rückbau und Entsorgung sind im Vergleich dazu vernachlässigbar.

Angesichts der Vielzahl an möglichen Kombinationen von Technologien zur CO_2e-Minderung und deren Wechselwirkungen ist eine manuelle Auswahl praktisch unmöglich. Im Folgenden wird daher aufgezeigt, wie die Bandbreite der Handlungsoptionen so aufbereitet werden kann, dass ein mathematisches Optimierungsverfahren für eine Energieversorgungsaufgabe aus der enormen Zahl möglicher Kombinationen von Technologien die bestmögliche Handlungsoption ableiten kann.

3.2 Sektorübergreifende Modellierung innovativer Technologieoptionen

Für das grundlegende Verständnis der Herangehensweise sind die drei Begriffe Zielfunktion, Systemmodell und Datenmodell essenziell. Das *Systemmodell* beschreibt die grundlegende Struktur eines Systems, während das *Datenmodell* dessen konkrete Ausprägung beschreibt. Beispielsweise definiert das Systemmodell, mit welchen technischen und wirtschaftlichen Eigenschaften Kraftwerke grundsätzlich beschrieben werden. Das Datenmodell beschreibt, darauf aufbauend, wie viele Kraftwerke welcher Technologie das konkret betrachtete Energiesystem enthält. In der praktischen Umsetzung wird das Systemmodell durch die Umsetzung in einen Softwarecode implementiert. Das Datenmodell dagegen sind die Eingangsdaten für eine konkrete Berechnung.

3.2.1 Zielfunktion

Um die bestmögliche Kombination von Technologien ermitteln zu können, ist es zunächst erforderlich, den Begriff „bestmöglich" zu definieren. Beim Thema CO_2-Vermeidung

[2] Vgl. Gerbert et al. (2018).

bieten sich hierfür eine Reihe von Kriterien an, die zueinander in einem gewissen Zielkonflikt stehen: Kosten, Versorgungssicherheit und gesellschaftliche Akzeptanz.

Möglichst geringe Kosten
Entscheidungsrelevante Kostenbestandteile sind Fixkosten und variable Kosten. Fixkosten fallen mit der Entscheidung für die Errichtung einer Anlage an. Fixkosten sind im Wesentlichen Investitionskosten, Finanzierungskosten, Personalkosten, Versicherungskosten, Rückstellungen für den Rückbau. Variable Kosten fallen nur dann an, wenn Anlagen betrieben werden. Wesentliche Bestandteile der variablen Kosten sind Primärenergiekosten, Kosten für Hilfsstoffe und betriebsabhängige Wartungskosten.

Möglichst geringe Umweltschädigung
Neben dem Ziel der CO_2-Vermeidung existiert eine Vielzahl weiterer Umweltziele. Zumeist bestimmen in diesem Kontext die Vermeidung von Feinstaub, Stickoxiden und Ozon die öffentliche Diskussion. Bei Energieanlagen spielen darüber hinaus die Auswirkungen auf Grundwasser und Boden sowie Schatten-, Strahlungs- und Geräuschbelastung, Landschaftsveränderung oder auch Auswirkungen auf die Artenvielfalt eine Rolle. Angesichts dieser Fülle verwundert es kaum, dass vielfältige Zielkonflikte dieser Umweltziele untereinander existieren.

Möglichst hohe Versorgungssicherheit
Der Umbau eines Energiesystems geht einher mit strukturellen Veränderungen. Diese haben in der Regel eine Auswirkung auf die durchgängige Zuverlässigkeit der Versorgung mit Energie. Besonders abhängig von einer unterbrechungsfreien, stabilen Versorgung mit Strom sind zahlreiche industrielle Verbraucher. Schließlich haben viele dieser Stromabnehmer, wie z. B. Chemieanlagen oder Großdruckereien, selbst im Falle kurzer Unterbrechungen teilweise mit erheblichen Ausfällen bis hin zu Beschädigungen von Produktionsanlagen zu rechnen.

Aber auch auf der Aggregationsebene der Länder würde bei den Energieträgern Gas, Öl und Kohle ein langanhaltender Versorgungsausfall nach einigen Wochen zu dramatischen Situationen führen. Insofern hat naturgemäß ein Energiesystem mit großen, steuerbaren Kraftwerken, die nach wie vor mit fossiler Energie beliefert werden müssen und ausreichend Kühlwasser benötigen, strukturell andere Herausforderungen bei der Versorgungssicherheit zu bewältigen als ein Energiesystem mit Millionen verteilter Stromerzeugungsanlagen, deren Einspeisung vom Wetter abhängt.

Möglichst große gesellschaftliche Akzeptanz
Umweltfreundlichkeit, Kosteneffizienz und Versorgungssicherheit allein sind notwendige, aber nicht hinreichende Voraussetzungen für den Erfolg einer Technologie. Unterschiedliche gesellschaftliche Gruppierungen interpretieren diese Begriffe unterschiedlich. Sind beispielsweise neue Stromtrassen, die Windenergie von Norden nach

Süden transportieren, durch ihren Beitrag zur CO_2-Reduzierung umweltfreundlich, oder sind sie aufgrund der erforderlichen Waldrodung und durch ihre elektromagnetischen Felder umweltschädlich? Sind bei der Kosteneffizienz die niedrigen Investitionskosten von Gasturbinen ausschlaggebend oder soll eher die Freiheit von Brennstoffkosten der Photovoltaik im Gegenzug für höhere Investitionskosten den Vorzug haben? Geht es bei der Versorgungssicherheit nur um die kurzfristig sicherere Stromversorgung oder auch um die Abhängigkeit von im Wesentlichen zwei Gaslieferanten?

In der gesellschaftlichen Debatte um die Energiepolitik wird von den verschiedenen Interessensgruppen auf dieser und weiteren Klaviaturen gespielt. Mithin entwickelt sich im Rahmen eines gesellschaftlichen Diskurses ein zumeist auch medial relevantes Meinungsbild, welches geeignet ist, eine Technologie zu verhindern oder zumindest zu verzögern. Die Kernenergie, die Kohleverstromung aber auch Windparks und neue Stromtrassen zeigen anschaulich, wie essenziell die gesellschaftliche Akzeptanz für den Erfolg einer Technologie ist.

Auf die Systemgrenze kommt es an

Die Auswahl der Zielfunktion ist schon schwierig genug. Darüber hinaus ist es auch noch notwendig zu definieren, innerhalb welcher *Systemgrenze* sie gelten soll. Beispielsweise kann das Ziel der Kostenminimierung für ein einzelnes Unternehmen oder auch für ein ganzes Land verfolgt werden. Je nachdem für welche dieser beiden Systemgrenzen man sich entscheidet, wird die kostenminimale Technologiekombination eine andere sein. Eine kostenminimale Lösung für ein einzelnes Unternehmen muss Steuereffekte und Marktpreise für heute verfügbare Technologien zugrunde legen. Unternehmen vernachlässigen in der Regel, dass ihre Entscheidungen Rückwirkungen auf den Rest des Landes haben. Eine kostenminimale Lösung für ein Land hingegen muss möglichst gut die Wechselwirkungen der unterschiedlichen Industriesektoren, des Verkehrs und der Gebäude berücksichtigen.

Je nach Zeithorizont ein anderes Ergebnis

Bei der Definition der Zielfunktion spielt es auch eine große Rolle, ob die Bilanz der Zielerreichung für ein Jahr oder in Summe über Jahrzehnte bewertet wird. Bei einem Betrachtungshorizont von einem Tag stellt sich nur die Frage, wie die bereits vorhandenen Anlagen betrieben werden sollen. Aber selbst bei einem Betrachtungshorizont von einem Jahr können sich Investitionen kaum amortisieren, während bei einem *Zeithorizont* von Jahrzehnten selbst eine Investition in die Entwicklung einer grundlegend neuen Technologie wirtschaftlich sein kann. Insofern ergibt sich eine grundlegend andere Antwort auf die Frage nach dem besten Energiemix, wenn der Betrachtungshorizont eine Legislaturperiode oder die Lebenserwartung der Bevölkerung ist. In der Praxis wird dieser Spagat heute oft dadurch bewältigt, dass die wirklich unbequemen Folgen der Energiepolitik anhand von langfristigen Zielen in zukünftige Legislaturperioden verlegt werden.

3.2.2 Systemmodell Energiebedarfe

Die Frage nach dem besten Energieversorgungssystem lässt sich nur beantworten, wenn die Versorgungsaufgabe klar ist. Wichtig ist dabei die explizite Modellierung der primären Bedarfe und der abgeleiteten Bedarfe, weil nur so strukturell neue Optimierungspotenziale gehoben werden können. Beispielsweise wird *Optimierungspotenzial* verschenkt, wenn das Energiesystem so ausgelegt wird, dass der Strombedarf stets bestmöglich gedeckt wird. Die Nachfrage nach Strom addiert sich aus vielen Grundbedarfen. So resultiert der Stromverbrauch aus dem Bedürfnis nach Beleuchtung, Unterhaltung, Antrieb, Heizung, Kühlung und weiteren Anwendungen. Der Stromverbrauch ist demzufolge eine Resultante aus den heute eingesetzten Technologien zur Befriedigung der Grundbedarfe. Bei der zukünftigen Gestaltung des Energiesystems liegt jedoch ein großes Optimierungspotenzial gerade in innovativen Technologien. Dabei geht es einerseits um Effizienzgewinne. Eine Wärmepumpe benötigt beispielsweise nur rund ein Viertel des Stroms im Vergleich zum Widerstandsheizer eines Nachtspeicherofens. Andererseits geht es aber auch um neue Umwandlungstechnologien; insbesondere um solche, die mehrere Energieformen koppeln und so die Nutzenergie erhöhen. Beispiele hierfür sind Kraft-Wärme-Kopplungsanlagen, Brennstoffzellen mit Wärmeauskopplung sowie Absorptionskältemaschinen.

Bei der Frage nach der Umgestaltung eines Energiesystems ist es daher essenziell, dass die primären Bedarfe explizit berücksichtigt werden. Nur so kann ergebnisoffen die Frage gestellt werden, welcher *Technologiemix* zukünftig am besten zur Deckung dieser Bedarfe geeignet ist.

Im Folgenden werden die wesentlichen *Primärbedarfe* – nicht zu verwechseln mit Primärenergiebedarfen – kurz vorgestellt.

Gebäudeenergiebedarf

Wärme und Kühlung machen knapp 60 % des Energiebedarfs in Deutschland aus.[3] Die wesentlichen Abnehmer von Wärme und Kälte sind dabei die Industrie mit gut 50 % und Gebäude mit 35 %.[4] Der Bedarf der Gebäude beschränkt sich auf die Raumtemperatur und die Warmwasserbereitstellung. Der Energiebedarf ist dabei stark abhängig vom Modernisierungsgrad. Wie Abb. 3.2 eindrucksvoll illustriert ist der Energiebedarf von Altbauten um Faktoren – nicht Prozent – höher als der von *Niedrigenergiehäusern* oder gar *Passivhäusern*. Insofern muss die energetische Sanierung von Gebäuden als gleichberechtigte, technische Maßnahme neben anderen Maßnahmen, wie einem höheren Anteil Erneuerbarer im Energiemix, betrachtet werden. Im technologischen Wettbewerb stehen dabei Maßnahmen zur Gebäudeisolation und kostengünstige oder CO_2-freie Technik zur Wärmebereitstellung wie Solarthermie oder Wärmepumpen in Kombination mit PV-Strom.

---

[3]Vgl. BDEW (2019).

[4]Vgl. Fleiter et al. (2017) und dena (2020a).

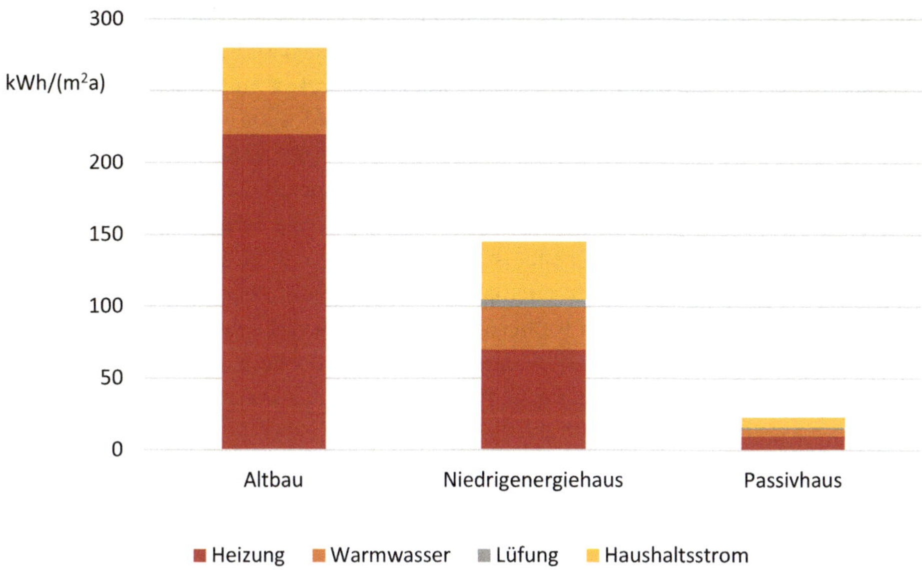

Abb. 3.2 Typische Energiebedarfe von Gebäuden; Angaben vgl. dena (2016)

Die Gebäudekühlung ist im Falle von Deutschland mit einem Anteil von unter einem Prozent noch vernachlässigbar.[5] Infolge des fortschreitenden Klimawandels ist jedoch mit einem signifikanten Anstieg dieses Anteils auch in bislang gemäßigten Klimazonen zu rechnen.

Wärme- und Kältebedarf der Industrie

Im Vergleich zu Gebäuden ist der Wärme- und Kältebedarf der Industrie stärker in unterschiedliche Temperaturniveaus ausdifferenziert. Je nach Industriezweig werden sehr niedrige Temperaturen für die Verflüssigung von Luft oder sehr hohe Temperaturen für das Schmelzen von Metallen benötigt. Ähnlich breit ist auch die Palette der unterschiedlichen Technologien zu deren Bereitstellung. Bei einem Anteil von über 50 % an Wärme- und Kühlbedarf von Deutschland lohnt es sich, diese unterschiedlichen Technologien zu betrachten und miteinander im Vergleich zu beurteilen.

Bedarf nach Transport

Der *Transport* macht 30 % des Energiebedarfs in Deutschland aus.[6] Dass der Transportbedarf für Personen und Logistik mit öffentlichem oder Individualverkehr, auf dem Wasser, auf der Straße, über die Schiene oder durch die Luft gedeckt werden kann, ist

---

[5] Vgl. Umweltbundesamt (2011).

[6] Vgl. Arbeitsgemeinschaft Energiebilanzen (2018, Auswertungstabelle 2.2, S. 9).

eine Trivialität. Insbesondere beim Straßen- und Schienenverkehr zeichnen sich neue Technologien mit starker Auswirkung auf den Energiebedarf heute schon ab. Beim Schienenverkehr existieren Freiheitsgrade, weitere Strecken mit Oberleitungen auszurüsten, Dieselloks mit Biotreibstoff zu betanken und erste wasserstoffbetriebene Brennstoffzellenzüge fahren bereits. Beim Straßenverkehr gibt es die bekannten Batteriebetriebenen Elektrofahrzeuge im Individual- und Nahlieferverkehr. Weniger bekannt ist eine Pilotstrecke auf der Autobahn zwischen Darmstadt und Frankfurt, die mit Oberleitungen für Elektro-LKW ausgerüstet ist.

Verbrennungsmotoren können alternativ mit synthetisch hergestelltem Kraftstoff betrieben werden. Dieser kann in wenigen Jahren in wind- und sonnenreichen Gegenden dieser Erde über Elektrolyse und chemische Verfahrenstechnik zu Kosten hergestellt werden, die mit unserem heutigen *Biotreibstoff* in Deutschland vergleichbar sind.

Bedarf nach Licht, Kommunikation, IT, Wasser, sonstige Prozesse
Im Vergleich zu deren Bedeutung für unser tägliches Leben machen andere Primärbedürfnisse einen vergleichsweise kleinen Anteil am deutschen Gesamtenergieverbrauch – nicht Stromverbrauch – aus. Im Einzelnen sind dies: Beleuchtung mit 3 %, Informations- und Kommunikationstechnik zu 2 %[7] sowie Trinkwasser und Abwasser mit 1 %.[8] Wer mitgerechnet hat, dem fällt unschwer auf, dass sich die Summe der bisher genannten Verbräuche nicht ganz zu 100 % addiert. Grund hierfür sind weitere exotischere Verbräuche wie beispielsweise Antriebsenergie in Industrieprozessen oder Elektrolyseprozesse in der Chemischen- und Metallindustrie.

3.2.3 Systemmodell Energieumwandlungsanlagen

Für die Deckung der im vorangegangenen Abschnitt beschriebenen Primärbedarfe steht eine große Bandbreite unterschiedlicher Technologien zur Verfügung. Damit ein Optimierungsverfahren die ideale Kombination dieser Technologien für eine multimodale Energieversorgungsaufgabe ermitteln kann, müssen die Technologien zunächst hinsichtlich ihrer technischen, wirtschaftlichen und Umwelteigenschaften quantitativ beschrieben sein.

Dieser Abschnitt gibt daher einen Überblick über die verschiedenen infrage kommenden Technologien. Diese werden hier als *Energieumwandlungsanlagen* bezeichnet, denn Energie lässt sich weder erzeugen noch vernichten. Sie kann lediglich von der einen in die andere Energieform umgewandelt werden.

[7] Vgl. BDEW (2019).
[8] Vgl. BMBF (2016).

Tab. 3.1 Technologien zur Stromerzeugung

Treibende Kraft	Beispiel für technische Umsetzung
Druckdifferenz	Gasturbine, Dampfturbine
Bewegung	Windturbine, Wasserkraftwerk
Strahlung	Photovoltaik
Chemische Energie	Brennstoffzelle

Stromerzeugung

Stromerzeugungsanlagen – die größeren werden auch Kraftwerke genannt – wandeln Temperaturdifferenz, Bewegung, Strahlung oder chemische Energie in elektrische Energie um. Wärmequellen sind in aller Regel Verbrennungsprozesse, Kernspaltung, Solar- oder Erdwärme. Tab. 3.1 stellt den gängigen Umwandlungsprinzipien ausgewählte Beispiele der technischen Umsetzung gegenüber.

Für die Auslegung und den Betrieb von Energiesystemen sind im Wesentlichen folgende wirtschaftlichen, technischen und Umwelteigenschaften der Anlagen maßgeblich:

A. Wirtschaftliche Kenngrößen
   - spezifische Investitionskosten in EUR/kW
   - spezifische Energiekosten in EUR/MWh
   - Energiebedarf für einen Anfahrvorgang zum Erreichen der Betriebstemperatur MWh/Anfahrt
   - Wartungskosten in EUR/Betriebsstunde
   - Betriebsunabhängige Wartungskosten in EUR/kW und Jahr

B. Technische Kenngrößen
   - Wirkungsgrad in Prozent bzw. in kW pro m/s Wind oder kW pro m^2 PV-Fläche und Strahlungsleistung. Der Wirkungsgrad verändert sich in der Regel in Abhängigkeit von der Leistung.
   - Mindest- und Maximalleistung in MW
   - Mindestbetriebs- und Mindeststillstandszeit zur Vermeidung thermo-mechanischer Spannungen in Stunden
   - Technische Lebensdauer der Anlage in Betriebsjahren
   - Maximale Rampen, die die Anlage tolerieren kann, z. B. in MW/min

C. Umweltauswirkungen
   - Emissionen von Kohlendioxid und anderen Luftschadstoffen in t/MWh
   - Verbrauch an Hilfsstoffen beispielsweise Gips für die Rauchgasreinigung in t/MWh
   - Kühlwasserverdunstung in t/MWh in Abhängigkeit von der Außen- und Kühlwassertemperatur
   - Temperaturerhöhung von Flusswasser in Grad Celsius pro MW
   - Landschaftsverbrauch durch Tagebau, Flutung von Tälern, Versiegelung, Verspiegelung oder Verspargelung.

Wärmebereitstellung

Für die *Wärmebereitstellung* eignen sich Verbrennungsprozesse, Wärmepumpen, Solarthermie, Geothermie oder die Nutzung der Abwärme industrieller Prozesse oder von Kraftwerken im Sinne der *Sektorkopplung*. Diese sind im Wesentlichen durch folgende wirtschaftliche, technische und Umweltkenngrößen charakterisiert:

A. Wirtschaftliche Kenngrößen
   - spezifische Investitionskosten in EUR/kW
   - spezifische Energiekosten in EUR/kWh
   - Wartungskosten in EUR/Betriebsstunde

B. Technische Kenngrößen
   - Wirkungsgrad in Prozent oder Coefficient of Performance (COP) für Wärmepumpenanlagen
   - Mindest- und Maximalleistung in MW
   - Technische Lebensdauer der Anlage in Betriebsjahren

C. Umweltauswirkungen
   - Emissionen von Kohlendioxid und anderen Luftschadstoffen in t/MWh

Mobilitätstechnologien

Die im Abschn. 3.2.2 unter Mobilitätsbedarf beschriebenen unterschiedlichen Transporttechnologien sind durch nachfolgende Kenngrößen charakterisiert. Dabei steht die Transporteinheit je nach Transportaufgabe für eine Person, für eine Gewichtseinheit oder für eine Mengeneinheit einer Ware:

A. Wirtschaftliche Kenngrößen
   - spezifische Investitionskosten in EUR pro Transporteinheit
   - spezifische Energiekosten in EUR/km und Transporteinheit
   - Wartungskosten in EUR/km

B. Technische Kenngrößen
   - Wirkungsgrad in kWh/km und Transporteinheit
   - Maximale Transportleistung in Transporteinheiten
   - Technische Lebensdauer in km

C. Umweltauswirkungen
   - Emissionen von Kohlendioxid und anderen Luftschadstoffen in t/km und Transporteinheit.

Wasseraufbereitungstechnologien

Wasseraufbereitung ist in einigen Gegenden dieser Erde sehr energieaufwändig. Beispielsweise macht die Trinkwasserbereitstellung in den Vereinigten Arabischen Emiraten rund 20 % des nationalen Energiebedarfs aus. Auch in den gemäßigten Breitengraden Nordamerikas, Europas und Asiens wird Trinkwasser zwecks Reinheit häufig aus Brunnen mit einer Tiefe von rund 100 m hochgepumpt. Dies entspricht einem umgekehrten Wasserkraftwerk. Alternativ kann Meerwasser durch Destillation oder mithilfe von Membranverfahren entsalzt werden. Technologien zur Trinkwasserbereitstellung sind grundsätzlich wie folgt charakterisiert:

A. Wirtschaftliche Kenngrößen
   - spezifische Investitionskosten in EUR pro Förderfähigkeit in m^3 pro Stunde
   - spezifische Energiekosten in kWh/m^3 Trinkwasser
   - Wartungskosten in EUR/produziertem m^3 Trinkwasser

B. Technische Kenngrößen
   - Maximale Förderfähigkeit in m^3 pro Stunde
   - Technische Lebensdauer in m^3

C. Umweltauswirkungen
   - Membranverschleiß in kg pro geförderten m^3
   - Ausstoß an Salz und weiteren Mineralien in kg pro geförderten m^3
   - Absenkung des Grundwasserpegels in m pro geförderten m^3

Speichertechnologien
Die in Abschn. 2.3.2 diskutierten *Speichertechnologien* lassen sich im Systemmodell durch folgende Kenngrößen charakterisieren:

A. Wirtschaftliche Kenngrößen
   - spezifische Investitionskosten in EUR/kW Ladeleistung, EUR/kW Entladeleistung und EUR/kWh Speicherinhalt
   - Wartungskosten in EUR/Ladezyklus und EUR/Betriebsjahr

B. Technische Kenngrößen
   - Wirkungsgrad in Prozent. Dieser ist in der Regel alterungsabhängig
   - Selbstentladung in Prozent pro Stunde
   - Lade- und Entladeleistung jeweils in kW
   - Technische Lebensdauer der Anlage in Ladezyklen und Betriebsjahren

C. Umweltauswirkungen
   - Minentätigkeit zur Gewinnung der Rohstoffe
   - Energieeinsatz zur Herstellung

3.2.4 Systemmodell Energietransportinfrastruktur

Der Transport fester, flüssiger, gasförmiger und elektrischer Energieformen erfordert *Infrastruktur* in Form von Wasserwegen, Bahnschienen, LKW-Transporten, Pipelines oder Stromleitungen. Diese Infrastruktur muss an den Energiemix angepasst sein. Ein Umbau des Energieversorgungssystems muss daher einhergehen mit einem Umbau der Energietransportinfrastruktur. Die *Energietransportinfrastruktur* spielt bei der Versorgungssicherheit eine herausragende Rolle. Die Zuverlässigkeit der Energietransportinfrastruktur kann mit den Prinzipien der Redundanz und Diversität verbessert werden.

> *Redundanz* ist beispielsweise im Stromnetz durch das *n−1-Prinzip* gegeben, demzufolge der Ausfall einer einzelnen Leitung nicht zu einer Versorgungsunterbrechung führen darf. *Diversität* ist beispielsweise dann gegeben, wenn Steinkohle sowohl mit dem Schiff als auch per Bahn zum Heizwerk gebracht werden kann.

Die Ausgestaltung der Energietransportinfrastruktur ist ein komplexes und hochinteressantes Fachgebiet, das hier nur am Rande gestreift werden kann. Datenverfügbarkeit und Rechenleistung sind hier auch heute noch begrenzende Faktoren. Für die Kernfrage nach bestmöglicher Ausgestaltung und Betrieb von Energiesystemen bietet es sich daher vereinfachend an, das betrachtete Energiesystem in Teilsysteme zu untergliedern, die ihrerseits mit Transportinfrastrukturelementen verbunden sind. Diese Transportinfrastrukturelemente sind dann charakterisiert durch:

A. Wirtschaftliche Kenngrößen
   - spezifische Investitionskosten in EUR/kW und EUR/km
   - spezifische Betriebskosten in EUR/kWh und EUR/km beispielsweise für Schiffs-, Bahnbetrieb oder Kompressorstationen von Pipelines
   - Wartungskosten in EUR/kW und EUR/km

B. Technische Kenngrößen
   - Maximale Transportkapazität in MW je Richtung
   - Verluste in Prozent pro km
   - Technische Lebensdauer

C. Umweltauswirkungen
   - Ausstoß von Kohlendioxid und sonstigen Luftschadstoffen pro MWh und km

3.2.5 Systemmodell Energieeinsparmaßnahmen

Neben den unterschiedlichen Alternativen zur Energiebereitstellung gibt es bei der Ausgestaltung von Energiesystemen auch die Möglichkeit in Maßnahmen zur *Verringerung des Energiebedarfs* zu investieren. Diese Maßnahmen können entweder den Energiebedarf einzelner Elemente des Energiesystems verringern oder sie erhöhen die Effizienz des Betriebs des Energiesystems.

Technologien zur Verringerung des Energiebedarfs

Beispiele für *Energieeinsparmaßnahmen* sind Wärmedämmungsmaßnahmen bei Gebäuden, der Ersatz von Glühbirnen durch LEDs oder die Modernisierung von Industrieprozessen. Diese Maßnahmen sind charakterisiert durch:

A. Wirtschaftliche Kenngrößen
   - spezifische Investitionskosten in EUR pro vermiedenem kW Leistungsbedarf
B. Technische Kenngrößen
   - Maximales Senkungspotenzial in MW
   - Technische Lebensdauer
C. Umweltauswirkungen
   - Ausstoß von Kohlendioxid und sonstigen Luftschadstoffen beispielsweise bei der Herstellung und Installation von Wärmedämmung

Technologien für den effizienteren Betrieb von Energiesystemen
Beispiele für Technologien zur Erhöhung der Effizienz des Betriebs von Energiesystemen sind die Einrichtung einer Strombörse, von hochautomatisierten lokalen Energiemärkten, Gebäudeenergiemanagementsysteme, Systeme zur Überwachung und Regelung industrieller Prozesse. Diese Maßnahmen sind charakterisiert durch:

A. Wirtschaftliche Kenngrößen
   - Investitionskosten für die Einrichtung
   - Betriebskosten pro Jahr
B. Technische Kenngrößen
   - Effizienzgewinn in MW und MWh pro Jahr
C. Umweltauswirkungen
   - in der Regel vernachlässigbar

3.2.6 Systemmodell Strukturanpassungen der Industrie

Ein *mathematisches Optimierungsverfahren* verhält sich sehr konsequent. Wenn ein Energiesystem zu minimalen Gesamtkosten ohne weitere Randbedingungen dekarbonisiert werden soll, wird es sehr drastische Maßnahmen empfehlen. Beispielsweise kommen die kostenintensivsten Technologien erst ganz am Ende des Betrachtungszeitraums zum Einsatz – dann aber mit maximaler Ausprägung. Stellt man beispielsweise einem mathematischen Optimierungsverfahren die Aufgabe, das Energiesystem eines Landes bis 2050 zu dekarbonisieren, so wird es empfehlen, möglichst lange nichts zu tun und erst kurz vor dem Zieljahr 2050 sämtliche Maßnahmen „mit Brachialgewalt" gleichzeitig zu ergreifen.

In der Praxis ist dies nicht möglich, weil die Industrie Jahre bis Jahrzehnte benötigt, bis entsprechende Herstellungskapazitäten für innovative Technologien verfügbar sind und bis die Technologien ausreichend zuverlässig und kostengünstig zur Verfügung stehen.

Für die Ermittlung praktisch umsetzbarer *Dekarbonisierungspfade* ist es daher notwendig, die Lernkurven und die Gradienten der maximalen jährlichen Erhöhung der Produktionskapazitäten und Lernkurven im Systemmodell explizit zu hinterlegen.

3.2.7 Systemmodell CO_2-negative Technologien

Neben den bisher diskutierten Technologien zur Vermeidung von CO_2-Emissionen sind in der Praxis auch eine Vielzahl an grundsätzlich denkbaren Maßnahmen zur Entfernung von Kohlendioxid aus der Atmosphäre verfügbar.

Nachfolgend einige ausgewählte Beispiele für CO_2-negative Technologien (CO_2-Senken):

Aufforstung von Auenwäldern
Wälder sind dann in der Lage, Kohlendioxid langfristig zu binden, wenn die Bäume im Wasser stehen. In diesem Fall findet sich die Biomasse nach dem Absterben unter Wasser wieder und das Kohlendioxid ist so dauerhaft gebunden. Über diesen Mechanismus sind vor Jahrmillionen Kohle, Erdöl und Erdgas entstanden. Der Amazonas ist für das Weltklima deshalb so wichtig, weil dort die Bäume im Wasser des Amazonasbeckens stehen. In unseren Breitengraden sind die meisten Auenwälder trockengelegt worden und leisten aufgrund der Verrottungsprozesse an der Luft keinen signifikanten Beitrag zur dauerhaften CO_2-Bindung.

Bindung von Kohlendioxid im Meer durch Algenwachstum
Durch gezielte Düngung mit Eisen lässt sich das Algenwachstum im Meer anregen. Die Algen binden Kohlendioxid und halten dieses auch nach ihrem Absterben im Meer gebunden. Derartige Eingriffe in das Ökosystem sind aufgrund der Vielschichtigkeit ihrer Wirkungen jedoch umstritten.

Carbon Capture and Storage CCS
Technisch möglich ist auch die Isolation von Kohlendioxid aus der Atmosphäre und das anschließende unterirdische Verpressen. Diese CCS-Technologie kommt beispielsweise im großen Stil bei der Erdölförderung zum Einsatz. Bei der modernen Erdölförderung wird ausströmendes Kohlendioxid regelmäßig abgeschieden und wieder in den Boden verpresst.[9]

Fazit
Die Technologien zur Entfernung von Kohlendioxid aus der Atmosphäre müssen bei einer ergebnisoffenen Ausgestaltung zukünftiger Energiesysteme genauso berücksichtigt werden wie sämtliche andere hier diskutierten Maßnahmen. Allerdings gilt auch hier, dass sonstige Umweltauswirkungen und Akzeptanz in der Bevölkerung zu berücksichtigen sind. Dies gilt insbesondere bei der Tiefeneinlagerung von Kohlendioxid und bei Auswirkungen auf den Faktor *Biodiversität*.

[9] Siehe dazu auch die Ausführungen zu CCS und CCU in Abschn. 1.4.1.

3.3 Idee der datenbasierten Dekarbonisierung

Die Idee der *datenbasierten Dekarbonisierung* soll hier zu Beginn kurz eingeführt werden, bevor der Text wichtige Aspekte rund um das Thema „Daten" vertieft. Digitale Dekarbonisierung fußt auf zwei Grundbausteinen: den mathematisch-analytischen Modellen sowie deren Instanziierung für die Beantwortung einer konkreten Aufgabenstellung. Im Fokus sollen im Folgenden die für die Modellinstanzen benötigten Daten stehen.

Dekarbonisierungsstrategien stützen sich wesentlich auf ein digitales Abbild unseres Energiesystems. Dieses Abbild – oft auch *digitaler Zwilling* oder Modell genannt – hat verschiedene Aspekte: Die hier betrachteten Energiesystemmodelle basieren überwiegend auf dem Konzept eines mathematischen Programms, d. h. einer zu optimierenden Zielfunktion, sowie des zugehörigen Suchraums, der durch Randbedingungen an die zu optimierenden Variablen definiert wird. Den praktischen Nutzen des digitalen Zwillings oder auch *Digital Twin* bestimmt die Instanziierung der Parameter und die konkrete Lösung des Programms.

Die Bestimmung der oben genannten Parameter ist tatsächlich oft der größte Unterschied zwischen eher akademisch geprägten Machbarkeitsstudien und den diesem Buch zugrunde liegenden industriellen Anwendungen zur Dekarbonisierung. Im Folgenden soll dargelegt werden, wie die Fortschritte beim Internet der Dinge, englisch *Internet of Things (IoT),* und *Cloud Computing,* sowie im maschinellen Lernen den datenbasierten Teil des digitalen Zwillings voranbringen.

Zunächst motiviert Abschn. 3.3.1 die Bedeutung von Geo-Daten mit globaler Abdeckung für die digitale Abbildung von Energiesystemen. Dann folgen in Abschn. 3.3.2 und 3.3.3 die Datenbasis für heutige und zukünftige Technologien bzw. die Abbildung von regulatorischen und politischen Vorgaben. Abschn. 3.3.4 schließt mit einer Diskussion der aktuellen Herausforderungen und dem Entwicklungspotenzial datenbasierter Dekarbonisierung ab.

3.3.1 Globale Geo-Datenbasis für Energiesysteme

Energiesysteme wurden in der Vergangenheit immer auch von der Geografie, genauer von der *Topologie,* geprägt: So benötigen thermische Kraftwerke Kühlwasser und sind deshalb beispielsweise stets in der Nähe von Gewässern verortet. Des Weiteren finden sich Kraftwerke, die mit gut transportierbaren Brennstoffen betrieben werden, häufig in der Nähe von *Lastzentren.* Mit Last ist hier zunächst elektrischer Stromverbrauch zu nennen, allerdings nicht ausschließlich: Je nach Kontext können die thermische Auskopplung der Kraftwerke oder die Entsalzung von Meerwasser bzw. die entsprechenden Verbrauchsprofile eine ebenso wichtige Rolle spielen.

Der Umbau eines Energiesystems – weg von fossilen Energieträgern oder Kernbrennstoffen, hin zur verstärkten Nutzung erneuerbarer Ressourcen – verändert die Art der Geografieabhängigkeit. Mit anderen Worten ändern sich die zu berücksichtigenden Standortfaktoren signifikant. Dabei sind die erneuerbaren Ressourcen Wind und Sonne regional unterschiedlich mit jeweils geringer Energiedichte verfügbar. Ihr *Dargebot* hängt zudem von den momentanen Wetterbedingungen ab und sie sind direkt nicht speicherbar oder transportierbar. Biomasse ist im Gegensatz zur solaren Einstrahlung und dem Wind speicherbar und transportierbar. Da die Energiedichte von Biomasse im Verhältnis zu anderen Energieträgern jedoch niedrig ist, sind Transporte über weite Strecken weder aus Kostengründen noch aus Klimabilanzgründen sinnvoll. Darüber hinaus konkurrieren die für die Produktion von Biomasse erforderlichen nutzbaren landwirtschaftlichen und forstwirtschaftlichen Flächen in einer Region häufig mit anderen Nutzungsformen oder die energetische Verwendung beschränkt sich auf die anfallenden Abfallstoffe. Für die Einschätzung der Stromerzeugung durch Wasserkraft ist analog zu den schon genannten Erneuerbaren ebenfalls eine geeignete regionalisierte Datenbasis nötig. Die Topologie gibt mit dem Verlauf von geeigneten Gewässern und dem Höhenprofil die möglichen Anlagentypen wie z. B. Laufwasser-, Speicher- oder Pumpspeicherkraftwerke vor. Das Wettergeschehen mit Temperaturen und Niederschlägen bestimmt wesentliche Randbedingungen für den Betrieb vieler Wasserkraftanlagen. Die Stromerzeugung von maritimen Gezeitenkraftwerken ist durch den Tidenhub bestimmt. Die Nutzung von Geothermie ist wetterunabhängig, die Potenziale sind jedoch auf geeignete Regionen beschränkt, abhängig von speziellen geologischen Eigenschaften.

Geo-Daten als konstitutives Element bei der Analyse von Energiesystemen

Die Analyse von Energiesystemen sollte aus den oben genannten Gründen auf Geo- und *Wetterdaten* zurückgreifen. Da die räumliche und ggf. zeitliche Auflösung hinreichend detailliert sein muss, kommen hier schnell große Datenmengen zusammen, insbesondere wenn der Ansatz global ist.

Folgende relevante Daten für ein digitales Abbild von Energiesystemen lassen sich über eine globale Datenbank für weltweite Standorte automatisch generieren:

- Lastprofile für den elektrischen Verbrauch in Gebäuden, für Gewerbe, Handel und Dienstleistungen sowie Industriebetriebe an weltweiten Standorten
- Verteilung der existierenden Kraftwerksflotte und geplanten Kraftwerksprojekte weltweit
- Einspeiseprofile aus Photovoltaikanlagen, solarthermischen Kraftwerken, thermischen Solaranlagen, Windkraftanlagen, Wasserkraftanlagen für weltweite Standorte
- Räumliche Verteilung von Ausschlussflächen, die für den Ausbau von Solar- und Windkraft nicht zur Verfügung stehen durch Wasserflächen im Binnenland, Hangneigung etc.

Für den hier vorgestellten Zweck müssen Daten aus verschiedenen Quellen und unterschiedlicher Charakteristik zusammengebracht werden. Hierunter fallen exemplarisch zum einen statistische Daten, beispielsweise zum Energiebedarf von Ländern oder

Regionen, sowie *Rasterdaten* unterschiedlicher räumlicher Auflösung. Beispiele sind Wetterdaten in einem 50-km-mal-50-km-Raster oder ein Raster mit Einwohnerdaten beispielsweise mit einer Auflösung von 10 km. Neben den klassischen Statistiken und den Rasterdaten gibt es noch relevante *Vektordaten* mit kleinräumig aufgelösten Informationen, wie wir sie beispielsweise von OpenStreetMap kennen.[10]

3.3.1.1 Energiebedarf – Verbrauchsprofile und räumliche Verteilung

Der Bedarf an elektrischer Energie kann über entsprechende *statistische Datenbanken* wie beispielsweise der Internationalen Energie Agentur[11] oder der U.S. Energy Information Administration[12] für fast jedes Land ermittelt werden. Diese Daten umfassen jedoch in der Regel leider nur den gesamten *Jahresstromverbrauch* der Länder ohne regionale Verteilung.

Bei über den Strom hinausgehenden Nutzenergiebedarfen wird die globale Abdeckung der verfügbaren Datenbanken schlechter. So sind Informationen zum *Wärmebedarf* eines Landes oft noch verfügbar, der *Mobilitätsbedarf* für Personen oder Fracht dann schon schwieriger zu erhalten. Um das Potenzial datenbasierter Dekarbonisierung zu zeigen, beschränken wir uns im Folgenden deshalb auf den elektrischen Energiebedarf.

Regionale Aspekte des Elektrizitätsbedarfs

Für die Analyse und Optimierung von Energiesystemen ist eine Differenzierung des Strombedarfs nach privaten Haushalten einerseits sowie Gewerbe, Handel, Dienstleistung und Industrie andererseits wichtig, so wie sie von *Energiestatistiken* häufig ausgewiesen werden.[13] Die ebenfalls benötigte regionale Aufteilung der Verbräuche erfordert es, verschiedene Datenquellen miteinander zu verschneiden.

Eine weltweite und regional aufgelöste Darstellung der Stromnachfrage kann durch die zusätzliche Nutzung von Geodaten abgeschätzt werden. So liegt mit dem Datensatz *Global Human Settlement Layer (GHSL)* der Europäischen Kommission und der Columbia Universität die Einwohnerzahl weltweit als 250-mal-250-m-Pixelraster vor.[14] Dieses Raster kann jetzt mithilfe frei verfügbarer Vektorgeometrien der administrativen Ländergrenzen und Küstenlinien, die die gesamte Landmasse der Welt abbilden, verschnitten werden.

Die Herausforderung bei der Kombination der GHSL-Rasterdaten mit den benötigten Vektorgeometrien zu Landesgrenzen und Küstenlinien liegt darin, diese jeweils in die

---

[10] Vgl. OpenStreetMap (2020).

[11] Vgl. IEA (2018).

[12] Vgl. eia (2018).

[13] Siehe hier exemplarisch nochmals IEA (2018).

[14] Vgl. JRC und CIESIN (2015).

Abb. 3.3 Rauschen im Raster des Global Human Settlement Layer (GHSL) Datensatzes

richtige *Kartenprojektion,* hier die Mollweide-Projektion[15] bzw. ESRI:54009 zu transformieren, Geometriefehler zu beheben sowie mit den großen Datenmengen umzugehen. Geometriefehler treten insbesondere bei großen Länderpolygonen und bei Ländern mit vielen Inseln auf.

Eine visuelle Prüfung der Einwohnerdichte basierend auf den GHSL-Rasterdaten zeigt teilweise regelmäßige streifenartige Muster, wie in Abb. 3.3 am Beispiel von Deutschland zu sehen ist. Es handelt sich bei diesen Mustern wahrscheinlich um Artefakte aus den ursprünglichen Satellitendaten. Nach der Abbildung bezogen auf Länder zeigt sich, dass der Anteil der fehlerhaften Pixel sehr unterschiedlich sein kann. Zur Korrektur des Messrauschens bieten sich verschiedene Möglichkeiten: Zum einen können moderne Methoden des *maschinellen Lernens* in der Bildverarbeitung helfen die Datenqualität zu verbessern. Zum anderen bietet ein weiterer unabhängiger Datensatz die Möglichkeit Messrauschen zu entfernen. Das Raster der nächtlichen Lichtemissionen

[15]Flächentreue Kartenprojektion, die die gesamte Erdoberfläche als Ellipse darstellt, benannt nach Carl Brandan Mollweide (* 3. Februar 1774 in Wolfenbüttel; † 10. März 1825 in Leipzig).

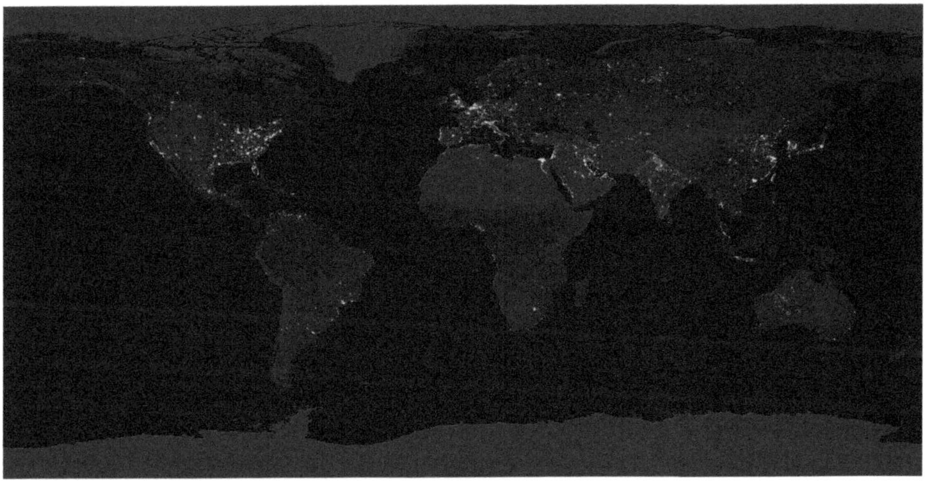

Abb. 3.4 NOAA nighttime-light composite. (Quelle: NOAA (2015))

der Welt ist hierfür eine Option und liegt dank der National Oceanic and Atmospheric Administration vor, siehe Abb. 3.4.[16] Allerdings wurde für diese Daten ein anderes geodätisches Referenzsystem, das *World Geodetic System 1984 (WGS84),* verwendet, und die Daten weisen eine andere Pixelgröße, nämlich 15 Bogensekunden, und einen Versatz auf. Der Abgleich mit dem GHSL-Raster in der Mollweide-Projektion ist mit modernen Geoinformationssystemen und entsprechender Rechenzeit somit möglich.

Nach dem Zuschnitt des *Einwohnerrasters* auf die Länder kann eine Validierung der summierten Einwohnerpixel pro Land mit den offiziellen Einwohnerzahlen der Weltbank erfolgen bzw. die Rasterwerte können so entsprechend korrigiert werden.[17] Mithilfe des Einwohnerrasters kann dann durch geeignete Skalierung ein Raster von 250-mal-250-m für den Indikator der Stromnachfrage aus privaten Haushalten definiert werden.

Für eine Bestimmung des Indikatorrasters für die Stromnachfrage aus Gewerbe, Handel, Dienstleistung (GHD) und Industrie kann auf die als industrial, commercial und retail gekennzeichneten Flächen aus der bereits zuvor erwähnten OpenStreetMap zurückgegriffen werden.[18] Pro Land wird in diesem Fall der Anteil der so klassifizierten Flächen an jedem der 250-mal-250-m-Pixel bestimmt. Nach einer geeigneten Normierung ergibt sich das Indikatorraster für den Stromverbrauch aus GHD und Industrie. Im Einzelnen gilt es – analog zum Vorgehen bei den privaten Haushalten – einige Fallstricke zu vermeiden und dabei die hohen Rechenzeiten im Griff zu halten.

[16] Vgl. NOAA (2015).

[17] Vgl. World Bank (2019).

[18] Vgl. OpenStreetMap (2020).

Die Verfügbarkeit von Lastprofilen ist aus globaler Sicht höchst unterschiedlich. In der Europäischen Union bietet die *Transparency Platform* der *ENTSO-E,* des Zusammenschlusses der Systembetreiber, historische Profile für jedes Land.[19] Auch für Länder außerhalb der EU sind vielfach Lastprofile verfügbar, wie z. B. für Mexiko über die Web-Seiten der Regierung des mittelamerikanischen Landes.[20] Eine Herausforderung ist hier jedoch, dass entweder nicht für alle UN-Länder Daten verfügbar sind oder im Falle einer Veröffentlichung sich der Zugriff jeweils stark unterscheidet. Als Rückfallmöglichkeit bietet es sich deshalb an, einen *Lastprofilgenerator* zu nutzen, der *synthetische Zeitreihen* für ein gesamtes Jahr aus Profilen für typische Tage einer Woche oder eines Monats in den jeweiligen Jahreszeiten generiert. Auf *Typtagen* basierende Datensätze stehen in der Regel öffentlich zur Verfügung.

3.3.1.2 Installierte Erzeugungskapazitäten und Ausbaukorridore

Die installierte Basis an Kraftwerken ist heute in Form von digitalen Datensammlungen verfügbar. Es gibt schon seit längerem kommerzielle Quellen, wie die *World Electric Power Plants Database (WEPP),* die neben existierenden Anlagen auch geplante Kraftwerksprojekte enthält.[21]

Seit Kurzem gibt es über das Open Data Portal des *World Resources Institute (WRI)* auch einen frei verfügbaren Datensatz mit den Daten von ungefähr 30.000 Kraftwerken in 164 Ländern – sowohl thermischen Kraftwerken[22] als auch Wasserkraft-, Windkraft- oder Solarkraftwerken.[23] Jeder Kraftwerksdatensatz enthält die Geo-Koordinaten, sowie beispielsweise die Kraftwerkskapazität, die jährliche Erzeugung, den Betreiber und den Brennstofftyp. Die zur Erstellung des Datensatzes genutzte Methodik wird in einem technischen Report[24] des World Resources Institutes beschrieben und der genutzte Code wird über GitHub[25] zur Verfügung gestellt. Das Open Data Portal des WRI enthält weitere für die Digitale Dekarbonisierung nützliche Datensätze, beispielsweise eine weltweite Aufstellung der Schutzgebiete.

Die Datenlage hinsichtlich existierender Netzinfrastruktur, insbesondere für Strom oder Gas, ist heute für die meisten Länder weniger gut. Für grobe Abschätzungen der benötigen Kapazitäten bei Stromübertragungsnetzen kann es immerhin ausreichend sein, auf OpenStreetMap zurückzugreifen.[26]

---

[19]Siehe dazu ENTSO-E (2019).

[20]Vgl. Gobierno De Mexico (2019).

[21]Siehe hierzu vertiefend S&P (2017).

[22]Hierunter fallen alle Kraftwerksarten, die mit fossilen Brennstoffen, Kernbrennstoff, Biomasse, Abfall, aber auch mit Geothermie betrieben werden.

[23]Vgl. Global Energy Observatory et al. (2018).

[24]Vgl. Byers et al. (2019).

[25]Vgl. Byers und McCormick (2018).

[26]Vgl. Küppers et al. (2020).

Ausschlussflächen für den Bau neuer Anlagen als hilfreiche Planungsgrundlage

Um realistische *Ausbaukorridore* für Solar- und Windkraft in unser digitales Abbild aufnehmen zu können, ist es vorteilhaft, *Ausschlussflächen* für den Bau neuer Anlagen zu identifizieren. Hierzu wurden für einige der hier im Buch beschriebenen Fallbeispiele folgende Kriterien zugrunde gelegt:

- Naturschutzflächen in Europa nach Natura 2000 und den Nationally Designated Areas (CDDA)[27]
- Binnengewässer weltweit nach OpenStreetMap[28]
- Siedlungsflächen mit 600 Abstandspuffer weltweit nach OpenStreetMap
- Siedlungsflächen mit 1.000 Abstandspuffer weltweit nach OpenStreetMap

3.3.1.3 Erzeugungsprofile aus erneuerbaren Ressourcen

Der Betrieb von Energieanlagen, die erneuerbaren Ressourcen nutzen – allen voran Sonne und Wind –, hängt, wie oben geschrieben, vom Wetter ab. Da das Wetter sich kurzfristig ändert und regional sehr unterschiedlich ist, muss eine Digitale Dekarbonisierung auf entsprechenden hochaufgelösten *Wetterdaten* basieren. Datenbanken mit historischen Wetterdaten sind dafür heute vielfach in hoher Auflösung und mit globaler Abdeckung verfügbar.

MERRA-2 liefert relevante Wetterdaten

Eine Datengrundlage für Wetterdaten ist *MERRA-2,* Modern-Era Retrospective Analysis for Research and Applications Version 2 des Global Modeling and Assimilation Office der NASA.[29] Die MERRA-2-Daten stellen in insgesamt vier Streams Daten zu Parametern der Atmosphäre, den Ozeanen, Landmassen und Aerosolen der Erde von ab Januar 1980 bis heute zur Verfügung.

MERRA-2 liefert Parameter als Mittelwerte über 1, 3, 6 oder 24 h. In den weiter unten beschriebenen Fallbeispielen werden die stündlichen Mittelwerte der Parameter für das Jahr 2012 herangezogen. Die MERRA-2-Datensets werden auf einem Gitter von 0,625° geographischer Länge und 0,5° geographischer Breite des geodätischen Referenzsystems *World Geodetic System 1984* (WGS84) dargestellt. Da die Erde mathematisch durch einen Rotationsellipsoiden beschrieben wird, variiert die metrische Gittergröße in Abhängigkeit von der Breite: So entspricht das Gitter bei einer Breite von 80° Nord einer Länge von ca. 14 km in Meridian-Richtung und 54 km in Parallelkreis-Richtung bei einer Breite von 10° Nord, dagegen in Meridian-Richtung 74 km und in Parallelkreis-Richtung 51 km. Siehe hierzu illustrierend Abb. 3.5.

Für die Modellierung der Wind- und PV-Erzeugungsgänge werden die in Tab. 3.2 dargestellten Parameter benötigt.

[27] Vgl. EEA (2010) und EEA (2017).

[28] Vgl. OpenStreetMap (2020).

[29] Vgl. Gelaro et al. (2017).

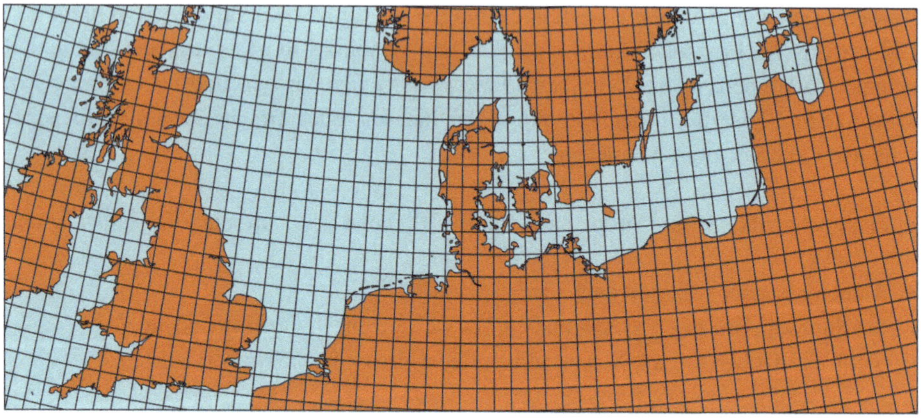

Abb. 3.5 MERRA-2 Gitter über Dänemark in der flächentreuen Projektion EPSG:3035

Tab. 3.2 MERRA-2 Parameter zur Berechnung der Wind- und PV-Erzeugungsgänge

Name	MERRA-2 Dataset	Einheit
10-m eastward wind	tavg1_2d_slv_Nx (M2T1NXSLV)	m/s
10-m northward wind	tavg1_2d_slv_Nx (M2T1NXSLV)	m/s
Eastward wind at 50 m	tavg1_2d_slv_Nx (M2T1NXSLV)	m/s
Northward wind at 50 m	tavg1_2d_slv_Nx (M2T1NXSLV)	m/s
2-m air temperature	tavg1_2d_slv_Nx (M2T1NXSLV)	K
Surface incoming shortwave flux	tavg1_2d_rad_Nx (M2T1NXRAD)	W/m^2
toa incoming shortwave flux	tavg1_2d_rad_Nx (M2T1NXRAD)	W/m^2
Surface albedo	tavg1_2d_rad_Nx (M2T1NXRAD)	1
Air density at surface	tavg1_2d_flx_Nx (M2T1NXFLX)	kg/m^3
Snow depth	tavg1_2d_lnd_Nx (M2T1NXLND)	m
Snowfall land; bias corrected	tavg1_2d_lnd_Nx (M2T1NXLND)	$kg*m^2*s^{-1}$
Fractional area of land snowcover	tavg1_2d_lnd_Nx (M2T1NXLND)	1

Vgl. Gelaro et al. (2017)

Um daraus Einspeiseprofile von konkreten Solar- oder Windkraftanlagen zur generieren, müssen diese in Tab. 3.2 am Standort der Anlage extrahiert und mit Hilfe der technischen Anlagenparameter in die maximal mögliche Produktion umgerechnet werden. Hierbei gilt es, die Nabenhöhe und den Turbinentyp der Windkraftanlage zur berücksichtigen. In der Regel müssen für Onshore- und Offshore-Windkraft jeweils mehrere verschiedene Kombinationen von Anlagentypen und Nabenhöhen berechnet werden. Ein Beispiel ist in Tab. 3.3 angegeben. Für die Gitterzellen, die sich im Bereich der Küste befinden, liegt es nahe, sowohl Onshore- als auch Offshore-Anlagen zu modellieren. Mit

Tab. 3.3 Übersicht der Onshore- und Offshore-Windenergieanlagen:

Bereich	Anlage	Nabenhöhe (m)
Offshore	Siemens SWT-3.6-107	80
Offshore	Vestas V164-8.0 MW	105
Offshore	Vestas V164-8.0 MW	140
Offshore	Siemens SWT-3.6-120	100
Offshore	Siemens SWT-3.6-107	100
Onshore	Enercon E-115	140
Onshore	Nordex N100	120
Onshore	Vestas V80	100
Onshore	Enercon E-82 E3	80
Onshore	Siemens SWT-3.6-107	100

Vgl. Bauer und Matysik (2020)

Hilfe der oben beschriebenen Anlagenklassifizierung und der zugehörigen Leistungskurve der Anlagenklasse werden die Einspeiseprofile berechnet. Die *Leistungskurven* der Windkraftanlagen sind in der Regel für eine mittlere Luftdichte von 1,225 kg/m^3 angegeben. Um die Erzeugungsgänge unter Einfluss der Luftdichte berechnen zu können, wird zunächst die Rotorwirkungsgrad-Kennlinie aus den gegebenen Kennfeldern berechnet und daraus dann die angepasste Leistungskurve bestimmt (siehe Abb. 3.6).

Anhand von berechnetem Rotorwirkungsgrad, Rotorfläche, Luftdichte und Windgeschwindigkeit können demnach die stündlichen Erzeugungsgänge der Anlage berechnet werden. Der Quotient zwischen der momentanen Leistung und der Nennleistung der Windkraftanlagen ergibt den zu einem Zeitpunkt erreichten *Kapazitätsfaktor*. Abb. 3.7

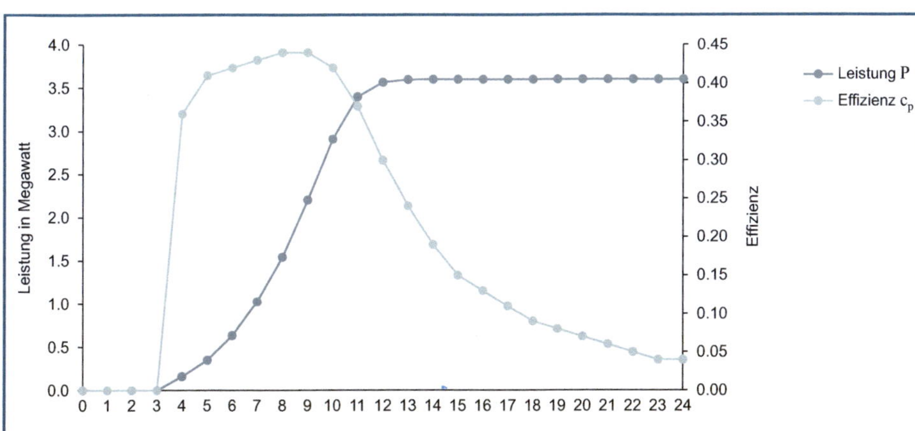

Abb. 3.6 Beispielhafte Kennlinien für die Siemens SWT-3.6-120 Windenergieanlage

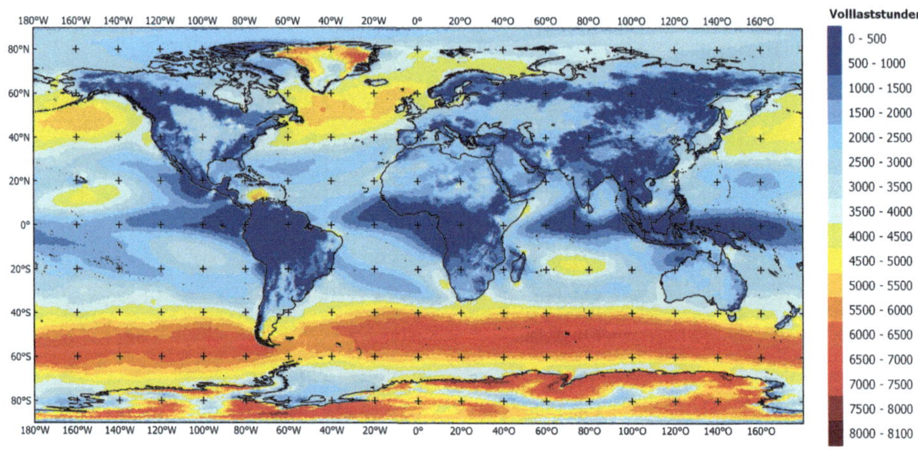

Abb. 3.7 Volllaststunden weltweit für die Siemens SWT-3.6-107 Windenergieanlage

zeigt eine Weltkarte mit den Volllaststunden, d. h. der Jahressumme der Kapazitätsfaktoren einer exemplarischen Siemens-Windenergieanlage.

Die Bestimmung der Einspeiseprofile von Photovoltaikanlagen erfordert, ähnlich wie bei Windanlagen, mehrere Schritte, um die relevanten Effekte zu berücksichtigen. Um die einfallende Solarstrahlung auf ein PV-Modul zu berechnen, wird zuerst die genaue Sonnenposition benötigt. Diese wird für alle Stunden des Jahres und alle *Zentroiden* der MERRA-2-Zellen berechnet. Die MERRA-2-Strahlungsparameter sind definiert als einfallende Strahlung auf einer horizontalen Fläche. Die Komponenten der auf dem PV-Modul einfallenden direkten Solarstrahlung müssen daher mit Hilfe der Modulneigung und des Sonnenstandes umgerechnet werden. Zu dem direkten Strahlungsanteil ist für PV-Anlagen auch noch die diffuse Strahlung sowie die vom Untergrund reflektierte Strahlung zu addieren. Die genannten Rechenschritte ergeben die gesamte eingetragene Strahlung. Mit Strahlungseintrag und einem temperaturabhängigen Wirkungsgrad kann eine Einspeiseleistung der Anlage berechnet werden. Da PV-Module einen verschlechterten Schwachlicht-Ertrag zeigen, wird dieser mit einem Abschlagsfaktor berücksichtigt. Die Abhängigkeit dieses Abschlagsfaktors von der Solarstrahlung zeigt Abb. 3.8. Zusätzlich hängt die Produktion einer Photovoltaikanlage von einer möglichen Schneebedeckung[30] ab.

Nach der Berechnung aller beschriebenen Parameter für Photovoltaik werden die Erzeugungsgänge aus diesen pro MERRA-2-Zellen abgeleitet. Abb. 3.9 zeigt eine Weltkarte mit den Volllaststunden für Photovoltaik (PV) bei optimaler Neigung und Orientierung der Anlage pro Zelle.

---

[30] Eine Bedeckung beispielsweise mit Sand kann in bestimmten Regionen ebenfalls relevant sein.

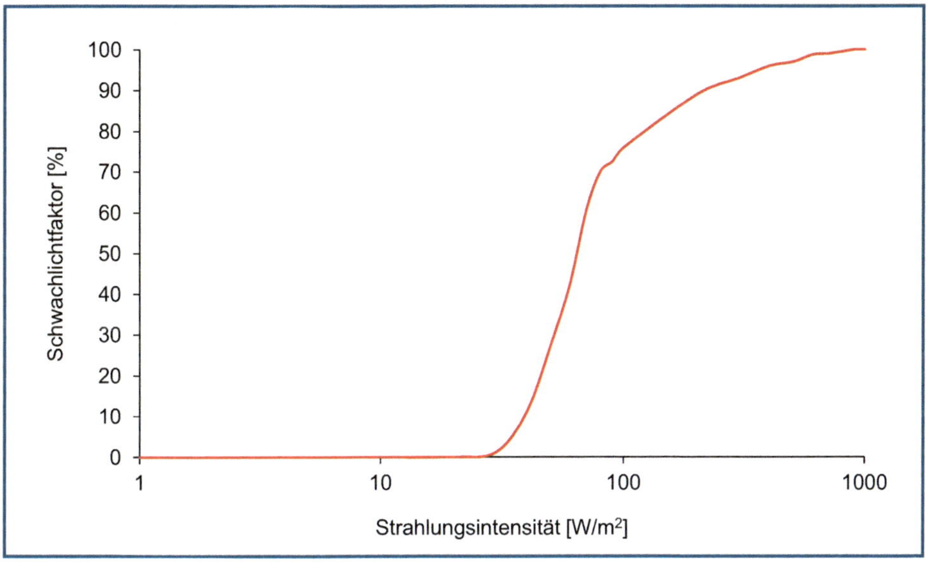

Abb. 3.8 Abschlagsfaktor für PV-Module in Abhängigkeit von der Solarstrahlung

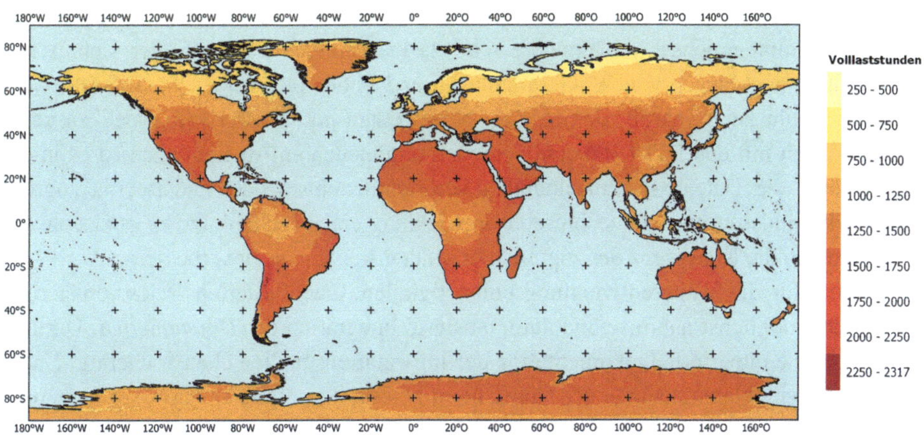

Abb. 3.9 Weltweite Volllaststunden für Photovoltaik bei optimaler Ausrichtung

Die oben exemplarisch für Solar- und Windkraft dargestellte Rolle von Wetterdaten gilt auch für andere Komponenten des Energiesystems. So ist die Wasserkraft von den Niederschlägen abhängig, wenn auch nicht notwendig von den Niederschlägen am Ort der Wasserkraftanlage, sondern je nach Gewässertyp und Einzugsbereich vom Wettergeschehen in weiter entfernt gelegenen und mithin größeren Regionen.

Die Wetterbedingungen bestimmen zusammen mit den oben exemplarisch beschriebenen technischen Parametern das Produktionsverhalten. Dies zeigt die Relevanz der Technologie- und Anlagendaten für die Digitale Dekarbonisierung.

3.3.2 Datenbasis zu Technologien und deren Entwicklungen

Bei der digitalen Abbildung zeigen sich zwei wesentliche Herausforderungen: Zum einen müssen für die Berechnung eines Transformationspfades existierende Anlagen und die Infrastruktur mit ihren konkreten technischen Parametern hinreichend gut abgebildet werden. Zum anderen geht es darum, Skalierungseffekte bzgl. der Kostenentwicklung und Effizienzsteigerungen abzubilden. Letzteres benötigen wir sowohl für die Modellierung der zukünftigen Entwicklung, ausgehend vom aktuellen Zustand, als auch für ein zukünftiges Zielbild auf der grünen Wiese. Wobei mit „grüner Wiese" gemeint ist, dass das Zieljahr so weit in der Zukunft liegt, dass die heute existierende Infrastruktur keine Rolle mehr spielt und wir in einem stationären Zustand sind, d. h. Anlagen am Ende Ihrer Lebenszeit ersetzt werden.

Heute existieren bereits einige Quellen, die technologiespezifisch wichtige Parameter für die Energiesystemmodellierung gesammelt darstellen und langfristige Projektionen, beispielsweise bis zum Jahr 2050, in ihrer Entwicklung angeben. Die Projektionen der *Energy Technology Reference Indicator (ETRI)* der Gemeinsamen Forschungsstelle der Europäischen Union sind hier ein gutes Beispiel.[31]

Die transparente Zusammenstellung einer nutzbaren Technologiedatenbasis ist eine Mammutaufgabe – in der Regel arbeiten sehr viele Autoren mit. Das hat zur Folge, dass eine Aktualisierung relativ selten erfolgt. Wesentliche Basis für eine *Technologiedatenbank* muss eine umfangreiche Literaturstudie sein, da kein Akteur die Breite der technischen Entwicklung angefangen von Windkraftanlagen und Photovoltaik über Wasserkraft, Geothermie bis hin zu Kernkraft, thermischen Kraftwerken und Wasserstoff abdecken kann. Für die Arbeit mit den ETRI-Projektionen oder vergleichbaren Aufstellungen ist es in der Regel nötig, die Datenbasis mit aktuellen Veröffentlichungen oder anderweitig zugreifbaren Erkenntnissen über die technische Entwicklung einer Technologie zu ergänzen und kontinuierlich die Konsistenz der zugrunde liegenden Annahmen zu verbessern.

Wichtig für die Weiterentwicklung einer digitalen, datenbasierten Dekarbonisierung ist die eine möglichst nahtlose und automatisierte Integration der *Datenquellen*. Darüber hinaus ist eine integrierte Dokumentation der Informationsquellen ebenso wichtig. Nachdem die Originaldaten heute leider häufig nicht komplett in digitaler Form vorliegen und halb-manuell übertragen werden müssen, sind die integrierten Dokumentationen und automatisierten Konsistenzprüfungen essenziell.

3.3.3 Regulatorische Randbedingungen und Szenariorahmen

Es gibt heute keinen weltweiten Standard für die langfristige Planung von Energiesystemen. Unabhängig davon, ob ein solcher Standard wünschenswert oder möglich ist, erfordert

---

[31] Vgl. Carlsson (2014).

die Digitale Dekarbonisierung eine Abbildung der wesentlichen Randbedingungen aus nationalen und internationalen strategischen Plänen und regulatorischen Vorgaben.

Von heterogenen Datenquellen zu einem konsistenten Szenariorahmen

Eine zentrale Erfassung dieser heterogenen Daten scheint heute unrealistisch. Auch ist es mit einer einmaligen Erfassung der Informationen nicht getan, eine kontinuierliche Aktualisierung und Wartung ist nötig. Ein dezentraler Ansatz könnte hier realistischer sein. Dezentral heißt hier, die fallbasierte Datenerfassung im Rahmen von konkreten Fragestellungen.

Im Folgenden sei deshalb exemplarisch die deutsche bzw. europäische Sicht kurz zusammengefasst. Stand der Technik ist heute das folgende Vorgehen bei der strategischen Planung des europäischen und deutschen *Stromübertragungsnetzes:* Der Verband der europäischen Systembetreiber für die Stromübertragungsnetze (ENTSO-E) führt alle zwei Jahre eine Zehnjahresplanung oder *Ten Year Network Development Plan (TYNDP)* der Ausbaumaßnahmen zur Entwicklung der benötigten Transferkapazitäten im europäischen Strommarkt durch. Daran schließt beispielsweise der *Netzentwicklungsplan (NEP)* für Deutschland an, mit dem die vier deutschen Übertragungsnetzbetreiber im Auftrag der nationalen Regulierungsbehörde – der *Bundesnetzagentur* – jeweils im Folgejahr der Veröffentlichung des TYNDP eine Langfristplanung für ihre Stromnetze machen. In beiden Fällen handelt es sich um eine strategische Planung für den Stromsektor. Der Einfluss der übrigen Energiesektoren wie der Wärmeversorgung und des Verkehrs wird über modellexogene Annahmen abgebildet.

Neben der Stromnetzplanung gibt es sowohl auf europäischer Ebene als auch auf Länderebene, wie in Deutschland, eine strategische Planung für das Transportnetz für Erdgas. Diese Planung scheint weniger detailliert als im Falle der Stromnetze und läuft weitgehend entkoppelt vom Stromsystem.

Aktuell wird, um nochmals das Landesbeispiel zu bemühen, in Deutschland die Notwendigkeit eines *Systementwicklungsplanes (SEP)* diskutiert und ein passender Prozess ausgearbeitet. Die Umsetzung wird aber wohl noch etwas auf sich warten lassen.

Den oben genannten Planungsprozessen ist gemein, dass sie verschiedene Zieljahre simulieren, z. B. 2030 ergänzt um die Jahre 2025 und 2035 für ausgewählte Aspekte. Für jedes der Zieljahre wird ein *Szenariorahmen* definiert, der grundlegende Annahmen umfasst. Hierzu gehören die sogenannten *Mantelzahlen,* d. h. die Anlagenkapazitäten für fossile und nukleare Kraftwerke sowie für Stromerzeugung aus erneuerbaren Ressourcen. Zum Szenariorahmen gehören auch die wesentlichen Eckzahlen zum Stromverbrauch, insbesondere auch der Anteil von batterieelektrischen Fahrzeugen, von Wärmepumpen oder von Elektrolyseanlagen zur Erzeugung von grünem Wasserstoff. Der Szenariorahmen wird aufbauend auf der Befragung wichtiger Stakeholder erstellt und durch Annahmen zu Brennstoffpreisen und Kosten für Treibhausgasemissionen beispielsweise aus dem *World Energy Outlook* der internationalen Energieagentur (IEA) ergänzt.

Mehrere Datenbanken unterschiedlicher Autoren werden zu einem Szenariorahmen zusammengefasst. Die Autoren nutzen häufig eigene techno-ökonomische Modelle, die natürlich wiederum auf Annahmen basieren. Da die zugrunde gelegten Modellparameter in der Regel geschäftskritisch sind, werden diese nicht offengelegt. Somit ist es sehr wahrscheinlich, dass es im Szenariorahmen und den dahinter liegenden Annahmen zu Inkonsistenzen kommt. Um hier nur ein Beispiel zu geben: Die Kosten für die Emission klimaschädlicher Gase hängen in Europa über den Zertifikatehandel für Emissionsrechte insbesondere von der Nachfrage ab. Somit haben die Mantelzahlen zu den Erzeugungskapazitäten direkten Einfluss auf den sich bildenden Zertifikatspreis.

Deshalb gilt es hier mit Nachdruck vorzuschlagen, mehr Fokus auf die Konsistenz des Szenariorahmens zu legen als auf die Detaillierung des Systemmodells.

3.3.4 Herausforderungen und Entwicklungspotenzial

Wie zuvor bereits an verschiedenen Stellen angedeutet, wird das Potenzial einer datenbasierten Digitalen Dekarbonisierung heute noch nicht voll realisiert. Generell ist die Digitalisierung und Datenerfassung bei elektrischen Energiesystemen fortgeschrittener als im Falle anderer Sektoren, beispielweise der Wärmeversorgung. Aber auch im elektrischen Umfeld gibt es noch viele Lücken in der Datenkette. Zwei in diesem Zusammenhang wichtige Aspekte werden im Folgenden vertieft.

3.3.4.1 Modellierungstiefe und Unsicherheiten in den Parametern

In den Projekten, die die Autoren in den letzten Jahren durchgeführt haben, zeigt sich, dass die *Modellierungstiefe* und die Genauigkeit bzw. Verfügbarkeit der Modellparameter in einem maßvollen Gleichgewicht stehen sollten. Zu Projektbeginn – so die Erfahrung – ist ein Experten- bzw. Projekt-Team vielfach zu optimistisch, was die *Datenverfügbarkeit* angeht. Auch wenn Parameter wie der aktuelle Bedarf an Nutzenergie, sei es der Straßenbeleuchtungsbedarf oder der Raumwärme- und Warmwasserbedarf, prinzipiell verfügbar sein sollten, ist damit noch lange nicht gesagt, dass in einem konkreten Projekt auch tatsächlich Zugriff auf diese Daten zu erhalten ist. Der Datenzugriff ist insbesondere immer dann kritisch, wenn die abzubildenden Systemgrenzen mehrere Akteure betreffen. Dies ist bei Makrobetrachtungen notwendigerweise der Fall, aber auch bei Mikrobetrachtungen kann dies zum Problem werden. So muss beispielsweise die Dekarbonisierungsstrategie für einen Hafen den Hafenbetreiber, der oft in öffentlicher Hand ist und seinerseits die Infrastruktur bewirtschaftet, sowie mehrere privatwirtschaftliche Terminalbetreiber gleichzeitig digital abbilden. Nachdem der Nutz- oder Endenergiebedarf Rückschlüsse auf die Effizienz der Betriebsprozesse erlaubt, werden in der Praxis die beteiligten Firmen darauf achten, dass ihre Betriebsdaten nicht öffentlich werden.

Wissenschaftliche Veröffentlichungen und Forschungsarbeiten zielen häufig auf die Erhöhung der modellierbaren Effekte und Abhängigkeiten von Energiesystemen, sei es die räumliche Auflösung der Prozesse zur Energieumwandlung und zum Energietransport oder die Auflösung verschiedener Zeitskalen. Solche Detailmodelle gehen einher mit einer erhöhten Anzahl von Modellparametern. In methodischen Arbeiten wird die Parametrierung oft für sinnvoll definierte Energiesysteme, die aber keinen realen Anwendungsfall abbilden, durchgeführt. Dies ist vollkommen ausreichend, um die Leistungsfähigkeit des Modellierungsansatzes zu zeigen. Der in realen Kundenprojekten kritische Schnitt wird so elegant vermieden.

3.3.4.2 Automatisierte Datenerfassung und Datenaufbereitung

Kritisch für die Qualität der Systemanalyse ist der Automatisierungsgrad der Datenversorgung, d. h. Parametrisierung und exogener Input sowie die automatisierte Weiterverarbeitung der Simulationsergebnisse. Einfache Modelle mit wenigen Parametern und überschaubaren Ergebnisdaten lassen sich noch manuell betreiben. Komplexe Modelle oder *digitale Zwillinge* – die Autoren nutzen beide Begriffe in dieser Publikation synonym –, wie beispielsweise für den europäischen Strommarkt, benötigen eine möglichst *nahtlose Kette* von der Datenquelle bis zur Präsentationsgraphik. Jeder manuelle Eingriff führt erfahrungsgemäß zu Fehlern, die oft den Genauigkeitsgewinn gegenüber einfacheren Modellen zunichtemachen.

Die bisher erwähnten globalen Datenbanken zeigen einen signifikanten Fortschritt in den letzten Jahren, der wichtige Parameter global in digitaler Form verfügbar macht. Es mangelt an einigen Stellen an der Durchgängigkeit der Datenverarbeitungsschritte. Mehr und umfassender standardisierte Schnittstellen und Datenmodelle würden hier helfen.

Die Normenreihe IEC 61970 mit dem *Common Information Model (CIM)* bildet für den Datenaustausch bei Übertragung, Verteilung und Erzeugung von Elektroenergie sowie zwischen Handelsplattformen eine Basis, an der noch gearbeitet wird. Insbesondere eine Harmonisierung mit der Norm IEC 61850 würde ein durchgängiges digitales Abbild von der Primärtechnik eines Umspannwerkes über Fernwirk- und Netzleittechnik bis hin zum Strommarkt erlauben. Damit ist aber eine multimodales Energiesystem, über den Strom hinaus, nicht adressiert.

Neben der großräumig verteilten Infrastruktur gilt es auch die Verbraucherseite digital abzubilden. Das *Building Information Modeling (BIM)* ist der Versuch eine Basis für den digitalen Gebäudezwilling, besser die Gebäudezwillinge, für Planung, Bauausführung – auch im Rahmen von Städtebau und Verkehrswegebau – oder das Gebäudemanagement zu legen. Beispielsweise ermöglicht der offene Standard openBIM[32] die Interoperabilität und übergreifende Zusammenarbeit.

Mit diesem Ausblick erfolgt eine Überleitung von der hier vorwiegend datenlogistischen Perspektive in jene der mathematischen Modelle, welche Erstere methodisch fortführen.

[32]Definition siehe Petrie (2020).

Dekarbonisierung durch datenbasierte Optimierung

4

Es ist nicht genug zu wissen – man muss auch anwenden; es ist nicht genug zu wollen – man muss auch tun. [Johann Wolfgang von Goethe]

Zusammenfassung

Die wichtigsten Facetten der Methodik der Digitalen Dekarbonisierung werden in diesem Kapitel dargestellt. Hierbei wird ein praxiserprobter Überblick in die wichtigsten Fragen gegeben, wie energetische Prozesse technologieoffen dekarbonisiert werden können. Nach Klärung der Systeme und ihrer Grenzen, die der Digitalen Dekarbonisierung zugänglich gemacht werden, wird der mathematische Optimierungsansatz mit einem besonderen Fokus auf der Modellierung von CO_2-Emissionen und prinzipiellen Überlegungen zur Dekarbonisierung von Energiesystemen dargestellt. Diese prinzipiellen Überlegungen werden anhand von mehreren Fallbeispielen in Kap. 5 und 6 konkretisiert. Das vierte Buchkapitel gibt darüber hinaus noch einen kurzen Überblick über das typische Vorgehen der Digitalen Dekarbonisierung im Rahmen eines Beratungsprojekts. Zuletzt wird aufgezeigt, mit welchen Schritten ein optimal geplantes Energiesystem auch in die Praxis umgesetzt werden kann.

Dieses Kapitel stellt die Methodik der Digitalen Dekarbonisierung dar. Ziel dieser Darstellung ist ein praxiserprobter Überblick und weniger eine vollständige Abhandlung aller wissenschaftlichen Erkenntnisse. Das Kapitel gliedert sich folgendermaßen: In Abschn. 4.1 wird die mathematische Methode der datenbasierten Optimierung vorgestellt. Hierbei wird ein besonderes Augenmerk auf den Umgang mit CO_2-Emissionen im Kontext von Energiesystemen gelegt. Der Beratungsansatz wird anhand eines

O. D. Doleski et al., *Digitale Dekarbonisierung*,
https://doi.org/10.1007/978-3-658-32934-1_4

typischen Projektablaufs in Abschn. 4.2 dargestellt. Abschn. 4.3 liefert einen ersten Einblick, wie eine optimale Auslegung in einem Beratungsprojekt auch bis zum Betrieb des dekarbonisierten Energiesystems umgesetzt werden kann.

4.1 Einführung in die Modellierungsmethodik

Die kosteneffizienteste Option zur Dekarbonisierung von Energiesystemen lässt sich durch eine Lösung *mathematischer Optimierungsprobleme* ermitteln. Die Gleichungen bzw. Ungleichungen solcher Optimierungsprobleme werden in diesem Kapitel beschrieben und bilden die Struktur der Methode zur Digitalen Dekarbonisierung. Diese Struktur muss dann anwendungsfallspezifisch mit Daten gefüttert werden. Anwendungsbeispiele dieser Methode werden in den beiden nachfolgenden Kap. 5 und 6 gezeigt.

4.1.1 Festlegung des Betrachtungsobjekts

Im Folgenden gilt es zunächst einmal die systemkonstituierenden Elemente für die Betrachtung der Modellierung selbst und dabei in eine ebensolche systemische Sprache einzuführen. Für jeden Anwendungsfall ist es wichtig, sich zunächst Klarheit über den Betrachtungsgegenstand zu verschaffen. Durch die Festlegung der *Systemgrenze* kann klar definiert werden, was Bestandteil der Betrachtung ist und infolgedessen optimiert wird – also beeinflussbar ist – und welche Aspekte außerhalb des Einflussbereiches für die jeweilige Betrachtung liegen.

In diesem Buch werden Anwendungsfälle entsprechend ihrer räumlichen Größe und Stakeholder-Zusammensetzungen in zwei Kategorien unterteilt:

a) Fälle auf der Makroebene, wie z. B. ein Land oder eine Region, und
b) Fälle auf der Mikroebene, wie beispielsweise ein Flughafen oder ein Industriestandort.

Abb. 4.1 stellt die beiden Kategorien illustrativ einander gegenüber. Dabei zeigt die linke Seite (a) Deutschland als ein Beispiel für eine Makrobetrachtung und die rechte Seite (b) vereinfacht einen Flughafen als Beispiel für eine Mikrobetrachtung.

Innerhalb der Systemgrenze liegt hierbei das *Energieversorgungssystem* bestehend aus Anlagen zur Wandlung bzw. Erzeugung, Speicherung und Verteilung von Energieträgern, das im Rahmen der Digitalen Dekarbonisierung optimiert wird.

Jedem System wird unterstellt, einen Zweck zu haben und damit eine Aufgabe zu erfüllen. Die Aufgabe des Energieversorgungssystems, stellvertretend für andere Regionen oder Länder gezeigt am Beispiel von Deutschland, ist die räumlich und zeitlich passende Bereitstellung der notwendigen Energieträger zur Deckung des *Endenergiebedarfs*. Heruntergebrochen auf den konkreten Anwendungsfall bedeutet dies beispielsweise, dass der geforderte Heizwärmebedarf in einem bestimmten Gebäude in Deutschland zu einem definierten Zeitpunkt entsprechend zu decken ist. Hierbei kann die Technologie zur Bereitstellung des Heizwärmebedarfs unter Berücksichtigung der notwendigen Investitionskosten und ggf. weiterer Randbedingungen mittels der Methode zur Digitalen Dekarbonisierung optimal gewählt werden. Der eigentliche Heizwärmebedarf wird bei dieser Betrachtung jedoch als nicht beeinflussbar angenommen. Immerhin hängt dieser stark von den Befindlichkeiten der Bewohner des jeweiligen Gebäudes ab. Demzufolge ist dieser Parameter nicht Gegenstand des Betrachtungsobjekts.

Natürlich können beispielsweise energetische Sanierungen der Gebäudehülle in Modellen abgebildet werden und damit auch Bestandteil des zu optimierenden Systems werden. Diese Verbesserung der Isolation verringert den Endenergiebedarf für die Wärmeversorgung, ändert aber nicht den *Nutzenergiebedarf* für Raumwärme und Warmwasser, die weiter modellexogen bleiben. So muss analog das Energieversorgungssystem des in Abb. 4.1 bereits erwähnten Flughafens den notwendigen Endenergiebedarf des gesamten Objekts bereitstellen, z. B. den Strombedarf für die Beleuchtung. Auch hier kann die Beleuchtung selbst modelltechnisch sowie -ökonomisch abgebildet und als Bestandteil des Systems mit optimiert werden.

Abgesehen von völlig autarken Energiesystemen, wie im Falle von Inseln, die ihren Energiebedarf vollständig durch eigene Quellen decken können, stehen die allermeisten Energiesysteme im Austausch mit ihrer Umgebung und können so *Synergien* mit benachbarten Systemen nutzen. So kann Deutschland beispielsweise Erdgas aus dem Ausland beziehen und Strom mit Nachbarländern austauschen. Ebenso kann der vorgenannte Flughafen z. B. Strom aus dem öffentlichen Stromnetz beziehen.

Erneuerbare oder auch fossile Ressourcen, die in dem jeweiligen Land bzw. an dem jeweiligen Standort vorhanden sind, können zur initialen Erzeugung eines Energieträgers genutzt werden. Die Quellen selbst sind in Abb. 4.1 als *Erzeugungspotenziale* gekennzeichnet. Dies kann z. B. die in der Sonneneinstrahlung enthaltende Strahlungsenergie sein.

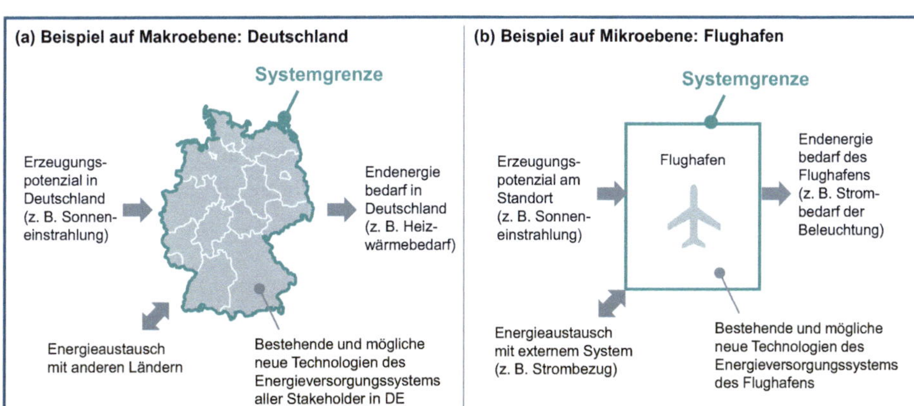

Abb. 4.1 Betrachtungsgegenstand: Systemgrenzen der Optimierung

Abschließend lässt sich durch die Wahl der Systemgrenze folgerichtig das Betrachtungsobjekt selbst definieren und ist so einer Optimierung im Rahmen der Digitalen Dekarbonisierung zugänglich.

4.1.2 Anforderungen an die Optimierungsmethode

Bevor die *Optimierungsmethode* an sich näher dargestellt wird, fasst die folgende Liste die wichtigsten Anforderungen an die Methode dar:

1. **Realitätsnah:** Jedes Modell, jeder *digitale Zwilling*, ist nur eine Abbildung und damit eine Vereinfachung der physikalischen Realität. Um aussagekräftige Ergebnisse zu erzielen, muss das Modell, welches der Optimierungsmethode zugrunde liegt, eine möglichst gute Abbildung der physikalischen Zusammenhänge ermöglichen.
2. **Ganzheitlich:** Alle wesentlichen Aspekte – z. B. in Bezug auf Energieträger bzw. mögliche Technologien – müssen in der Methode Berücksichtigung finden, um nicht a priori nur in einer Teilmenge nach einer optimalen Lösung zu suchen.
3. **Mehrdimensional:** Die Methode muss neben technischen Aspekten, wie z. B. Fragen nach der Versorgungssicherheit, auch ökonomische Aspekte wie Kosteneffizienz und ökologische Aspekte wie CO_2-Neutralität berücksichtigen. Soziale Aspekte, zu denen unter anderem Fragen der Akzeptanz von Technologien zählen, können entweder im Vorhinein als Randbedingung, beispielsweise durch Ausschluss bestimmter Technologien, oder im Nachhinein durch Abänderung der techno-ökonomisch-optimalen Lösung zur Dekarbonisierung eines Energiesystems Berücksichtigung finden.
4. **Multi-Zeitskalen:** Kleine Zeitskalen im Bereich von Minuten bis Stunden müssen berücksichtigt werden um den Betrieb des Energiesystems möglichst gut abzubilden und die Versorgung sicherzustellen, mittlere Zeitskalen (Monate) für saisonale Effekte und größere Zeitskalen (Jahre) um die Transformation der durch Anlageninvestitionen geprägten relativ trägen Energiesystemstrukturen abzubilden.
5. **Lösbar:** Die beste Methode, die alle obigen Kriterien vereint, ist in der Praxis wenig hilfreich, wenn sie nicht in angemessener Zeit lösbar ist. Je nach der Anzahl geforderter Szenarien und Sensitivitätsanalysen sollten sich typische Rechenzeiten im Bereich von „maximal Stunden" auf typischer Computerhardware bewegen.
6. **Optimal:** Die Methode sollte innerhalb gewisser Schranken garantierte Optima liefern und damit schließlich auch reproduzierbare Ergebnisse.

Wie der Liste entnommen werden kann, muss die Methode diverse Aspekte berücksichtigen und dabei einen *Trade-off* im Sinne einer gewissen umgekehrten Proportionalität zwischen einer möglichst guten Beschreibung des Energiesystems und der Lösbarkeit und Optimalität sicherstellen.

4.1.3 Lineare Optimierungsprobleme

Um eine akzeptable Genauigkeit bei der Beschreibung des Energiesystems bei gleichzeitig guter Rechenzeit zu erreichen, werden häufig lineare oder gemischt-ganzzahlig lineare Optimierungsprobleme verwendet. Hierbei können nichtlineare Effekte, die sich z. B. beim instationären Verhalten von Komponenten ergeben, entweder

1. in erster Näherung vernachlässigt,
2. durch Sicherheitsfaktoren eingegrenzt
3. oder sukzessive linearisiert berücksichtigt werden.

Lineare Optimierungsprobleme

Lineare Optimierungsprobleme, auch bekannt als *Linear programming (LP),* bestehen hierbei aus linearen Gleichungen für die Zielfunktion und deren Nebenbedingungen.[1] Weiterhin sind alle im Vektor ($\mathbf{x}$) aggregierten Variablen kontinuierlich. Mathematisch lassen sich derartige Optimierungsprobleme folgendermaßen formulieren:

$$\min_{\mathbf{x}} \mathbf{c}^{\mathrm{T}}\mathbf{x}$$

$$\text{unter } \mathbf{A}\mathbf{x} \leq \mathbf{b}, \qquad \mathbf{x}_{\min} \leq \mathbf{x} \leq \mathbf{x}_{\max}.$$

Hierbei ist $\mathbf{c}^{\mathrm{T}}\mathbf{x}$ die zu minimierende Zielfunktion und $\mathbf{A}\mathbf{x} \leq \mathbf{b}$ sind die Nebenbedingungen, die erfüllt werden müssen. Die Ungleichheitszeichen in der Matrix-Vektor-Notation sind, wie üblich, komponentenweise zu verstehen.

Gemischt-ganzzahlig lineare Optimierungsprobleme

Gemischt-ganzzahlig lineare Optimierungsprobleme, auch Mixed-integer linear programming (MILP) genannt, verwenden zusätzlich zu den kontinuierlichen Variablen ($\mathbf{x}$) ganzzahlige Variablen. Mit dem häufig verwendeten Binärvariablenvektor ($\mathbf{y}$) lassen sich diese wie folgt beschreiben:

$$\min_{\mathbf{x},\mathbf{y}} \left\{\mathbf{c}^{\mathrm{T}}\mathbf{x} + \mathbf{d}^{\mathrm{T}}\mathbf{y}\right\}$$

$$\text{unter } \mathbf{A}\mathbf{x} + \mathbf{E}\mathbf{y} \leq \mathbf{b}, \qquad x_{\min} \leq \mathbf{x} \leq \mathbf{x}_{\max}, \qquad \mathbf{y} \in \{0, 1\}^{n_y}$$

[1]Vgl. Gerdts (2013, S. 42).

Für beide Optimierungsprobleme, sowohl LP als auch MILP, existieren eine Reihe kommerzieller und frei verwendbarer *Solver*[2], die per Standardschnittstelle aufgerufen werden (z. B. über die Parameter $\mathbf{c}$, $\mathbf{d}$, $\mathbf{A}$, $\mathbf{E}$, $\mathbf{x}_{\min}$ und $\mathbf{x}_{\max}$) und die linearen Optimierungsprobleme effizient lösen können.[3]

4.1.4 Methode der Digitalen Dekarbonisierung

Auch der Kern der Methode der Digitalen Dekarbonisierung ist ein Optimierungsproblem. Dieses Optimierungsproblem lässt sich, wie oben dargestellt, durch die Zielfunktion und die Nebenbedingungen bestimmen.

Die Zielfunktion

Im Folgenden soll die *Zielfunktion* zunächst für den vereinfachten Fall formuliert werden, bei dem nur ein repräsentatives Jahr betrachtet wird und dieses dann auf einen längeren Zeitraum extrapoliert wird. Die Verallgemeinerung für eine Optimierung über einen mehrjährigen Zeitraum wird unten diskutiert. Die Zielfunktion lässt sich im vereinfachten Fall wie folgt beschreiben:

$$\min_{\mathbf{x},\mathbf{y}} \left\{ \sum_{k \in K} \left(c_{\mathrm{TOTEX},k}(\mathbf{x},\mathbf{y}) + w_{\mathrm{CO_2}} \cdot c_{\mathrm{CO_2},k}(\mathbf{x},\mathbf{y}) + \ldots \right) \right\}.$$

Hierbei wird die Summe der jährlichen Gesamtsystemkosten und die gewichtete Summe des gesamten jährlichen CO_2-Footprints minimiert. Die Gesamtsystemkosten setzen sich aus den *Gesamtkosten* ($c_{\mathrm{TOTEX},k}$) der Einzelkomponenten (k) zusammen; der gesamte CO_2-Footprint aus den CO_2-Footprints der einzelnen Komponenten ($c_{\mathrm{CO_2},k}$).

Die jährlichen Gesamtkosten einer Komponente sind hierbei die Summe aus auf das Jahr bezogene initiale Investitionskosten ($c_{\mathrm{CAPEX},k}$) und den jährlichen Betriebs- und Wartungskosten ($c_{\mathrm{OPEX},k}$)

$$c_{\mathrm{TOTEX},k}(\mathbf{x},\mathbf{y}) = c_{\mathrm{CAPEX},k}(\mathbf{x},\mathbf{y}) + c_{\mathrm{OPEX},k}(\mathbf{x},\mathbf{y}).$$

Die initialen Investitionskosten ($c_{\mathrm{Invest},k}$) lassen sich mittels der Annuitätenmethode[4] und unter Verwendung des Zinssatzes (r) sowie der Abschreibungsdauer einer Komponente (N_k) auf das Jahr beziehen

---

[2] Unter dem Terminus *Solver* werden in dieser Publikation Programme zur numerischen Lösung von Optimierungsproblemen subsumiert.

[3] Vgl. Meindl und Templ (2012).

[4] Vgl. Crastan (2009, S. 56).

$$c_{\mathrm{CAPEX},k}(\mathbf{x},\mathbf{y}) = AF_k \cdot c_{\mathrm{Invest},k},$$

mit dem Annuitätenfaktor der Komponente (AF_k)

$$AF_k = \frac{r^{N_k} \cdot (r-1)}{r^{N_k} - 1}.$$

Analog kann auch der CO_2-Footprint aus initialen, z. B. die Herstellung, den Bau oder die Inbetriebnahme betreffenden, wie auch den Betrieb betreffenden Anteilen bestehen.

Mit der oben dargestellten vereinfachten Zielfunktion für ein repräsentatives Jahr können sich über mehrere Jahre ändernde Parameter, z. B. die Entwicklung eines Gas- oder Strompreises, nicht abgebildet werden. Außerdem ermöglicht diese vereinfachte Modellierung nur die Optimierung einer initialen Investition in das Energiesystem, betrachtet aber nicht die Transformation des Energiesystems über mehrere Jahre.

Für den verallgemeinerten Fall einer Betrachtung über einen mehrjährigen Zeitraum (Z) kann beispielsweise für die Kostendimension der *Barwert*[5] zu Hilfe gezogen werden. Analog können für weitere Dimensionen der Analyse, z. B. Kohlendioxid, die Emissionen der einzelnen Jahre im einfachsten Fall zum gesamten CO_2-Ausstoß summiert werden. Die Zielfunktion ergibt sich in diesem Fall zu

$$\min_{\mathbf{x},\mathbf{y}} \left\{ \sum_{d \in D} \sum_{k \in K} \sum_{z \in Z} \left(w_d \frac{c_{d,k,z}(\mathbf{x},\mathbf{y})}{(1+r_d)^z} \right) \right\}.$$

Die Dimensionen (D) können z. B. wie oben Kosten und der CO_2-Footprint sein, können aber auch um weitere Emissionen oder den Primärenergieeinsatz ergänzt werden. Im Fall von Kosten entspricht der *Zinssatz* dem echten Zinssatz (r), für eine einfache Summation von CO_2-Emissionen kann ($r_{CO_2} = 0$) gewählt werden. Für die Optimierung von Systemen mit mehreren Stakeholdern vorteilhaft ist die Zuweisung der Komponenten zu einzelnen Stakeholdern. Hierdurch können spezifische Randbedingungen für einzelne Stakeholder, z. B. maximal zulässige Investitionskosten, berücksichtigt werden.

Die Optimierungsvariablen

Bevor die Nebenbedingungen näher dargestellt werden, schauen wir uns zunächst die Optimierungsvariablen an. *Optimierungsvariablen* sind all jene Variablen, die der *Solver* innerhalb bestimmter Schranken frei wählen kann um unter Einhaltung der Nebenbedingungen die Zielfunktion möglichst gut zu erfüllen.

Für die Methode der Digitalen Dekarbonisierung lassen sich die Optimierungsvariablen in die folgenden vier Kategorien einteilen:

[5]Vgl. ebd. (2009, S. 54).

1. **Auswahl von Komponenten:** Angabe, ob eine Komponente Bestandteil des Systems sein sollte oder nicht;
2. **Dimensionierung von Komponenten:** Die nominelle Leistung oder Kapazität einer Komponente;
3. **Diskrete Betriebszustände:** z. B. der An/Aus-Zustand einer Komponente;
4. **Kontinuierliche Betriebszustände:** z. B. der Ladezustand oder Leistungen an Eingängen oder Ausgängen der Komponente.

Um diese vier vorgenannten Kategorien an Optimierungsvariablen inhaltlich leichter erfassen zu können, wird an dieser Stelle auf Abb. 4.2 verwiesen.

In Abb. 4.2 ist ein allgemeines multi-modales Energiesystem schematisch dargestellt. Der Modus in „multi-modal" bezieht sich hierbei auf die Energieform bzw. den Energieträger. Das Energiesystem in der Abb. 4.2 besteht hierbei aus **e** Energieträgern. Ein *Energieträger* kann beispielsweise Strom sein. Verschiedene Komponenten können jeden dieser Energieträger erzeugen oder verbrauchen. Die Komponenten können sich hierbei an verschiedenen *Knoten* befinden. Knoten sind hierbei Punkte im Raum. Innerhalb der Knoten werden Verluste und Beschränkungen für Energietransportprozesse ignoriert. Im Beispiel befinden sich **n** Knoten. Die Komponenten können in verschiedenen Abstraktionsniveaus dargestellt werden. Einerseits könnten in dieser Abbildung bereits sehr spezifisch konkrete, in der Realität verfügbare Komponenten eingezeichnet werden – dies wäre somit eine sehr spezifische Abbildung. Andererseits könnten die Komponenten auch sehr generisch aus einer Masterkomponente abgebildet werden. Abb. 4.2 versucht hier einen Mittelweg und teilt Komponenten in folgende allgemeine Klassen ein:

- **Quellen:** Einspeisung von Energie über die Systemgrenze in das Betrachtungsobjekt (z. B. eine Gasversorgung);
- **Senken:** Bezug von Energie über die Systemgrenze aus dem Betrachtungsobjekt (z. B. eine Heizwärmelast);

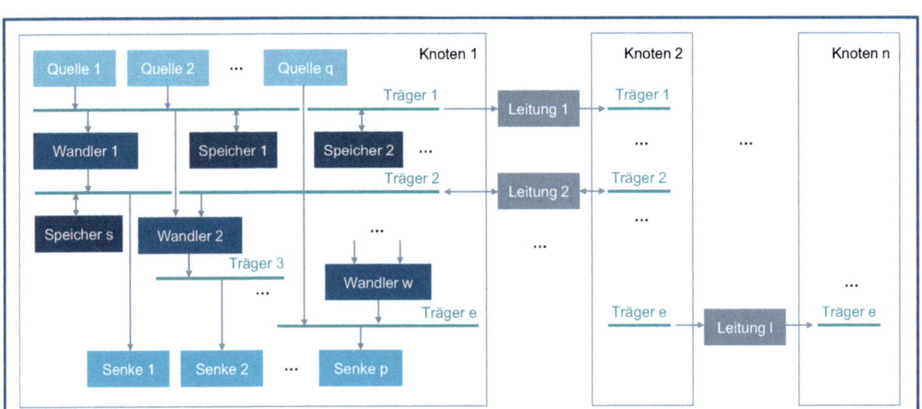

Abb. 4.2 Generisches multimodales Energiesystemmodell: Adaptives Energiesystemmodell

- **Wandler**: Energieumwandlungseinheiten, die eine oder mehrere Energieträger in eine oder mehrere andere Energieträger umwandeln können (z. B. eine Wärmepumpe);
- **Speicher**: Energiespeicher, die einen Energieträger zwischenspeichern können und so Bedarf und Erzeugung eines Energieträgers zeitlich entkoppeln können (z. B. ein Batteriespeicher);
- **Leitungen:** Energietransportleitungen zwischen zwei Knoten in Form eines Energieträgers, unidirektional oder bidirektional (z. B. eine Stromleitung).

Zum besseren Verständnis ist in Abb. 4.3 das Energiesystem eines Einfamilienhauses mit Garage als Zweiknotensystem vereinfacht dargestellt. Hierbei deckt dieses System den Energiebedarf aus den *Quellen* Strombezug und der Photovoltaikanlage. Das Einfamilienhaus hat hierbei folgende *Senken:* eine Stromeinspeisung zurück ins öffentliche Netz der Versorgung sowie die Energiebedarfe für Strom, Heizwärme und Warmwasser. Um dies abzubilden, werden die Energieträger Strom, Heizwärme und Warmwasser definiert. Hierbei ist nur der Energieträger Strom für den zweiten Knoten, die Garage, relevant. Für die Garage ist die Senke der Ladebedarf des Elektroautos. Das Energiesystem verfügt weiter über einen *Wandler:* Eine Wärmepumpe kann aus Strom und Umweltwärme, die an dieser Stelle allerdings nicht dargestellt ist, Heizwärme und Warmwasser erzeugen. Zudem sind zwei *Speicher* vorhanden: eine Batterie und ein Warmwasserspeicher. Die beiden Knoten Einfamilienhaus und Garage sind über eine *Leitung,* genauer mit einem Stromkabel miteinander verbunden. Da ein bidirektionales Laden des Elektroautos hier ausgeschlossen wurde, konnte das Stromkabel unidirektional modelliert werden.

Das zuvor in Abb. 4.2 schematisch dargestellte allgemeine multi-modale Energiesystem kann für die Methode der Digitalen Dekarbonisierung zur Abbildung einer Superstruktur verwendet werden. Eine *Superstruktur* besteht hierbei aus allen möglichen *Optionen* für das Energiesystem und stellt somit für den Optimierer einen *Lösungsraum*

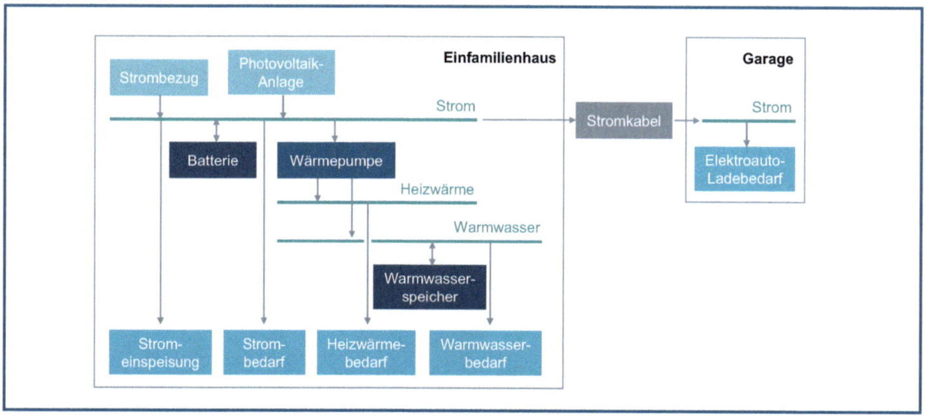

Abb. 4.3 Anwendung des generischen Energiesystemmodells auf das einfache Beispiel eines Einfamilienhauses mit Garage: Eingängliches Trivialbeispiel

dar. In dieser Superstruktur können sowohl bereits bestehende Komponenten enthalten sein, aber auch zukünftige Ausbauoptionen. Eine möglichst großzügige Wahl der Ausbauoptionen garantiert hierbei die *Technologieoffenheit* der Digitalen Dekarbonisierung: d. h. konkret, dass der objektiven mathematischen Optimierung alle physikalisch zulässigen Auswahlmöglichkeiten angeboten werden. Bei dieser Herangehensweise spricht man auch von Superstruktur-basierten Energiesystemdesign-Optimierungen.[6]

Durch die Darstellungen in Abb. 4.2 und 4.3 werden nun auch die verschiedenen Kategorien an Optimierungsvariablen besser verständlich. Der Optimierer erhält die Möglichkeit die am besten aus der Superstruktur geeigneten Komponenten auszuwählen, diese zu dimensionieren und optimal zu betreiben.

Die Nebenbedingungen

Durch die Zielfunktion ist klar, in welcher Art und Weise eine Optimalität erreicht werden kann. So kann beispielsweise ein System aus möglichst günstigen und CO_2-armen Komponenten aufgebaut werden. Hierbei sind dem Optimierer aber Randbedingungen – alternativ wird in diesem Kontext im Schrifttum auch von Nebenbedingungen gesprochen – gesetzt. Diese *Nebenbedingungen* müssen hierbei unter anderem sowohl möglichst gut das physikalische Verhalten der einzelnen Komponenten abbilden, als auch ökonomische und ökologische Aspekte modellieren.

Die Nebenbedingungen lassen sich in folgende *drei Kategorien* einteilen:

1. Betreffen eine einzelne Komponente;
2. Koppeln mehrere Komponenten;
3. Betreffen das Gesamtsystem.

Eine vollständige Abhandlung aller Nebenbedingungen zur Beschreibung des Energiesystems kann hier nicht ausgeführt werden. In Abschn. 4.1.6 wird daher auf weiterführende Literatur verwiesen. Im Folgenden werden für alle drei Kategorien jeweils eine Nebenbedingung exemplarisch beschrieben und diskutiert.

Fall (1): Im ersten Fall einer einzelnen Komponente sind Nebenbedingungen relevant, die das Verhalten dieser Komponente näher beschreiben. Dies kann beispielsweise eine Speichergleichung für eine Energiespeicherkomponente sein:

$$\frac{E_{k,t+1} - E_{k,t}}{\Delta t} = \eta_{\mathrm{ch},k,t} \cdot P_{\mathrm{ch},k,t} - \frac{P_{\mathrm{dch},k,t}}{\eta_{\mathrm{dch},k,t}} - l_{k,t} \cdot E_{k,t}.$$

Die Änderung des Ladezustands (E_k) über den Zeitraum (Δt) ist gekennzeichnet durch die zugeführte Ladeleistung ($P_{\mathrm{ch},k,t}$) multipliziert mit einem Ladewirkungsgrad ($\eta_{\mathrm{ch},k,t}$)

[6]Vgl. Yokoyama et al. (2002).

minus der betragsmäßig abgeführten Entladeleistung ($P_{\mathrm{dch},k,t}$) geteilt durch den Entladewirkungsgrad ($\eta_{\mathrm{dch},k,t}$) und der spezifischen Entladerate ($l_{k,t}$).

Diese Gleichung ist für ein diskretes Zeitintervall (Δt) beschrieben. Die Autoren haben die Erfahrung gemacht, dass an die Energiewirtschaft angelehnte Zeitintervalle von 15 min oder einer Stunde für die Modellierung von netzgebundenen Energiesystemen adäquat sind. Autarke Energiesysteme oder Energiesysteme, bei denen die Zuverlässigkeit und Versorgungssicherheit eine besondere Rolle spielen, müssen die Zeit entweder feiner auflösen oder benötigen weitergehende Modelle zur Sicherstellung der Versorgungssicherheit. Man beachte, dass diese spezielle Nebenbedingung zudem eine Kopplung der Zeitschritte bedingt.

Fall (2): Mehrere Komponenten sind unter anderem durch die Energieträger miteinander gekoppelt. So gilt für jeden Energieträger an jedem Knoten und zu jedem Zeitpunkt (t) eine Leistungsbilanzerhaltung:

$$\sum_{k\in K}\sum_{o\in O_k}\left(\beta_{e,k,o}P_{\mathrm{out},k,o,t}\right)=\sum_{k\in K}\sum_{i\in I_k}\left(\alpha_{e,k,i}P_{\mathrm{in},k,i,t}\right).$$

Jede Komponente (k) kann O_k Ausgänge und I_k Eingänge haben. $\beta_{e,k,o}$ ist 1, wenn der jeweilige Ausgang (o) einer Komponente (k) an den Energieträger (e) angeschlossen ist; wenn nicht, ist $\beta_{e,k,o}$ gleich 0. Analog ist $\alpha_{e,k,i}=1$, wenn der Eingang (i) an den Energieträger (e) angeschlossen ist.

Zur Erhöhung der numerischen Stabilität des Optimierungsproblems und zur Vermeidung nichterfüllbarer Nebenbedingungen kann eine fiktive Senke zur Abfuhr von Energie aus der Bilanz eines Energieträgers ergänzt werden. Diese fiktive Senke kann, falls notwendig, mit zusätzlichen Kostenparametern belegt werden, damit diese nicht zur Minimierung der Zielfunktion verwendet wird, sondern nur zur Einhaltung der Randbedingungen.

Fall (3): Die Nebenbedingungen können auch das *Gesamtsystem* betreffen. Beispielsweise kann der gesamte CO_2-Footprint in einem Jahr (z) beschränkt werden:

$$\sum_{k\in K}\left(c_{\mathrm{CO}_2,z}(\mathbf{x},\mathbf{y})\right)\leq c_{\mathrm{CO}_2,z,\max}$$

Eine solche Nebenbedingung hat weitreichende Folgen für das Energiesystemmodell. Verfügt das Energiesystemmodell beispielsweise nicht über genügend Ausbaumöglichkeiten für CO_2-neutrale Energiequellen oder ist auf andere Weise nicht technologieoffen abgebildet, so kann diese Nebenbedingung das Optimierungsproblem soweit einschränken, dass es keine gültige Lösung mehr gibt. Angenommen, es wurden dem Optimierer genügend *Freiheitsgrade,* d. h. Ausbauoptionen gelassen, wird diese Nebenbedingung mit einer reinen Kostenoptimierung (d. h. $w_{\mathrm{CO}_2}=0$ in der Zielfunktion) kombiniert, so liefert die Methode der Digitalen Dekarbonisierung die kosteneffektivste Lösung zur Erreichung des geforderten CO_2-Footprints ($c_{\mathrm{CO}_2,z,\max}$); es sei denn, der kostenoptimale CO_2-Footprint ist bereits kleiner als diese Grenze.

Auf die Modellierung von CO_2-Emissionen und weitere prinzipielle Überlegungen zur Dekarbonisierung von Energiesystemen wird unten weiter eingegangen.

In diesem Abschnitt wurden die Zielfunktion, die Optimierungsvariablen sowie die Nebenbedingungen kurz diskutiert. Hiermit ist der Kern der Methode der Digitalen Dekarbonisierung mathematisch beschrieben. Kommen wir nun zum Abgleich mit den an die Methode gestellten Anforderungen zu Beginn dieses Kapitels zurück.

1. **Realitätsnah:** Wie in weitergehender Literatur dargestellt wird, können mittels gemischt-ganzzahlig linearer Optimierungsprobleme diverse physikalische Zusammenhänge adäquat abgebildet werden (vgl. beispielsweise Teillastwirkungsgrade).[7]
2. **Ganzheitlich:** Die Methode ermöglicht die Betrachtung beliebiger multi-modaler Energiesysteme.
3. **Mehrdimensional:** Die vorgestellte Methode kann sowohl Kosten als auch CO_2-Emissionen, aber auch diverse weitere Entscheidungsgrößen berücksichtigen.
4. **Multi-Zeitskalen:** Saisonale Effekte können durch die Betrachtung eines ganzen Jahres bzw. ausgewählter (repräsentativer) Zeitabschnitte eines Jahres abgebildet werden.[8] Die Methode ist darüber hinaus geeignet, auch einen Zeitraum mehrerer Jahre in akzeptabler Rechenzeit zu betrachten. Der Betrieb eines Energiesystems wird durch Zeitschritte von 15 min bis zu einer Stunde energiewirtschaftlich korrekt abgebildet. Für Systeme, die eine besondere Anforderung an Versorgungssicherheit haben, können die Modelle um spezifische Abbildungen der Versorgungssicherheit ergänzt werden.[9]
5. **Lösbar:** Aus Erfahrung der Autoren sind die linearen Optimierungsprobleme sehr gut lösbar; die gemischt-ganzzahlig linearen Optimierungsprobleme lassen sich in der Regel gut lösen.
6. **Optimal:** Die Lösung eines linearen Optimierungsproblems ist, bezogen auf das Modell, garantiert optimal. Für gemischt-ganzzahlig lineare Optimierungsprobleme lassen sich Schranken berechnen.[10]

Im Fazit zeigt sich also, dass die dargestellte Methode der Digitalen Dekarbonisierung alle Anforderungen gut bis sehr gut erfüllt und somit als geeignet für die kosteneffektive datengetriebene Dekarbonisierung von Energiesystemen angesehen werden kann.

---

[7] Vgl. Thiem et al. (2017).

[8] Vgl. Fazlollahi et al. (2014).

[9] Vgl. Pecenak et al. (2020).

[10] Vgl. Gurobi (2020).

4.1.5 Zugrunde liegende Annahmen und Grenzen der Methode

Der Methode liegen aber auf der anderen Seite auch eine Reihe von Annahmen zugrunde. Diese Annahmen sind in der Regel Vereinfachungen, die auch die Grenzen der Methode widerspiegeln.[11]

1. **Zeitdiskret:** Energiesysteme werden nur innerhalb einer bestimmten zeitlichen Auflösung betrachtet, z. B. 15 min oder eine Stunde. Hierdurch kann es unter anderem zu Mittelungseffekten kommen, sodass beispielsweise kleinere Lasten als real vorhanden suggeriert werden und auch die Anforderung an Trägheit bzw. Speicherkapazität kleiner eingeschätzt wird.
2. **Quasistationäre Modelle:** Die Methode bedient sich *quasistationärer Modelle,* d. h. die einzelnen Zeitschritte sind z. B. mit der oben vorgestellten Speichergleichung miteinander gekoppelt aber für sich betrachtet stationär (also in einem eingeschwungenen Zustand). Damit werden instationäre Effekte, mit anderen Worten dynamische Effekte beim Übergang zwischen zwei Zuständen nicht abgebildet. Das heißt konkret, dass z. B. das Anfahrverhalten einer Anlage nur vereinfacht abgebildet werden kann und instationäre Effekte mithilfe von Parametern vereinfacht berücksichtigt werden müssen (z. B. Startkosten).
3. **Repräsentative Jahre:** Die Berechnungen beziehen sich auf repräsentative Jahre, die in der Vergangenheit aufgetreten sind oder hieraus in die Zukunft extrapoliert wurden. Die für die Anlage relevanten nächsten 20 Jahre können sich aber signifikant anders darstellen (beispielsweise Sonneneinstrahlung niedriger als erwartet).
4. **Gemeinsames Gesamtoptimum:** Die Methode findet für das gesamte System innerhalb der Systemgrenzen ein Gesamtoptimum. Insbesondere bei der makroökonomischen Betrachtung in Kap. 5 können konträre Individualinteressen oder regulatorische Rahmenbedingungen eine Umsetzung des gemeinsamen Gesamtoptimums verhindern.
5. **Perfekte Voraussicht:** Bei der hier vorgestellten Methode verfügt der Optimierer über eine perfekte Voraussicht auf die nächsten Stunden und die nächsten Jahre. Dementsprechend kann das System auch besser als in der Realität betrieben werden. Da die Speichergleichung eine der Zeitschritt-koppelnden Nebenbedingungen ist, kann diese perfekte Voraussicht z. B. durch Angabe eines periodischen Speicherfüllstands teilweise vermieden werden.
6. **Deterministische Randbedingungen:** Für jede Berechnung sind die Randbedingungen, z. B. Bedarfszeitreihen, deterministisch vorgegeben.

[11] Vgl. Thiem (2017, S. 24).

7. **Unelastische Randbedingungen**: Die Randbedingungen sind hierbei auch unelastisch formuliert. Beispielsweise werden bei der Anwendung auf mikroökonomischer Ebene in Kap. 6 ökonomische Randbedingungen, wie beispielsweise Börsenstrompreise, als fest von außen vorgegeben angenommen. Das Verhalten innerhalb des Systems hat somit also keinen Einfluss auf seine Umgebung außerhalb der Systemgrenzen. Dies gilt jedoch nur innerhalb gewisser Größentoleranzen.
8. **Prognostizierte Randbedingungen:** Die Berechnungen beruhen auf prognostizierten Randbedingungen für die Zukunft, z. B. Prognosen für die Entwicklung von Batteriepreisen. Durch Sensitivitätsanalysen kann aber eine robuste Investitionsentscheidung für die Zukunft abgeleitet werden.

Der Leser und Anwender sollte sich der Grenzen der Methode somit immer bewusst sein. Die Aussagen der Methode können daher auch immer nur innerhalb dieser Grenzen getroffen werden. Wie unter Punkt (8) der vorangehenden Aufzählung angedeutet, können aber Sensitivitätsanalysen eine Robustifizierung der abgeleiteten Aussagen trotz unbekannter zukünftiger Entwicklungen ermöglichen.

4.1.6 Weiterführende Aspekte und Literaturverweise

Dieser Abschnitt hat einen prägnanten Überblick über die wichtigsten Aspekte der Methode der Digitalen Dekarbonisierung gegeben. Diese allgemeine Methode lässt sich um verschiedene Aspekte ergänzen, die je nach Betrachtungsobjekt von Relevanz sein können. Im Folgenden sind hier zwei besondere Aspekte dargestellt:

Die eigentliche Aufgabe eines Energiesystems ist durch die möglichst kosteneffiziente und im Zuge der Dekarbonisierung auch möglichst kohlenstoffarme Energieversorgung des Energiebedarfs beschrieben. Die Deckung des Energiebedarfs gelingt nur, wenn auch eine sehr gute *Versorgungssicherheit* gewährleistet ist. Wie im vorherigen Abschnitt unter Annahmen und Grenzen der Methode dargestellt, vereinfachen die zeitdiskreten und quasi-stationären Modelle die Realität. Eine Möglichkeit zur Sicherstellung von Versorgungssicherheit in der Methode besteht z. B. darin, neben den Leistungsbilanzgleichungen an jedem Knotenpunkt und für jede Energieform und jeden Zeitschritt auch eine Reservebilanzgleichung mitzurechnen. In dieser wird eine gewisse Reserve zur Deckung der für diesen Zeitschritt vorhandenen Lasten gefordert, auch, um Schwankungen in der Erzeugung aus erneuerbaren Energien auszugleichen oder den Ausfall einer öffentlichen Versorgung oder einer eigenen Erzeugungsanlage zu tolerieren.

Um den Betrieb besser abzubilden und damit auch die zu erwartenden CO_2-Emissionen sowie Kosten genauer zu berechnen, kann eine an die Optimierung des Energiesystemdesigns anschließende *Simulation* basierend auf der konkreten Energiesystemtopologie unter Einbeziehung von Vorhersage- und Modellunsicherheiten Abhilfe schaffen.

Weiterführende Aspekte sowie eine vollständige mathematische Beschreibung der Methode der Digitalen Dekarbonisierung finden sich beispielsweise in den Dissertationen von Voll, Dorfner und Thiem.[12]

4.1.7 Umsetzung

Damit die Methode auch Anwendung in der Praxis finden kann, muss sie in Form von *Softwaretools* umgesetzt werden, um sie so Energiesystemdesignberatern wie Praktikern zugänglich zu machen. Hierbei hat sich die Modellierung in einer algebraischen Programmiersprache wie beispielsweise GAMS[13], AMPL[14] sowie diversen Python-Tools[15] als vorteilhaft erwiesen. Für die Autoren hat sich das Framework AutoLP als besonders nützlich erwiesen. AutoLP kann aus der AMPL-Beschreibung eines Optimierungsproblems automatisiert C#, C++ oder Python-Code generieren. Hierbei lässt sich in dem AMPL-Code direkt auf C#, C++ oder Python Objekte verweisen. Der autogenerierte Code enthält hoch-performante Methoden zum Bau des Optimierungsproblems sowie die Anbindung an verschiedene Solver. Neben dem Framework AutoLP wurden einige der in diesem Buch vorgestellten Fallstudien mithilfe der algebraischen Modellierungssprache GAMS durchgeführt.

4.1.8 Fokus: Modellierung von CO_2-Emissionen und prinzipielle Überlegungen zur Dekarbonisierung von Energiesystemen

Zum Abschluss dieses Abschnitts werden Besonderheiten zum Umgang mit CO_2-Emissionen sowie prinzipielle Überlegungen zur Dekarbonisierung von Energiesystemen dargestellt.

Um eine vollständige Kohlendioxidbilanzierung eines Energiesystems vornehmen zu können und diese auch dem Optimierer zugänglich zu machen, muss Kohlendioxid an allen Stellen, an denen es erzeugt, verbraucht oder über die Systemgrenze ausgetauscht wird, berücksichtigt werden. Hierbei werden die folgenden Arten von CO_2-Emissionen unterschieden:

1. **Systeminterne operative CO_2-Emissionen:** Sind die operativen CO_2-Emissionen positiv, entsprechen diese dem allseits bekannten CO_2-Ausstoß eines Verbrennungsprozesses beispielsweise in einem Kraftwerk zur Erzeugung von Strom. Hierbei findet die CO_2-Emission durch eine Anlage innerhalb der Systemgrenzen statt.

---

[12] Vgl. Voll (2013), Dorfner (2016) und Thiem (2017).

[13] Vgl. GAMS (2019).

[14] Vgl. Fourer (2003).

[15] Vgl. Hart et al. (2011).

Kohlendioxid kann aber auch verbraucht werden; nicht nur durch die Fotosynthese von Pflanzen, sondern auch in Power-to-Gas-Anlagen. In Projekten zur Digitalen Dekarbonisierung müssen die je Betriebszustand und Leistung anfallenden CO_2-Emissionen je Anlage hinterlegt werden.

2. **Systeminterne infrastrukturgebundene CO_2-Emissionen:** Eine Anlage kann aber nicht nur im Betrieb Kohlendioxid ausstoßen, sondern auch während der Herstellung, des Zusammenbaus, der Inbetriebnahme und des Rückbaus, bei Recycling und Verschrottung können CO_2-Emissionen anfallen. Auch diese müssen in der Digitalen Dekarbonisierung für jeden Anlagenneubau größenspezifisch hinterlegt werden.
3. **Systemexterne operative wie infrastrukturgebundene CO_2-Emissionen:** Durch die ersteren beiden können alle systeminternen CO_2-Emissionen bilanziert werden. Steht ein System aber auch im Austausch mit seiner Umgebung, z. B. dadurch, dass es Strom aus dem öffentlichen Netz der Versorgung bezieht, so müssen auch die vorangegangenen CO_2-Emissionen dieses Stroms bei Eintritt in das System bilanziert werden. Für den Erzeugungsmix sind hier die CO_2-Emissionen aus der Herstellung der Anlagen, deren Inbetriebnahme und späterem Rückbau sowie externe operative CO_2-Emissionen z. B. aus der Verbrennung in einem Kraftwerk zu berücksichtigen. In der Digitalen Dekarbonisierung müssen somit alle Energieströme über die Systemgrenzen hinweg CO_2-Emissionsfaktoren zugewiesen werden.

Dem Optimierer müssen bei der Digitalen Dekarbonisierung alle diese CO_2-Emissionen bekannt sein, um diese berücksichtigen zu können und ein möglichst kosteneffektives kohlendioxidarmes Energiesystem bestimmen zu können. Hierbei kann nun über verschiedene Wege vorgegangen werden.

Sensitivitätsanalyse

Eine Möglichkeit zur Digitalen Dekarbonisierung ist eine *Sensitivitätsanalyse* für verschiedene CO_2-Preise, wie sie in Abb. 4.4 illustriert wird. In dieser Abbildung sind die Gesamtkosten dargestellt, die sich bei Einsatz einer bestimmten Technologie bei einem bestimmten CO_2-Preis ergeben. Ausgehend von einem heutigen CO_2-Preis (x) wird eine heutzutage wirtschaftlich sinnvolle Technologie 1 (Bestand; Punkt A) ab einem CO_2-Preis (y) nicht mehr die beste Wahl sein (Punkt B). Wie schematisch dargestellt lohnt sich zwischen dem CO_2-Preis (y) und (z) eine Übergangstechnologie 2 (bis Punkt C). Ab einem CO_2-Preis (z) ist eine Technologie 3, hier eine CO_2-neutrale Technologie, die kostenoptimale Wahl.

Dekarbonisierungspfad

Alternativ zur CO_2-Preis-Sensitivitätsanalyse kann auch ein *Dekarbonisierungspfad* berechnet werden. Dieser ist ebenfalls in Abb. 4.4 eingezeichnet. Bei einem festgehaltenen CO_2-Preis (x) kann ermittelt werden, zu welchen Mehrkosten ein Energiesystem dekarbonisiert werden kann (Übergang von Punkt A zu Punkt D). Hierbei werden entlang des Pfades verschiedene Technologien zum Einsatz kommen. Schlussendlich wird

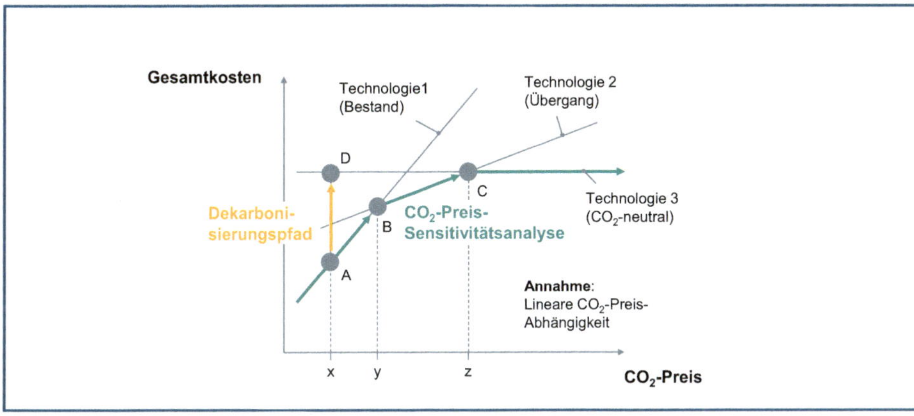

Abb. 4.4 CO_2-Preis-Sensitivität vs. Dekarbonisierungspfade (2D)

in dieser vereinfachten Darstellung aber auch auf die CO_2-neutrale Technologie 3 gesetzt (Punkt D). Um mit der Methode der Digitalen Dekarbonisierung den Dekarbonisierungspfad zu berechnen, kann beispielsweise eine reine Kostenoptimierung ($w_{CO_2} = 0$) durchgeführt werden, wobei aber die maximalen CO_2-Emissionen ($c_{CO_2,z,max}$) schrittweise von dem CO_2-Footprint im Ausgangszustand (Punkt A) auf Null reduziert werden.

Transformationspfad

Beide Varianten, die CO_2-Preis-Sensitivitätsanalyse wie auch der Dekarbonisierungspfad, sind hilfreiche Instrumente zur Analyse des Lösungsraums bei der Digitalen Dekarbonisierung, sie entsprechen aber nicht der Realität. Die zweidimensionale Darstellung der Abb. 4.4 muss um eine dritte, zusätzliche Dimension, die Zeit, ergänzt werden, so wie dies Abb. 4.5 wiedergibt. In dieser Abbildung sind die Gesamtkosten unter Verwendung einer bestimmten Technologie bei einem bestimmten CO_2-Preis über der Zeit – hier exemplarisch vom Jahr 2020 zum Jahr 2050 – dargestellt. Hier kann nun Szenario-basiert für verschiedene CO_2-Preis-Entwicklungen und/oder regulatorisch vorgegebene CO_2-Einsparziele ein optimaler *Transformationspfad* für ein Energiesystem berechnet werden. Dieser geht entlang der neuen Punkte A, zu B und dann zu Punkt C. In der 3D-Grafik wird vereinfacht von konstanten Kostenparametern – bis auf den variablen CO_2-Preis – ausgegangen. Dies entspricht sicherlich nicht der Realität, denn auch die Randbedingungen werden sich im Laufe der Zeit verändern. So werden die Preise verschiedener Energieträger, wie aber auch die Investitionskosten für verschiedene Technologien nicht konstant über die Zeitschiene auf dem Eingangslevel verharren. Die Methode der Digitalen Dekarbonisierung bietet hier das Werkzeug zur robusten Investitionsplanung. Mithilfe mehrjähriger Optimierungsprobleme können diverse *Szenarien* abgebildet, berechnet und bewertet werden, sodass sich die optimale Transformation des Energiesystems bestimmen lässt.

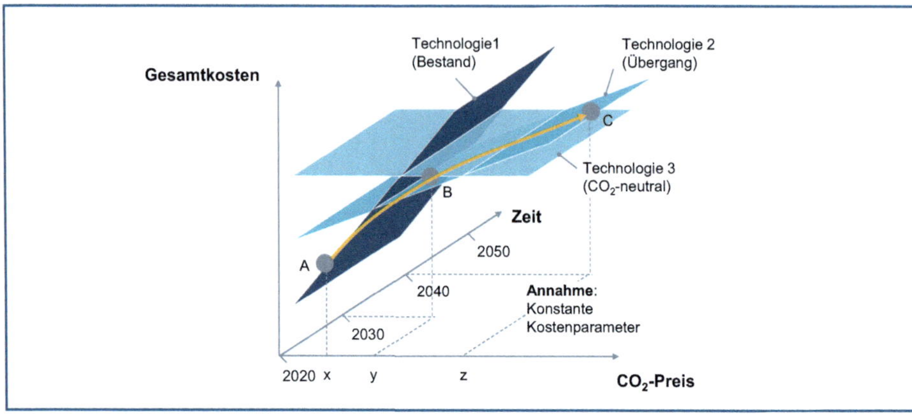

Abb. 4.5 CO_2-Preis getriebene Systemtransformation über der Zeit (3D)

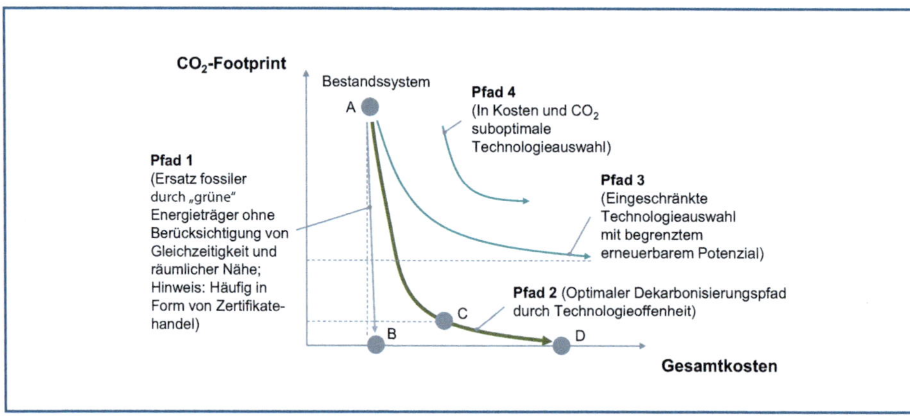

Abb. 4.6 Suboptimale Lösungsräume: Bedeutung von Technologieoffenheit

Abschließend ist in Abb. 4.6 das sich abzeichnende Verhalten bei der Dekarbonisierung eines Energiesystems prinzipiell und vereinfacht dargestellt. Hierbei ist der CO_2-Footprint über den *Gesamtkosten* abgebildet. Das Bestandssystem wird hier[16] als kostenoptimal ausgelegt und als betrieben angenommen und befindet sich in Punkt A. Im Folgenden ist anhand von vier Pfaden die Transformation eines Energiesystems schematisch dargestellt. Die veränderliche Größe für diese vier Pfade ist die *Technologieauswahl,* die der Methode der Digitalen Dekarbonisierung zur Verfügung gestellt wird.

[16]Die kostenoptimale Auslegung und Betrieb eines bestehenden Energiesystems sind in der Realität häufig nicht gegeben; aber das ist eine andere Geschichte.

Pareto-Optimum

Nachfolgend und in Abschn. 6.2.2 beziehen sich die Autoren auf das Kriterium der Pareto-Optimalität. Unter einem *Pareto-Optimum* wird regelmäßig ein optimaler oder Pareto-effizienter Zustand verstanden, bei dem es nicht möglich ist, diesen zu verbessern, ohne dabei gleichzeitig einen andern Zielzustand oder eine andere Eigenschaft zu verschlechtern. Anders ausgedrückt definiert das Pareto-Optimum eine Situation, „in der es nicht möglich ist, die Wohlfahrt eines Individuums durch eine Re-Allokation der Ressourcen zu erhöhen, ohne gleichzeitig die eines anderen Individuums zu verringern“.[17]

Allgemein kann davon ausgegangen werden[18], dass unter heutigen Randbedingungen ein Zielkonflikt zwischen möglichst geringen CO_2-Emissionen und möglichst geringen Gesamtkosten besteht. Es ergeben sich somit mehrere *Pareto-optimale* Pfade. Zudem lassen sich die steigenden Grenzkosten einer fortschreitenden Dekarbonisierung außer in Pfad 1 gut erkennen:

- **Pfad 1:** Bei diesem Pfad werden fossile durch „grüne“ Energieträger ersetzt, ohne dass die Gleichzeitigkeit oder räumliche Nähe berücksichtigt wird. Hierdurch kann das Bestandssystem aus Punkt A ohne große Mehrkosten in das System in Punkt B dekarbonisiert werden. Dies ist eine heute in Form von *Zertifikatehandel* in der Industrie eine gerne durchgeführte Praxis. Beispielsweise wird hier auf „Grünstrom“ gesetzt, der aber nur bilanziell innerhalb eines Jahres an irgendeinem Ort, beispielsweise mit PV-Anlagen, erzeugt wurde. Die Deckung von Lasten in der Nacht ist hierbei technisch nicht gegeben. Durch Berücksichtigung von Gleichzeitigkeit und räumlicher Nähe sowie bei steigender Nachfrage in den nächsten Jahren wird diese Option nicht nachhaltig wirtschaftlich sein.
- **Pfad 2:** Dies ist der optimale technisch wie wirtschaftlich nachhaltige Dekarbonisierungspfad, der nur durch *Technologieoffenheit* erreicht wird (vgl. auch die Pfade 3 und 4). Durch die Methode der Digitalen Dekarbonisierung können aus einer größtmöglichen Bandbreite an möglichen Technologien die attraktivsten Technologien zur Dekarbonisierung ausgewählt werden. Das Energiesystem kann so aus Punkt A in einen Punkt C wechseln, bei dem der CO_2-Footprint unter (geringen) Mehrkosten deutlich kleiner ist. Die letzten Prozent einer Dekarbonisierung sind in der Regel die teuersten. So können statt der deutlichen Mehrkosten von Punkt C zu Punkt D ggf. auch Ausgleichsmaßnahmen wie Aufforsten techno-ökonomisch optimal sein.
- **Pfad 3:** In Pfad 3 steht der Methode der Digitalen Dekarbonisierung eine eingeschränkte Technologieauswahl mit insbesondere begrenztem erneuerbaren Erzeugungspotenzial zur Verfügung. Der Verlauf des Pfades ist somit asymptotisch und innerhalb des Lösungsraumes wird der Optimierer keine CO_2-neutrale Lösung

---

[17] Gabler (2020).

[18] Würde ein Energiesystem mit geringsten CO_2-Emissionen heutzutage auch bereits das kostengünstigste sein, wäre die Dekarbonisierung bereits erledigt.

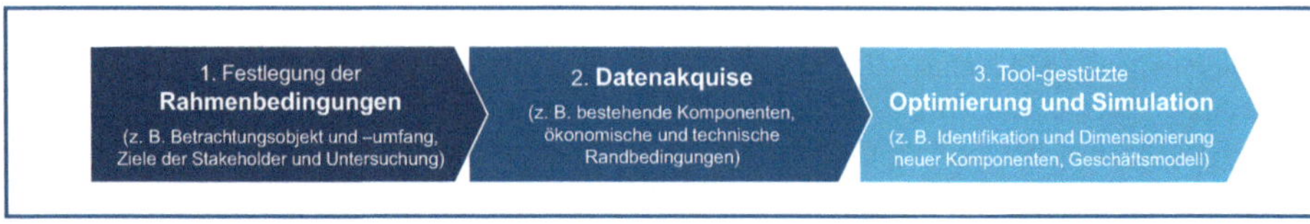

Abb. 4.7 Ablauf eines Beratungsprojekts

finden. Weitere Technologien sowie der Ausbau erneuerbarer Energien an einem weiteren Standort sowie auch die für Pfad 2 bereits erwähnten Ausgleichsmaßnahmen können aber auch dieses Energiesystem vollständig dekarbonisieren.
- **Pfad 4:** Ähnlich wie Pfad 3 wurde auch hier eine suboptimale Technologieauswahl getroffen. Die Technologieoptionen wurden aber so weit eingeschränkt, dass der Pfad weder Kosten- noch Kohlendioxid-optimal ist.

4.2 Digitale Dekarbonisierung im Rahmen eines Analyse- und Beratungsprojekts

Damit die theoretische Methode der Digitalen Dekarbonisierung auch ihre Wirkung entfalten kann, muss sie angewendet werden. Dies kann beispielsweise in Form eines Analyse- und Beratungsprojekts erfolgen. Ein solches *Beratungsprojekt* kann auf makroökonomischer Ebene, z. B. für Länder, oder auf mikroökonomischer Ebene, z. B. für einzelne Industrieunternehmen, erfolgen. Praxisbeispiele für solche Beratungsprojekte finden sich in Kap. 5 und 6.

Anstatt eines vom Auftraggeber bezahlten Beratungsprojekts, kann diese Dienstleistung auch von einem Technologielieferanten als *Consultative-Selling-Ansatz*[19] angeboten werden. Als dritte Option bietet sich eine Optimierung des Systems aus eigenem Interesse im Rahmen eines *Energy-as-a-Service-Vertrags* an.

Abb. 4.7 zeigt sehr vereinfacht den typischen Ablauf eines Beratungsprojekts. Nach der erfolgreichen Akquise eines solchen Projekts werden im ersten Schritt die Rahmenbedingungen festgelegt. Hierbei werden insbesondere das Betrachtungsobjekt und der Betrachtungsumfang bestimmt. Der Betrachtungsumfang ist unter anderem durch die Anzahl an Szenarien und Sensitivitätsanalysen gekennzeichnet. Zudem werden die Ziele der einzelnen Stakeholder sowie des Beratungsprojekts festgehalten.

Nach dem Festlegen der Randbedingungen kann im zweiten Schritt die *Datenakquise,* hier im Sinne von Datenermittlung oder Datenaufnahme zu verstehen, beginnen. Nach

[19]Unter *Consultative Selling* wird eine Variante des Verkaufs verstanden, bei der die beratende Funktion im Falle erklärungsbedürftiger Produkte und komplexen Leistungen einen tatsächlichen Mehrwert liefert.

Abschluss der Datenakquise müssen alle Eingangsdaten für die Energiesystemdesignrechnungen bereitliegen. Diese Eingangsdaten beinhalten sowohl eine Auflistung bestehender Komponenten als auch ökonomischer und technischer Randbedingungen, ggf. auch prognostiziert in die Zukunft. Die folgende Checkliste verschafft einen ersten Überblick über die typischerweise benötigten Daten:

- **Bestehende Anlagenkonfiguration:**
  - Liste aller bestehenden Anlagen und der bestehenden Energieversorgungsinfrastruktur inkl. deren nomineller Leistungen sowie weiterer ökonomischer und technischer Parameter (beispielsweise Datenblätter)
  - Übersichtsschaltbild der bestehenden Anlagenkonfiguration (beispielsweise ein *Single Line Diagram* für die elektrische Energieversorgung)
- **Szenarien, Sensitivitätsanalysen und wirtschaftliche Kerngrößen:**
  - Liste und Beschreibung der zu untersuchenden Szenarien sowie deren Zielstellungen
  - Liste der zu betrachtenden Sensitivitätsanalysen
  - Gewichtete durchschnittliche Kapitalkosten (WACC bzw. Zinssatz) für Investitionen sowie ggf. deren Entwicklungen
  - CO_2-Preis sowie dessen Entwicklung
- **Klimadaten:**
  - Profile der Außentemperatur sowie ggf. andere relevante klimatische Einflussgrößen
- **Erneuerbare Erzeugung:**
  - Maximal mögliche Erzeugung aus erneuerbaren Energiequellen (Spitzenleistung je erneuerbarer Energiequelle)
  - Spezifische erneuerbare Erzeugungskurven je erneuerbare Energiequelle
- **Bedarfsprofile:**
  - In sich und zu den Klimadaten und erneuerbaren Erzeugungsprofilen konsistente Zeitreihen für die im Modell unelastischen Endenergiebedarfe
- **Energieträger im Austausch mit der Umgebung:**
  - Liste aller Energieträger, die vom System bezogen oder zurückgespeist werden können
  - Maximale Leistungen dieser Energieträger, ggf. maximale jährliche Mengen, sowie Angaben über Preise, ökologische Footprints und ggf. weitere technische Rahmenbedingungen
- **Technologieoptionen:**
  - Liste aller möglichen Technologieoptionen für das System sowie die Abstimmung ökonomischer und technischer Parameter und deren Entwicklung in den nächsten Jahren
- **Regulatorische Rahmenbedingungen:**
  - Liste und Randbedingungen möglicher Förderungen
  - Liste und Randbedingungen regulatorischer Einschränkungen

Für eine schnelle Analyse eines Energiesystems müssen für manche Eingangsdaten plausible Annahmen getroffen werden oder Analogieschlüsse aus vergleichbaren Fällen gezogen werden. Im Rahmen eines umfangreichen Beratungsprojektes sollten allerdings alle Daten qualitativ möglichst hochwertig vorliegen. Der Leser beachte, dass die Qualität und damit Aussagekraft eines Ergebnisses der Digitalen Dekarbonisierung nur so gut sein kann wie auch die Qualität der Eingangsdaten.

Für die beiden ersten Schritte ist Aufwand auf beiden Seiten notwendig, auf Seiten des Auftraggebers wie auch auf Seiten des begleitenden Beraters. Im dritten Schritt können all diese Daten in einer toolgestützten Optimierung und Simulation verwendet werden, um die optimale Systemkonfiguration sowie den optimalen Transformationspfad zu bestimmen und diesen zu robustifizieren.

Wie in diesem Abschnitt dargestellt, erfordert ein Beratungsprojekt auf beiden Seiten zwar einiges an Aufwand, insbesondere für die Datenakquise. Allerdings zeigen die Erfahrungen der Autoren, dass sich der Aufwand für ein Beratungsprojekt innerhalb weniger als einem Jahr auszahlen kann und ein für zukünftige Entwicklungen deutlich besseres Energiesystem bereitgestellt wird.

4.3 Von der Energiesystemdesign-Beratung zum optimierten Betrieb

Ein Beratungsprojekt zur Dekarbonisierung kann den optimalen *Transformationspfad* für ein Energiesystem aufzeigen, muss anschließend aber auch umgesetzt werden, und das Energiesystem muss dann auch entsprechend betrieben werden.

Abb. 4.8 zeigt, in welchen Schritten das optimal ausgelegte Energiesystem in die Praxis umgesetzt wird. Zu Beginn, wie auch fortlaufend, steht die konzeptionelle Planung an. Diese kann im Rahmen eines Beratungsprojekts der Digitalen Dekarbonisierung

Abb. 4.8 Von der Planung, über die Umsetzung zum Betrieb: erfolgskritisch und herausfordernd zugleich

erfolgen. Das konzeptionelle Planungsergebnis muss dann im Rahmen einer Detailplanung unter Berücksichtigung detaillierter Informationen über die lokalen Begebenheiten in konkrete Komponenten sowie Infrastrukturänderungen umgesetzt werden. Dieser Detailplan wird dann mithilfe einer Ausführungsplanung auf die darauf anschließende Ausführung bzw. Implementierung vorbereitet. Schließlich folgt, dies auch womöglich wiederkehrend, die Inbetriebnahme des geänderten Systems. Anschließend befindet sich das System in der Betriebsphase. In der Betriebsphase können Energiemanagementsysteme (intelligente Regler beispielsweise aus modellprädiktiven Regelungen) das Optimum aus dem Energiesystem herausholen.

Wie in Abb. 4.8 dargestellt, ist der Einfluss von Fehlern in der frühen Konzeptphase am größten. Vice versa liegen hier aber auch die am wenigsten genauen Daten vor. Die Komplexität ist hingegen aber gut beherrschbar durch Digitalisierung, durchgehende Modelle, regelmäßiges Feedback aus dem Betrieb zurück in die Planung, sowie fortlaufender Robustifizierung im Rahmen von Sensitivitätsanalysen. Dies alles spricht für eine Digitale Dekarbonisierung im Rahmen eines Beratungsprojektes.

Makrobetrachtung inklusive Anwendungsfälle **5**

Backcasts are not intended to indicate what the future will likely be, but to indicate the relative implications of different political goals. [John Bridger Robinson]

Zusammenfassung

Zu Beginn der Energiewende zeigte sich der Fortschritt im Wesentlichen durch die technologische Optimierung der Stromerzeugung aus erneuerbaren Ressourcen und deren steigendem Anteil an der Gesamtstromproduktion. Die Maßnahmen hatten sich allein auf den Stromsektor konzentriert. Heute wird für die Dekarbonisierung in Ländern wie Deutschland, die diesen Weg schon seit Längerem eingeschlagen haben, klar, dass weitere Fortschritte allein im Stromsektor nur zu stark steigenden Kosten zu realisieren sind. Aus diesem Grund sind in den letzten Jahren zu Recht die übrigen Energiesektoren in den Fokus geraten. Für Länder wie beispielsweise Deutschland sind hier allen voran der Wärme- und Verkehrssektor relevant; unter anderen klimatischen und geographischen Randbedingungen sind Sektoren wie Wasserentsalzung oder Kühlung zu nennen. Nach einer kompakten Auflistung der entscheidenden methodischen Aspekte der Makromodellierung zeigt dieses Kapitel die Rolle der Sektorkopplung zur Erreichung der Klimaziele am Beispiel Deutschland auf. Hierfür werden insbesondere die Konsequenzen einer Elektrifizierung des Wärmesektors und der Elektromobilität auf den Stromsektor abgeleitet. Die Ergebnisse der Makromodellierung werden sodann kritisch diskutiert und bewertet. Auch wenn Deutschland ein lehrreiches Fallbeispiel für die Möglichkeiten der Digitalen Dekarbonisierung liefert, wollen die Autoren im Folgenden gleichwohl sich der weltweiten Sicht annähern. Hierzu diskutieren sie Energiesysteme mit differierenden Randbedingungen und die Möglichkeiten von Archetypen.

O. D. Doleski et al., *Digitale Dekarbonisierung*,
https://doi.org/10.1007/978-3-658-32934-1_5

Zu Beginn der Energiewende zeigte sich überall auf der Welt der Fortschritt im Wesentlichen durch die technologische Optimierung der Stromerzeugung aus erneuerbaren Ressourcen und deren steigendem Anteil an der Gesamtstromproduktion. Die Maßnahmen hatten sich zunächst allein auf den Stromsektor konzentriert.

Heute wird für die Dekarbonisierung in Ländern wie z. B. Deutschland, die diesen Weg schon seit Längerem eingeschlagen haben, klar, dass weitere Fortschritte allein im Stromsektor nur zu stark steigenden Kosten zu realisieren sind. Aus diesem Grund sind in den letzten Jahren zu Recht die übrigen Energiesektoren vermehrt in den Fokus geraten. Für Länder wie beispielsweise Deutschland sind hier allen voran der Wärme- und Verkehrssektor relevant; unter anderen klimatischen und geographischen Randbedingungen sind Sektoren wie Wasserentsalzung oder Kühlung zu nennen.

Die oft relativ hohen Wirkungsgrade und Automatisierungen von elektrifizierten Sektoren machen eine Sektorkopplung interessant. Wie im Abschn. 2.3.3 bereits ausgeführt, meint *Sektorkopplung* hier insbesondere die Kopplung der beiden Sektoren Wärme- bzw. Kälteversorgung und Verkehr mit dem Stromsektor. Spätestens bei der optimalen Ausgestaltung der *Sektorenintegration* dominieren systemische Fragestellungen, so dass der Makromodellierung eine wichtige Rolle zukommt.

Ein aktuelles Beispiel[1] behandelt hier die „Farbe" des Wasserstoffes, d. h. seine verfahrenstechnische Herkunft.

Farbenlehre des Wasserstoffs

Obwohl es sich bei Wasserstoff um ein farbloses Gas handelt, trägt es je nach Ursprung im Produktionsprozess unterschiedliche Farbbezeichnungen:

Grüner Wasserstoff. *Grüner Wasserstoff* wird elektrolytisch aus Wasser produziert, wobei der für die Elektrolyse erforderliche Strom ausschließlich aus erneuerbaren Energien stammt. Da der erforderliche Strom aus erneuerbaren Quellen stammt, erfolgt – unabhängig von der gewählten Elektrolysetechnologie – die Wasserstoffproduktion entsprechend CO_2-frei.

Grauer Wasserstoff. *Grauer Wasserstoff* wird aus fossilen Brennstoffen gewonnen. Bei der sogenannten Dampfreformierung wird Erdgas unter Hitze in Wasserstoff und Kohlendioxid umgewandelt. In der Regel wird das in diesem Verfahren anfallende Kohlendioxid anschließend ungenutzt in die Atmosphäre abgegeben. Grauer Wasserstoff trägt im Gegensatz zu seinem grünen Pendant somit direkt zum globalen Treibhauseffekt bei.

Blauer Wasserstoff. *Blauer Wasserstoff* ist grauer Wasserstoff, dessen Kohlendioxid allerdings bei der Entstehung abgeschieden und gespeichert wird. Mit diesem auch als *Carbon Capture and Storage (CCS)* oder *Carbon Capture and Utilization (CCU)* bezeichneten Verfahren gelangt somit das bei der Wasserstoffproduktion erzeugte Kohlendioxid nicht in die Atmosphäre.[2] Damit wird blauer Wasserstoff bilanziell als CO_2-neutral betrachtet. In der Praxis hat kein technischer Prozess

[1] Vgl. Piantieri et al. (2020).

[2] Siehe dazu nochmals die Ausführungen in Abschn. 1.4.1.

einen perfekten Wirkungsgrad. Entsprechend verbleibt bei der Abscheidung natürlich immer eine Restmenge Kohlendioxid.

Türkiser Wasserstoff. *Türkiser Wasserstoff* ist schließlich Wasserstoff, der über *Methanpyrolyse,* also der thermischen Spaltung von *Methan* hergestellt wurde. Anstelle des gasförmigen Kohlendioxids entsteht fester Kohlenstoff. Voraussetzungen für die bilanzielle CO_2-Neutralität dieses Verfahrens sind einerseits die Wärmeversorgung des Hochtemperaturreaktors aus erneuerbaren Energiequellen und andererseits die dauerhafte Bindung des anfallenden Kohlenstoffs.[3] Das Verfahren wurde bereits im Labor nachgewiesen. Für eine praktische, großtechnische Implementierung ist noch einiger Entwicklungsaufwand erforderlich.

Violetter Wasserstoff. Violetter Wasserstoff wird, wie der grüne Wasserstoff, elektrolytisch aus Wasser produziert. Der Strombedarf für die Elektrolyse stammt aus Kernkraftwerken.[4] Da die Erzeugung von Atomstrom nicht mit CO_2-Emissionen verbunden ist, wird violetter Wasserstoff als CO_2-neutral gewertet und in einzelnen Ländern aufgrund vorhandener Kraftwerksparks derzeit in Betracht gezogen. Hinsichtlich einer Diskussion der Vorteile und Nachteile der Kernenergie verweisen wir auf das einschlägige Schrifttum.

Die zukünftige Rolle von *Wasserstoff* bei der Dekarbonisierung bzw. in unseren Energiesystemen wird aktuell heftig und kontrovers in der Öffentlichkeit diskutiert. In dieser Diskussion spielen Hoffnungen auf zukunftssichere Arbeitsplätze und nachhaltige Geschäftsmodelle eine große Rolle. Damit einhergehend sind Partikularinteressen und politische Einflussnahmen, wobei die Transparenz auf der Strecke bleiben kann. Genau hier kann Makromodellierung helfen, die wesentlichen Hebel zu identifizieren, sowie eine Projektion von häufig in Szenarien formulierten Annahmen auf eine mögliche Zukunft zu leisten. Die Ergebnisse der Makromodellierung können uns ohne Frage nicht sagen, wie die Zukunft sein wird. Sie bieten aber eine transparente und konsistente Basis für politische und wirtschaftlich Entscheidungen, indem sie die Konsequenzen langfristiger politischer Ziele auf das Heute und die nahe Zukunft aufzeigen.[5] Die Entscheidung können uns die Algorithmen und Modelle jedoch nicht abnehmen.

In diesem fünften Kapitel wenden sich die Autoren den grundsätzlichen Makroaspekten der Digitalen Dekarbonisierung zu. Nach einer kompakten Auflistung der entscheidenden methodischen Aspekte der Makromodellierung im konstitutiven Abschn. 5.1 beschreibt am Beispiel Deutschland Abschn. 5.2 die herausragende Rolle der Sektorkopplung bei der Erreichung der Klimaziele. Hierfür werden insbesondere die Konsequenzen einer umfassenden Elektrifizierung des Wärmesektors und des Zuwachses der Elektromobilität auf den Stromsektor abgeleitet. Die Ergebnisse der Makromodellierung werden sodann kritisch diskutiert und bewertet. Auch wenn Deutschland aufgrund seiner langjährigen Erfahrungen im relevanten Umfeld ein lehrreiches

[3]Vgl. BMBF (2020b).

[4]Vgl. Bothe (2020).

[5]Vgl. Robinson (1982).

Fallbeispiel für die Möglichkeiten der Digitalen Dekarbonisierung liefert, erweitern die Autoren dieses Beispiel im Abschn. 5.3 schließlich um eine weltweite Perspektive. Hierzu diskutieren sie Energiesysteme mit differierenden Randbedingungen an den Beispielen Mittlerer Osten, Südafrika und Malaysia. Der Abschn. 5.3 schließt mit einer Betrachtung, wie sich Ähnlichkeiten zwischen Energiesystemen zu hilfreichen Archetypen abstrahieren lassen.

5.1 Entscheidende Aspekte der Makromodellierung

In diesem Abschnitt werden für die Makromodellierung wichtigen Aspekte der Modellierung aus Kap. 4 aufgegriffen und entsprechend in den Kontext eingeordnet.

5.1.1 Klimaziele und Technologieneutralität

Der hier verfolgte Ansatz ist modellbasiert und wählt einen Gesamtkosten-minimalen Energiemix unter Einhaltung von Randbedingungen hinsichtlich Klimagasemissionen, Versorgungssicherheit und Verfügbarkeit der betrachteten Technologien.

Ziele hinsichtlich einer Reduktion der Treibhausgase können nun, wie methodisch in Kap. 4 beschrieben, durch geeignete Einschränkung des Suchraumes oder auch durch Modellierung von mit der Emission verbundenen Kosten Berücksichtigung finden. Im Sinne der mathematischen Optimierung lassen sich beide Formulierungen ineinander überführen.[6] In der Praxis kann es auch Sinn ergeben, eine Mischform beider Herangehensweisen zu wählen, beispielsweise durch Annahme minimaler Kosten für die Freisetzung einer Tonne CO_2-Äquivalent in Kombination mit einem Emissionsdeckel pro Jahr oder auch eines Budgets für mehrere Jahre.

Die Technologiewahl soll – wie bereits im Abschn. 1.4 angedeutet – möglichst *technologieoffen* nach dem Zieldreieck der Energiewirtschaft erfolgen, d. h. nach ihrem Beitrag zu Wirtschaftlichkeit, Nachhaltigkeit und Versorgungssicherheit, wobei die Gesamtkosten als Zielfunktion und die beiden übrigen Ziele als Randbedingung gewählt werden. Hierfür ist es wesentlich, dass der zulässige Lösungsraum nicht unnötig beschränkt wird, z. B. weil techno-ökonomisch zulässige Maßnahmen vorzeitig ausgeschlossen werden, da diese politisch nicht opportun scheinen.

Wesentlich bei einer kostenminimierenden Technologiewahl sind die angenommenen Investitions- und Betriebskosten, wobei sich mit einer *Defossilisierung*[7] das Gewicht hin

[6] Vgl. Gabriel (2013).

[7] Der in diesem Buch Verwendung findende Begriff der Dekarbonisierung ist, wie in Abschn. 1.3 bereits erläutert wurde, im Kontext z. B. der Prozessindustrie oder Power-to-Fuel-Anwendungen sachlich unscharf bis irreführend. Vielfach ist die vollständige Vermeidung von Kohlenstoff technisch weder möglich noch gewollt. Tatsächlich verfolgen die Akteure eine nachhaltige

zu den Investitions- bzw. Kapitalkosten verschiebt. In Energiesystemen, die stark vom Import fossiler Brennstoffe abhängen, sind der dominierende Kostenbestandteil zweifelsohne die Brennstoffkosten. Im Gegensatz dazu ist in Strukturen mit einem hohen Anteil von Erneuerbaren die Bedeutung der variablen Kostenbestandteile seit Jahren zwar abnehmend, wohingegen Investitionen in die Erzeugungstechnologie und vor allem auch in Energiespeicher bzw. Stromspeicher perspektivisch eine weiterhin hohe Relevanz haben werden. Infolgedessen, und da hier langfristige Entwicklungen der Energiesysteme von Interesse sind, muss insbesondere eine mögliche Kostendegression bei Erzeugungstechnologien und Speichern entsprechend ihres perspektivisch wachsenden Anteils berücksichtigt werden.

5.1.2 Migrationspfade und Betrachtungshorizont

Zur Identifizierung von Maßnahmen, die zur Erfüllung der Ziele des Übereinkommens von Paris hinreichend sind, ist die Berechnung eines *Pfades,* ausgehend vom aktuellen Energiemix bzw. der existierenden Infrastruktur hin zu einem zukünftigen Energiemix, hilfreich. Üblicherweise betrachtet man das Jahr 2050 als Zieljahr und eine maximal zulässige Restmenge emittierbarer Klimagase in Kombination mit einer maximal zulässigen Emissionsmenge für einzelne Jahre. Eine maximale Temperaturerhöhung im Vergleich zur vorindustriellen Zeit, also beispielsweise um 2 oder 1,5 Gard Celsius, wird nicht direkt in das Modell integriert, sondern modellexogen in Klimagasemissionen umgerechnet um die Emissionsziele dann als Randbedingung zu berücksichtigen.[8]

Für eine *Makrobetrachtung* ist es für Regionen mit einer größeren Kraftwerksflotte sinnvoll, nicht einzelne Anlagen zu modellieren, sondern über die Flotte der Anlagen einer Technologie zu *aggregieren.* Dies reduziert die Freiheitsgrade des linearen Optimierungsproblems erheblich. Des Weiteren kann für eine Flotte von Anlagen in guter Näherung angenommen werden, dass der aggregierte Arbeitspunkt der Anlagen kontinuierlich bis zum Anlagenstillstand variiert werden kann. Damit kann ein kontinuierliches Optimierungsproblem gelöst werden ohne diskrete An-Aus-Entscheidungen, was zu einer erheblichen Reduktion der Rechenkomplexität führt.

Die Abbildung der Investitions- und Kapitalkosten über die Jahre bis zur Zielerreichung ist für die Ableitung von Dekarbonisierungsstrategien auch deshalb entscheidend, da Energiesysteme, die auf erneuerbaren Ressourcen basieren, weniger von den variablen Kostenanteilen als von den Investitionskosten bestimmt werden. Das

Reduktion von Emissionen aus der Verbrennung fossiler Energieträger. Insofern wäre „Defossilisierung“ die fachlich geeignetere Bezeichnung. Mit der durchgehenden Verwendung des Terminus „Dekarbonisierung“ folgen die Autoren in diesem Buch jedoch der im Schrifttum und in Fachdiskussionen gebräuchlichen, weiten Begriffsverwendung von Dekarbonisierung.

[8] Siehe dazu nochmals die Ausführungen des Kap. 4.

gilt insbesondere für Solar- und Windkraft, aber auch für stationäre Batteriespeicher und batterieelektrische Fahrzeuge.

Ein rein kostenminimierendes Systemmodell wird mit Investitionen verbundene Maßnahmen so weit wie möglich in die Zukunft verschieben, wenn die anteiligen jährlichen Kosten für zukünftige Jahre diskontiert werden. Hier zeigt sich ein wesentlicher Unterschied zur Betrachtung eines über die Jahre stationären Energiesystems – ohne Transformationsprozess – mit Annuitäten für Investitionen. Die Modellierung einer Migration hin zur Zielerreichung ist deshalb mit noch größerer Sorgfalt durchzuführen als reine Zieljahrbetrachtungen.

Weniger aufwendig als die Berechnung eines optimalen Pfades ist ein stationäres Szenario für ein Zieljahr, beispielsweise 2050. Hierzu müssen nur der wirtschaftliche Betrieb eines Jahres und die stationären Kapazitäten berechnet werden. Die resultierenden Investitionskosten werden über Annuitäten für das betrachtete Jahr berücksichtigt. Diese Herangehensweise ist dann gerechtfertigt, wenn davon ausgegangen werden kann, dass heutige Anlagen und die Infrastruktur im Zieljahr keine Rolle mehr spielen, z. B. da ihre Lebensdauer überschritten ist.

5.1.3 Versorgungssicherheit

Mit zunehmender Dekarbonisierung steigt der Anteil erneuerbarer Stromquellen und die Versorgung der übrigen Energiesektoren mit „grünem" Strom. Der Vollständigkeit halber sei an dieser Stelle Solarthermie und Geothermie als gewisse Ausnahme hinsichtlich des Trends der fortschreitenden Elektrifizierung im thermischen Verbrauchssektor genannt. Beides sind jedoch eher Nischenthemen, die dennoch im Einzelfall eine wichtige Rolle spielen können.

Diese zunehmende Abhängigkeit der Energiesysteme von der Stromerzeugung aus erneuerbaren Ressourcen bedingt, dass es zur Sicherstellung der *Versorgungssicherheit* nicht ausreicht, den Energiemix mittels Jahresenergiemengen und Spitzenlast abzubilden. Diese in der Vergangenheit häufig ausreichende Methodik stößt heutzutage mehr und mehr an ihre Grenzen und muss daher revidiert werden. Hintergrund ist, dass die dominierende Nutzung erneuerbarer Ressourcen volatile, schwierig steuerbare Stromerzeugungsprofile zur Folge hat und Strom vornehmlich mittels teurer elektrischer Energiespeichersysteme oder mit hohen Verlusten gespeichert werden muss. Vereinfacht und erneut für das deutsche Beispiel ausgedrückt fehlt im Vergleich zu den „Vorenergiewendezeiten" heute mithin eine Flotte von Reservekraftwerken, die bei *Spitzenlast* einspringen könnten.

Für die Systemauslegung bedeutet dies, dass mindestens mit stündlicher Auflösung analysiert werden muss, wie auch in extremen Wetter- und Verbrauchssituationen eine gesicherte Energieversorgung erreicht werden kann. „Gesicherte Versorgung" bedeutet im Übrigen nicht mehr allein Verfügbarkeit von Strom, sondern vielmehr auch Wärme bzw. Kälte bis hin zu Mobilität, oder gar Trinkwasser.

In der Regel nutzen wir *historische Zeitreihen* wie z. B. Wetterdaten mit Windgeschwindigkeiten, solare Einstrahlung, Niederschläge und Temperatur als Grundlage für die Ableitung von Einspeise- und Verbrauchsprofilen. Wichtig ist hier zu berücksichtigen, dass in der Regel Versorgungssicherheit auch für seltene Ereignisse gelten soll, wie beispielsweise bei einer zweiwöchigen *„Dunkelflaute“*, also einer Wettersituation, in der nur mit marginaler Stromproduktion aus Solar- und Windkraftanlagen gerechnet werden kann. Neben den historischen Profilen gilt es deshalb das Energiesystem auch für extreme Stunden auszulegen, bei denen die regulären Energiespeicher leergefahren und beispielsweise Solar- und Windstrom nicht verfügbar sind.

Solange die Energiesysteme aufgrund rechtlicher Vorgaben noch nicht vollständig ohne Klimagasemissionen auskommen müssen, sind mit Erdgas betriebene Kraftwerke aus Gesamtkostensicht eine attraktive Übergangsoption, um volatile Einspeisung aus erneuerbaren Quellen auszugleichen. In den letzten Jahren hat sich allerdings gezeigt, dass entsprechende Investitionen insbesondere im deutschen Strommarkt ausblieben. Einen Beitrag zu dieser Situation liefert sicher die Risikobewertung auf Seiten der Investoren: Wenn sich eine Investition in ein Spitzenlastkraftwerk alleine über den am Strommarkt erzielbaren *Arbeitspreis* (EUR/MWh) amortisieren muss, ist die Statistik der Strompreisspitzen entscheidend. Es ist meist nicht ausreichend, die Anzahl der Stunden mit Strompreisen über einem Schwellwert zu kennen, vielmehr muss darüber hinaus auch eine Abschätzung bzgl. der Zeitpunkte mit Preisspitzen gemacht werden, um diese mit der Kraftwerksverfügbarkeit zu gewichten. Durch die hier auftretenden Unsicherheiten, insbesondere für die langen Abschreibungszeiten von Kraftwerken, erscheint das Risiko möglichen Investoren häufig als zu hoch.

Erschwerend kommt für einen langfristigen Umbaupfad die Frage nach *Stranded investments* oder *Stranded assets* hinzu: Wie in Abschn. 2.1.2 bereits dargestellt, läuft mitunter ein ökonomisch sinnvolles Investment unter den heute absehbaren Randbedingungen – wie der Bau einer hocheffizienten Kraft-Wärme-Kopplungsanlage zum Ersatz eines Kohlekraftwerks mit Fernwärmeauskopplung – Gefahr, durch zukünftige regulatorische Änderungen unwirtschaftlich zu werden. Was den Anteil an steuerbarer Erzeugung in zukünftigen Energiesystemen weiter reduziert und zu Problemen bei der Versorgungssicherheit führen kann.

Ein lineares, gemischt-ganzzahliges Programm, das die Gesamtkosten minimiert – wie in Kap. 4 zuvor beschrieben –, kann die oben erwähnten mikroökonomischen Effekte nicht abbilden. Es kann allerdings techno-ökonomisch sinnvolle Lösungsoptionen zur Sicherstellung von Wirtschaftlichkeit, Nachhaltigkeit und Versorgungssicherheit aufzeigen – und nicht zuletzt die Robustheit der Optionen hinsichtlich Unsicherheiten abklopfen.

5.2 Die Rolle der Sektorkopplung zur Erreichung der Klimaziele in Deutschland

Wie kann nun ein *Entwicklungspfad* für das deutsche Energiesystem aussehen, der den Ausstoß von energiebedingten Klimagasen bis 2050 um 85 % oder 95 % gegenüber 1990 reduziert? Energiebedingte CO_2-Emissionen sind nicht allein auf die Stromerzeugung zurückzuführen, sondern auch auf die Bereitstellung von Raumwärme und Warmwasser

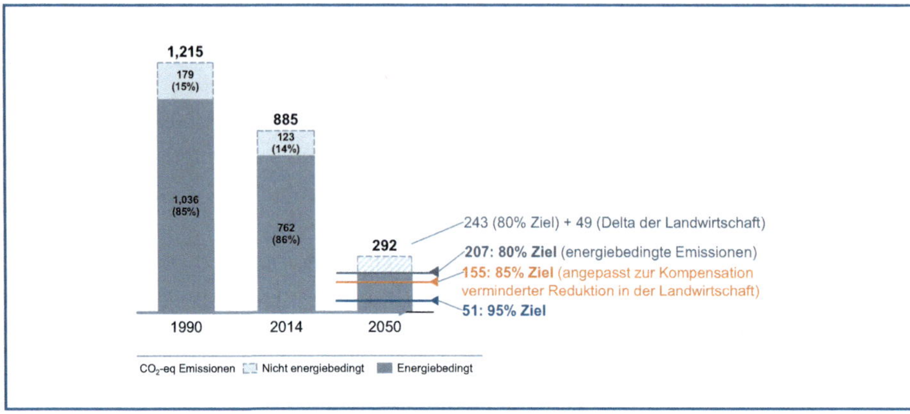

Abb. 5.1 Reduktionsziele für die deutschen Klimagasemissionen in Megatonnen CO_2-Äquivalente

sowie von Prozesswärme in der Industrie. Des Weiteren zählt hier auch der Beitrag des Personen- und Güterverkehrs, wie auch in den Jahresbilanzen der „Arbeitsgemeinschaft Energiebilanzen" dargestellt.[9]

In Abb. 5.1 sind in der rechten Säule die Reduktionsziele von 85 % bzw. 95 % bezogen auf das Jahr 2050 dargestellt. Die hier gewählten Reduktionsziele sind auch dadurch motiviert, dass die nichtenergiebedingten Emissionen zum Teil, beispielsweise in der Landwirtschaft, nicht vermeidbar sind.[10]

Im Folgenden wird eine Fallstudie der Digitalen Dekarbonisierung für die oben genannten Klimaziele dargestellt.[11] Zunächst werden wir den betrachteten Szenariorahmen und interessante Sensitivitäten vorstellen. Dann geben wir eine Übersicht der identifizierten Hebel für eine kostenminimierende Dekarbonisierung. Im Anschluss daran werden die Ergebnisse jeweils für den Stromsektor, den Wärmesektor und den Verkehrssektor im Einzelnen vorgestellt, um mit einer Diskussion und Bewertung zu schließen.

5.2.1 Szenariorahmen und Sensitivitäten

Es gilt hier zunächst keine Vorhersage für die Entwicklung des deutschen Energiesystems bis 2050 zu wagen. Auch ist es keineswegs der Anspruch dieses Abschnitts, eine Vorhersage in der abgeschwächten Version von mehreren Szenarien zu tätigen, d. h. für

[9]Vgl. Maaßen (2020).

[10]Vgl. Pfluger et al. (2017).

[11]Für eine detaillierte Darstellung siehe Müller et al. (2019).

mit großer Unsicherheit behaftete Parameter unterschiedliche Annahmen zu treffen und für die resultierenden Szenarien Modellrechnungen durchzuführen.

Wir verfolgen an dieser Stelle in gewisser Weise eine „Rückschau", indem wir annehmen, dass die Reduktionsziele für die Klimagasemissionen bis 2050 eingehalten werden, sodass die Vorgaben der deutschen Politik im Jahr 2050 erfüllt worden sind.

Es stellt sich sodann die Frage, wie dieses Ziel mit minimalen Kosten für das Gesamtsystem und mit maximaler Versorgungssicherheit zu erreichen ist. In dieser Lesart nutzen wir ein Energiesystemmodell nicht, um abzuleiten, wie die Zukunft (wahrscheinlich) sein wird, sondern wie die Evolution unseres Energiesystems unter den Vorgaben sein sollte. Das Systemmodell bildet aus diesem Grund keine Steuern und Abgaben oder Gewinnmargen einzelner Akteure ab. Die Schattenpreise für die einzelnen *Commodities* aus dem linearen Programm – also Strom, Wärme für ein bestimmtes Temperaturniveau oder Brennstoffe – können als Input für eine nachgelagerte Analyse zu möglichen Geschäftsfällen genutzt werden. Diese Analysen auf der Mikroebene müssen dann die entsprechenden Abgaben und Steuern berücksichtigen. Spätestens an dieser Stelle sollten auch die involvierten Interessensgruppen oder sonstigen Stakeholder zusammengetragen und mögliche Konflikte bewertet werden.

Es werden verschiedene Szenarien und *Sensitivitäten* gerechnet. Um die Analyse zu vereinfachen wird ein *Referenzszenario* ausgewählt, mit dem sich die Ergebnisse der übrigen Szenarien vergleichen lassen.

Szenario und Sensitivität

Der Begriff *Szenario* bezeichnet in diesem Kontext einen konsistenten Parametersatz des zu lösenden linearen Programms. Die Betonung liegt hier auf dem Adjektiv „konsistent". Der Parametersatz umfasst insbesondere auch das vorgegebene CO_2-Reduktionsziel im Vergleich zu 1990. Werden nur einzelne Parameter variiert, um beispielsweise die Robustheit der Ergebnisse gegenüber der Unsicherheit dieser Parameter zu prüfen, sprechen wir von einer *Sensitivität*.

Szenarien zur kostenminimalen Dekarbonisierung Deutschlands

Das Referenzszenario, das im Folgenden mit *Mainstream 85* bezeichnet sei, reduziert die energiebedingten Emissionen um 85 % im Vergleich zu 1990. Die Überlegung dahinter ist, dass sich die Emissionen außerhalb des Energiesektors – insbesondere aufgrund der Landwirtschaft – nur um etwa 50 % reduzieren lassen.[12] Des Weiteren beschränkt das Referenzszenario nicht allein den Ausstoß für 2050, sondern geht ab dem Jahr 2015 beginnend von einer über die Jahre linear reduzierten Emissionsmenge aus. Neben dem Szenario „Mainstream 85" werden, wie der Tab. 5.1 zu entnehmen ist, noch weitere Szenarien betrachtet. Das Szenario *Mainstream 95* ist analog zur Referenz definiert, nur wird hier eine Reduktion um 95 % bis 2050 vorgegeben. *Mainstream 2050* hingegen lässt frei, in welchem Jahr welche Reduktion zu leisten ist, und gibt ein Ziel sowie die

[12]Vgl. Pfluger et al. (2017).

Tab. 5.1 Szenarien zur kostenminimalen Dekarbonisierung Deutschlands

Szenario-Name	Verlauf Jahresemissionen	Reduktionsziel bis 2050
Mainstream 85	Lineare Abnahme	– 85 % im Vergleich zu 1990
Mainstream 95	Lineare Abnahme	– 95 % im Vergleich zu 1990
Mainstream 2050	Gesamtbudget 2015–2050	– 85 % im Vergleich zu 1990

Gesamtmenge an CO_2-Aquivalent vor, die bis 2050 ausgestoßen werden darf. Das CO_2-Gesamtbudget wurde aus dem Szenario „Mainstream 85" übernommen, so dass die beiden Szenarien beim Ausstoß von Klimagasen vergleichbar sind. Alle hier betrachteten Szenarien berücksichtigen keine sektorspezifischen Ziele. Die Vorgabe von sektorspezifischen CO_2-Zielen wird die Systemkosten nicht verringern, so dass das Ergebnis als Benchmark auch im Falle von Sektorvorgaben dienen kann.

Ausgewählte Parameter eines Szenarios werden in *Sensitivitäten* variiert: Der Parametersatz des Szenarios wird punktuell modifiziert, das resultierende Modell gelöst und das Ergebnis mit dem unveränderten Szenario verglichen. Wesentliche Motivation für Sensitivitäten sind zum einen große Unsicherheiten für einen Parameter, die Sensitivitäten „rastern" das Vertrauensintervall ab. Zum andern lassen sich so *Kipppunkte* der Systemauslegung bestimmen.

▶ **Definition 8: Kipppunkt** Ein *Kipppunkt* bezeichnet einen Parameterschwellwert, ab dem sich die Lösung des Modells wesentlich verändert, beispielsweise ab welchen spezifischen Kosten für Elektrolyseure Wasserstoff eine substanzielle Rolle im Energiesystem spielt.

Eingangs- und Ausgangsgrößen des Modells

Wie in Abb. 5.2 im Überblick dargestellt, sind die Vorgaben zum Ausstoß von Klimagasen nicht die einzigen Eingangsgrößen in den digitalen Zwilling des Energiesystems. Neben einigen in der Graphik nicht explizit dargestellten Größen[13] ist offensichtlich der zukünftige *Nutzenergiebedarf* ein wesentlicher Treiber für die Evolution des Energiesystems. Die Annahme für die hier vorgestellten Szenarien ist ein stagnierender Bedarf an Raumwärme, Warmwasser und Prozesswärme. Des Weiteren gehen wir von einem konstanten Mobilitätsbedarf beim Personenverkehr aus. Allein im Güterverkehr und im Luftverkehr wird ein Anstieg dergestalt angenommen, dass das Luftverkehrsaufkommen um 20 % zunimmt, sich der Schwerlastverkehr verdoppelt und der straßengebundene Logistikverkehr um 50 % bis 2050 wächst. Beim Stromverbrauch ist ein konstanter Verlauf zugrunde gelegt, allerdings ohne die zusätzlichen Stromverbräuche einer zukünftigen Elektrifizierung des Wärme- und des Verkehrssektors. Die eben aufgeführten

[13]Für eine detaillierte Darstellung siehe Müller et al. (2019).

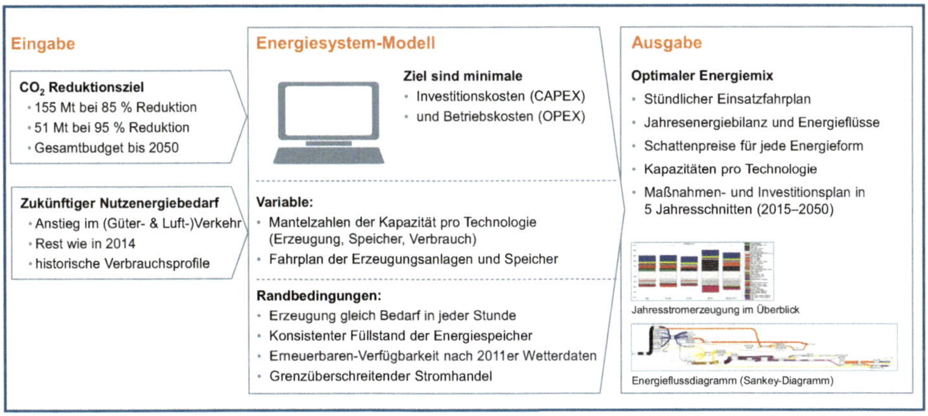

Abb. 5.2 Wichtige Eingangs- und Ausgangsgrößen des Modells zur Analyse der Zielerreichungsszenarien

Annahmen betreffen die jeweiligen Jahresenergiemengen. Es wurden zeitliche Profile in einem Jahr, dessen Monate und Tage, aufbauend auf historische, stündliche Verbrauchswerte, so skaliert, dass sie zu den projizierten Jahresverbräuchen passen.

Ein weiterer wichtiger Parametersatz für die Szenarien sind die stündlichen Verfügbarkeiten der wetterabhängigen Windkraftanlagen und Photovoltaikanlagen. Wie in Abb. 5.2 unter Randbedingungen vermerkt, wurde für die im Anschluss präsentierten Ergebnisse das Wetterjahr 2011 gewählt. Dann bleiben noch weitere technoökonomische Modellparameter zu wählen, wie in Abschn. 3.3 beschrieben. Konkret wurden in der hier vorgestellten Studie projizierte Brennstoffpreise aus dem IHS-Energy-Autonomy-Szenario[14] verwendet sowie die spezifischen Kosten und Effizienzen der zur Wahl stehenden Technologien aus den Technologiesteckbriefen der Deutsche Akademie der Technikwissenschaften *(acatech)*.[15]

5.2.2 Hebel zur kostenminimierten Dekarbonisierung

Mit dem in diesem Buch propagierten Ansatz wurden auf Basis des oben beschriebenen Szenariorahmens sieben Hebel identifiziert, die in Abb. 5.3 dargestellt und im Folgenden überblicksmäßig eingeführt werden. Die Hebel resultieren aus der kritischen Analyse des optimalen Energiemix, der sich aus dem Vorgehen der Digitalen Dekarbonisierung basierend auf dem Modellansatz aus Abb. 5.2 ergibt. Der Energiemix umfasst den stünd-

[14] Vgl. Vidal (2015).

[15] Vgl. Görner und Sauer (2016).

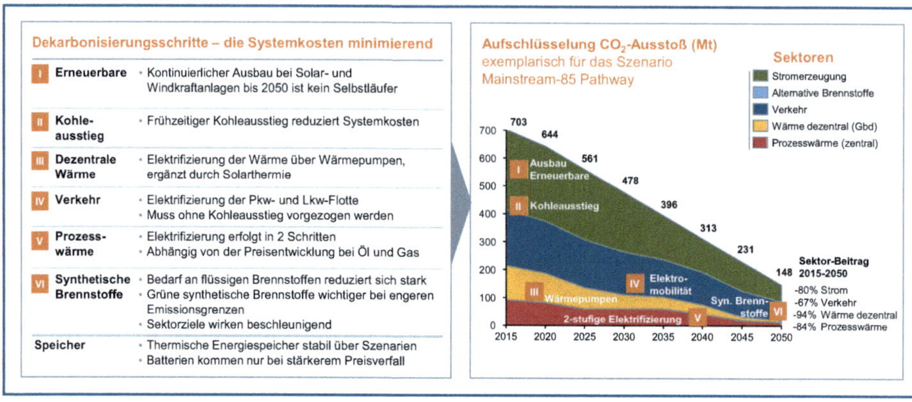

Abb. 5.3 Hebel zur Dekarbonisierung des deutschen Strom-, Wärme und Verkehrssektors

lich aufgelösten Einsatzfahrplan für alle Technologieflotten, die Jahresenergiebilanzen für jede Energieform – dargestellt als Energieflüsse, die Schattenpreise für Strom, Wärme sowie prozessierte Brennstoffe, sowie einen Investitionsplan in Fünfjahresschritten mit den daraus resultierenden Kapazitäten für jede Technologie.

Dekarbonisierung der Stromerzeugung

Der fortgeführte Ausbau der Stromerzeugung aus erneuerbaren Ressourcen ist der erste Dekarbonisierungsschritt in einem kostenminimalen *Energiemix*. Das heißt nicht, dass der Ausbau der Wind- bzw. Solarkraft sich ohne weiteres Zutun automatisch ereignen wird, aber er wäre aus Sicht der Gesamtsystemkosten optimal. Solar- und Windkraft fällt im Falle von Deutschland eine dominierende Rolle zu, da sie die wesentlichen erneuerbaren Quellen repräsentieren. Die Stilllegung der mit Kohle befeuerten Kraftwerke erfolgt als Schritt zwei ebenfalls unmittelbar. Die Substitution des Kohlestroms durch Strom aus erneuerbaren Quellen und, in Stunden mit zu geringer Erzeugung aus Photovoltaik und Windkraft, durch mit Erdgas befeuerte Spitzenlastkraftwerke ist eine relativ kostengünstige Maßnahme.

Dekarbonisierung der Wärmeversorgung und des Verkehrs

Die Dekarbonisierung der dezentralen Wärme, d. h. Raumwärme und Warmwasser in Gebäuden, ist der dritte Schritt. Er erfolgt im Wesentlichen durch die Elektrifizierung über Wärmepumpen und wird ergänzt durch Solarthermie. Nachdem Investitionen in Gebäudetechnik wesentlich längerfristig sind als die Lebenszeit eines Fahrzeugs, ist nachvollziehbar, warum die Elektrifizierung der Pkw- und Lkw-Flotte erst danach angegangen wird. Auch wenn die Austauschrate bei Fahrzeugen wesentlich höher ist als bei der Gebäudetechnik, bedarf die Dekarbonisierung des Verkehrs aufgrund der systemtechnisch komplexen Entwicklungspfade ebenfalls eines frühzeitigen Anschubs, was hier jedoch nicht weiter vertieft wird.

Der Zeitpunkt dieses vierten Dekarbonisierungsschrittes hängt u. a. davon ab, wie schnell ein Ausstieg aus der Kohleverstromung erfolgt. Denn es gilt auch für die übrigen Dekarbonisierungsmaßnahmen: Wird ein relativ günstiger Hebel nicht genutzt, muss der Ausfall durch das Vorziehen von teuren Investitionen kompensiert werden. Die Versorgung der Industrie mit Prozesswärme, insbesondere bei Temperaturen über 1.000 Grad Celsius, ist nur schwierig ohne fossile Energieträger sicher zu stellen. Auch wird der fossile Kohlenstoff in der Verfahrenstechnik benötigt, weswegen eine Elektrifizierung der Prozesswärme teure Investitionen erfordert und in einem Optimierungsmodell mit Diskontierung tendenziell in die Zukunft geschoben wird. In dem betrachteten Szenariorahmen ist folglich die Elektrifizierung der Prozesswärme erst der fünfte Dekarbonisierungschritt, auch wenn niedrigere Temperaturniveaus unter 500 Grad Celsius auch schon vorzeitig elektrifiziert werden. Der genaue Zeitpunkt hängt wesentlich von der Preisentwicklung für Erdöl und Erdgas ab. Auch wenn sich heute die öffentliche und politische Diskussion beim Thema *Sektorkopplung* scheinbar ausschließlich um grünen Wasserstoff dreht, wird eine Dekarbonisierungsstrategie, die nach minimalen Systemkosten strebt, den Hebel „synthetische, strombasierte Brennstoffe" erst als siebten Schritt wählen. Die Prozesskette von Grünstrom über grünen Wasserstoff zu grünen Brennstoffen, die dann wiederum verfeuert werden, ist teuer. Der Gesamtwirkungsgrad ist gering und die Elektrolyse als Herzstück ist heute mit hohen Investitionen verbunden. Die erwarteten Lerneffekte bei der Elektrolyse werden hier sicher helfen – in den präsentierten Ergebnissen wurden allerdings schon progressive Annahmen zur Entwicklung der Elektrolysekosten eingerechnet. Die Vorgabe von Sektorzielen, insbesondere entsprechend restriktive Reduktionsziele für den Verkehrssektor, werden den Zeitpunkt, zu dem synthetische grüne Kraftstoffe eingesetzt werden müssen, nach vorne ziehen.

Die Rolle von Energiespeichern

Am Ende der Dekarbonisierungsschritte, wie sie unser kostenminimaler Ansatz identifiziert, bleibt noch die Rolle von *Energiespeichern* zu erwähnen. Thermische Energiespeicher zur Flexibilisierung von Wärmelasten sind eine reife und kostengünstige Technologie. Daher wählt sie unsere Kostenoptimierung robust unter allen Szenarien, um über Elektrifizierung der Wärme die volatile Erzeugung aus Sonne und Wind auszugleichen. Elektrische Energiespeicher, insbesondere Batteriespeicher, sind heute noch mit hohen Systemkosten verbunden. Auch wenn wir durch Skaleneffekte über den Bedarf der Produktion batterieelektrischer Fahrzeuge einen starken Preisverfall bei Lithium-Ionen-Batteriezellen erwarten dürfen, reicht der Anwendungsfall des stündlichen oder viertelstündlichen Ausgleichs der Strombilanz nicht für einen nennenswerten Ausbau der Kapazitäten unter den hier gewählten Annahmen. Das wird nachvollziehbar, wenn wir uns des Umstands bewusst sind, dass der Mehrwert von Batteriespeichern in ihrer Dynamik und den dadurch leistbaren Systemdienstleistungen liegt. Die hier betrachteten Kosten berücksichtigen im Übrigen keine Beiträge zur Frequenzhaltung im Stromnetz oder ähnliche Dienste.

5.2.3 Ergebnisse Stromsektor

Strom- und Primärenergieverbrauch

Die oben eingeführten Hebel für einen kostenminimalen Energiemix unter Einhaltung der Emissionsgrenzen führen zu einer weitgehenden Elektrifizierung des Wärme- und Verkehrssektors. Dies wird evident, wenn wir uns die Projektion des Strom- und Primärenergieverbrauchs für das Szenario *Mainstream 85* in Abb. 5.4 ansehen: Der Stromverbrauch steigt von 2015 bis 2050 um 40 %, wohingegen der Primärenergieverbrauch im gleichen Zeitraum um 37 % sinkt. Die Veränderung auf der Primärenergieseite wird wesentlich eindringlicher, wenn wir die erneuerbaren Energieträger herausrechnen und uns nur auf die Energieträger Erdöl, Erdgas, Kernkraft, Kohle und sonstige fokussieren. Hier kommt es zu einer Reduktion von 78 %. Nachdem der überwiegende Teil der fossilen Energieträger importiert werden muss, ist hier eine große Einsparung an variablen Betriebskosten zu beobachten.

Stromerzeugung – installierte Kapazitäten und Jahresproduktionsmengen

Nach der Verbrauchseite ist ein detaillierter Blick auf die Stromerzeugung hilfreich, um die Veränderungen einordnen zu können. Die linke Seite der Abb. 5.5 illustriert, dass es durch die geringen mittleren Volllaststunden von Solar- und Windkraft bis zum Zieljahr 2050 zu einer Verdoppelung der installierten Kapazitäten im Vergleich zu 2015 kommt. Die Entwicklung der Kapazitäten von 2015 bis 2050 zeigt die Stilllegung von Kohlekapazitäten. Das Optimierungsmodell will diese Anlagen so schnell wie möglich stilllegen. Die entsprechend exkludierten Erzeugungskapazitäten müssen aber durch andere Erzeugungskapazitäten kompensiert werden, was einen entsprechenden Vorlauf benötigt. Des Weiteren spielen einzelne Kohlekraftwerke für die Gesamtbilanz nicht die entscheidende Rolle. In Summe erfolgt die Stilllegung der Kohlekraftwerke hier zunächst

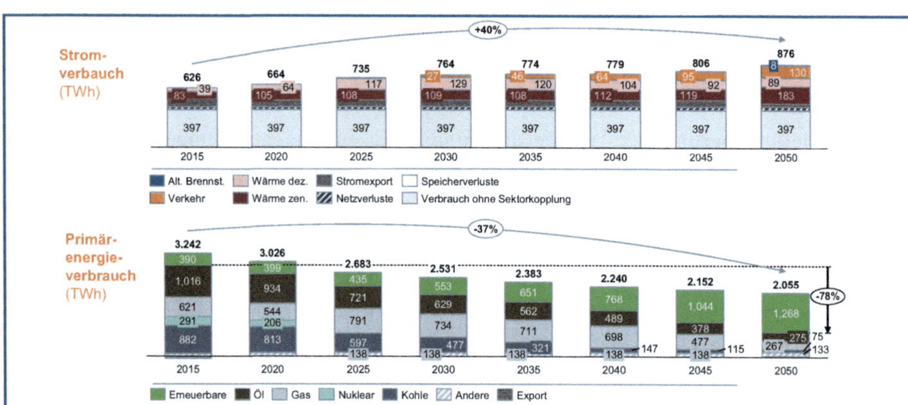

Abb. 5.4 Projektion des Strom- und Primärenergieverbrauchs für das Szenario Mainstream 85

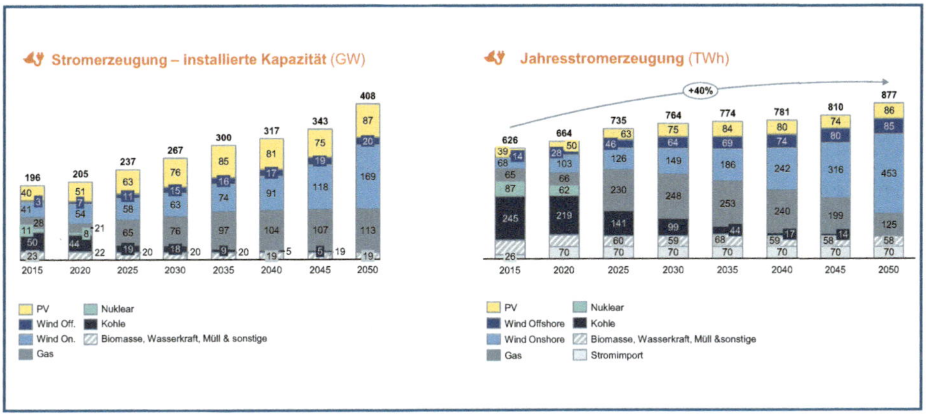

Abb. 5.5 Projektion der Stromerzeugung für das Szenario Mainstream 85

mit einem Hochlauf und es bleiben einige wenige Kohlekraftwerke bis zum Ende Ihrer Lebensdauer im Jahr 2045 in Betrieb. Beide Effekte erklären sich aus den Randbedingungen der Zeitkonstante für den Zubau sowie der Minimierung der Gesamtkosten. Der in dem Kapazitätsdiagramm ebenfalls sichtbare Ausstieg aus der Kernkraft ist kein Ergebnis, sondern wurde modellexogen vorgegeben.

Vergleicht man die Kapazitäten in Abb. 5.5 mit dem Szenario 2035 B des *Netzentwicklungsplans (NEP)*[16] der vier deutschen Netzbetreiber, fällt auf, dass dort sowohl Photovoltaik mit 97 GW als auch Onshorewindenergie mit 91 GW und Offshorewindenergie mit 23 GW höhere Mantelzahlen gegenüber dem hier dargestellten Szenario Mainstream 85 zeigen. Hier ist zu bemerken, dass unser Szenario Mainstream 85 die politische Vorgabe eines 65-%igen Erneuerbarenanteils am Bruttostromverbrauch nicht als Randbedingung vorgibt, wie die Szenarien des aktuellen Netzentwicklungsplanes. Dass die Klimaziele sowohl mit 85 % als auch mit 95 % Reduktion, hier nicht im Einzelnen dargestellt, dennoch erreicht werden, liegt daran, dass der geringere Dekarbonisierungsgrad im Stromsektor durch eine höhere Dekarbonisierung bei der Wärmeversorgung und dem Verkehr kompensiert wird. Durch die Minimierung der Gesamtsystemkosten versucht unser digitaler Zwilling die Maßnahmen so auf die Energiesektoren zu verteilen, dass teure Investitionen möglichst spät getätigt werden müssen.

Ein Blick auf die jährliche Nettostromproduktion im rechten Diagramm in Abb. 5.5 zeigt, dass die gemittelten Volllaststunden eines Gaskraftwerks, die sich aus dem Quotienten der Jahresstromproduktion und der installierten Kapazität ergeben, von

[16] Vgl. Rippel et al. (2019).

rund 2300 im Jahr 2015 auf rund 1100 im Jahr 2050 absinken. Dies ist eine Folge des massiven Zubaus der Stromerzeugungskapazitäten sowohl aus Erdgas als auch aus erneuerbaren Ressourcen. Dabei produzieren im Wesentlichen die Erneuerbaren die benötigte jährliche Strommenge.

Stromerzeugung – Versorgungssicherheit

Den Gaskraftwerken obliegt dann schließlich der Ausgleich der wetterbedingten Schwankungen bei Solar und Wind. Den dominierenden Beitrag von Gasturbinenkraftwerken bei der Deckung der Spitzenlast in Abb. 5.6 zeigt das Prinzip: Im Worst Case einer langandauernden *Dunkelflaute,* d. h. geringe Windeinspeisung und keine Einspeisung von Photovoltaikanlagen, wird die Spitzenlast über relativ günstige Gasturbinenkraftwerken gedeckt. Die Investitionskosten für derartige Reservekraftwerke können vergleichsweise niedrig gehalten werden, denn der Wirkungsgrad spielt bei den wenigen Einsatzstunden weder bei den Betriebskosten noch beim CO_2-Ausstoß eine große Rolle. Es fällt auf, dass die Elektrifizierung der Wärmeversorgung und des Verkehrs zu einer stark erhöhten Spitzenlast in Deutschland führt. Die in Abb. 5.6 angegebene Last von rund 120 GW resultiert zu rund 40 % aus den nicht verschiebbaren Lasten der Sektorkopplung. Für den Worst Case wurden neben der bereits beschriebenen Dunkelflaute weitere Annahmen getroffen: Die thermischen Kraftwerke haben eine Verfügbarkeit gemäß heute verfügbarer Statistiken. Der Strombedarf des Verkehrs ist durch das Maximum des Mobilitätsprofiles gegeben. Der Wärmebedarf ist ebenfalls im Maximum des Verbrauchsprofiles. Großspeicher sind leer gefahren. Wärmespeicher und batterieelektrische Fahrzeuge können die Last innerhalb eines Tages schieben, aber nicht mehr. Nachdem in dem Modell die Kraftwerksleistung, die für Systemdienstleistungen, wie beispielsweise die Frequenzregelung, vorgehalten werden muss, nicht explizit modelliert ist, wird der klassische Stromverbrauch ohne Sektorkopplung nochmal um 10 % erhöht.

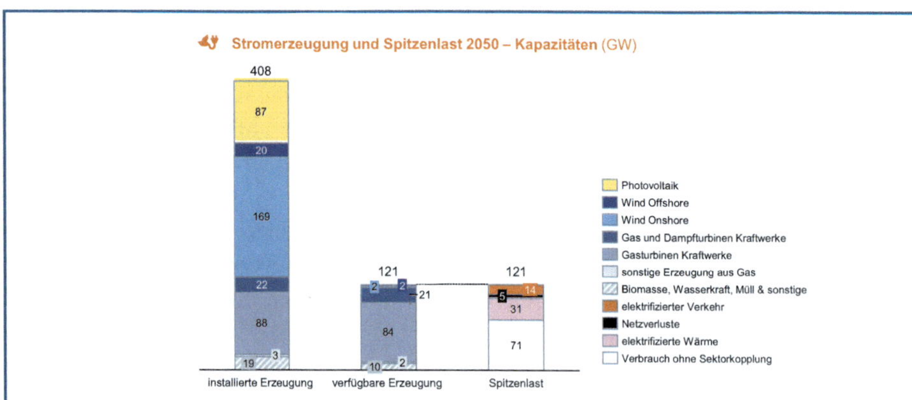

Abb. 5.6 Gesicherte Stromversorgung für das Szenario Mainstream 85 im Jahr 2050

5.2.4 Ergebnisse Wärmesektor

Dezentrale Wärme

Bei der dezentralen Wärmeversorgung mit Raumwärme und Warmwasser zeigt Abb. 5.7 einen Bedarfsrückgang um rund 19 % bis 2050 durch verbesserte Gebäudeisolation. Die hier getroffenen Annahmen unterscheiden zwischen Neubau und Bestandsgebäuden mit weit höheren Kosten.[17] Der Anteil von Heizöl und Gas an der dezentralen Wärme sinkt von 72 % im Jahr 2015 auf 5 % im Jahr 2050; auch wenn Heizöl erst 2050 komplett ersetzt wird, ist sein Anteil schon ab 2025 bei nur rund 7 %. Fernwärme nimmt an Bedeutung zu, solange noch substanziell Gas-und-Dampfkraftwerke mit Wärmeauskopplung in Betrieb sind; erst gegen 2050 geht der Fernwärmeanteil etwas zurück. In Hinblick auf die Elektrifizierung der Wärmeversorgung lassen sich ab 2030 ein massives Anwachsen von Luft- und Erdwärmepumpen erkennen. Vor 2030 übernehmen diese Rolle Heizstäbe, die zwar keinen *Coefficient of Performance*[18] größer eins, dafür aber annähernd 100 % Wirkungsgrad haben, und die so gut wie keine Investitionskosten aufweisen und erneuerbaren Überschussstrom für die Wärmeversorgung nutzbar machen. Der Anteil der Solarthermie wächst kontinuierlich und ergänzt die Elektrifizierung.

In der ersten Hälfte hat Biomasse einen stabilen Anteil an der dezentralen Wärmeversorgung, um dann ab 2035 keine Rolle mehr zu spielen.

Zentrale Wärme und Prozesswärme

Ganz anders bei der zentralen Wärme und Prozesswärme, wie das rechte Diagramm in Abb. 5.7. Hier sieht das Modell ab 2035 eine verstärkte Rolle von Biomasse, um dadurch den Wegfall von Gas, Öl und Kohle für Wärme in den hohen Temperaturbereichen zu kompensieren. In der Prozesswärme spielt Kohle lange eine dominierende Rolle, verschwindet erst ab 2035, wohingegen Öl schon ab 2025 keine Rolle mehr spielt. Eine Elektrifizierung der Wärme ist in den höheren Temperaturniveaus schwierig, hier kommen begrenzt Widerstandsheizer bzw. Elektrodenheizkessel zum Einsatz, deren Anteil bis 2045 stabil ist und dann stark wächst. Für die geringeren Temperaturen sind klassische Wärmepumpen auch für die zentrale Wärme eine Option. Wärmepumpen und Hochtemperaturwärmepumpen ergänzen die Wärmeerzeugung für Fernwärmesysteme. Die Abwärmenutzung und Tiefengeothermie insbesondere in Kombination mit Hochtemperaturwärmepumpen werden in der zweiten Hälfte verstärkt zugebaut. Durchwegs einen großen Anteil haben für die zentrale Wärmeerzeugung allerdings Kraftwärmekopplungsanlagen, auch im Jahr 2050. Sensitivitäten bzgl. der Entwicklung der Brennstoffpreise haben auf die oben beschriebenen Entwicklungen einen Einfluss,

---

[17]Vgl. BMVBS (2013).

[18]Die Coefficient of Performance entspricht dem Quotienten aus der thermisch nutzbaren Wärmeleistung und der aufgewendeten elektrischen Nettoleistung.

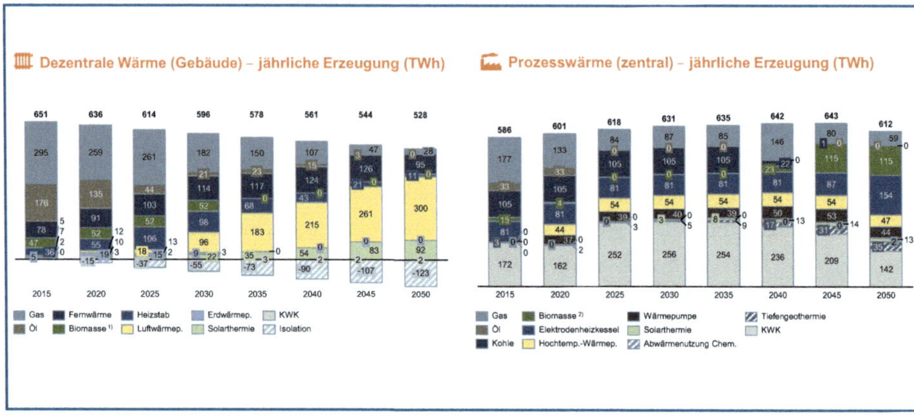

Abb. 5.7 Projektion des Wärmesektors für das Szenario Mainstream 85

verschieben allerdings die Übergänge nur um ein paar Jahre und ändern nichts an der grundsätzlichen Struktur.

5.2.5 Ergebnisse Verkehrssektor

Entwicklung der Elektromobilität

Der Verbrauch an flüssigen Kraftstoffen – dies zeigt die linke Grafik der Abb. 5.8 – reduziert sich im Szenario Mainstream 85 von 2015 bis 2050 um rund 70 %. Heute spielen Biokraftstoffe der ersten Generation noch eine Rolle. Ab 2025 hingegen haben diese keinen Anteil mehr, die Elektrifizierung des Verkehrs ist unter den getroffenen Annahmen kostengünstiger. Dafür steigt ab 2025 der Anteil der E-Autos und der

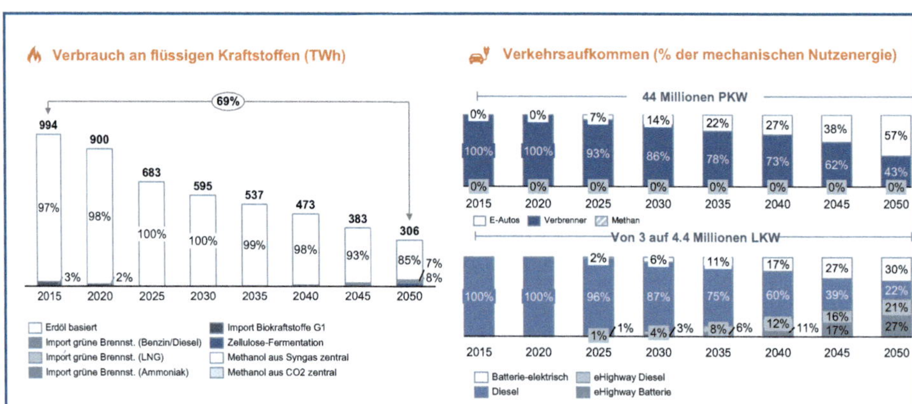

Abb. 5.8 Projektion des Verkehrssektors für das Szenario Mainstream 85

batterie-elektrischen Lkws sukzessive an, wie in der rechten Graphik in Abb. 5.8 abzulesen ist. Bis 2035 wird die Dekarbonisierung im Verkehrssektor allein von einer Elektrifizierung des Personen- und Lieferverkehrs getragen. Erst ab 2035 ist eine Zunahme der grünen Brennstoffe zu beobachten. Hierbei handelt es sich um synthetische, strombasierte Kraftstoffe, die aus Ländern mit sehr guten Bedingungen für die Stromerzeugung aus erneuerbaren Ressourcen stammen.

Technologiemix im Güterverkehr

Der Güterverkehr auf der Straße wird im Szenario Mainstream 85 für den Nahbereichstransport rein batterieelektrisch dekarbonisiert. Für den Fernverkehr ergibt sich bis 2050 eine Mischung aus immer noch mit Diesel betriebenen Lkws sowie hybriden Fahrzeugen, die einen Teil der Fahrwege über Oberleitungen elektrisch fahren und den Rest mittels Dieselantrieb oder über eine Batterie, ebenfalls elektrisch. Es wurde angenommen, dass 30 % der deutschen Autobahnen mit Oberleitungen ausgestattet werden, die in Summe rund 60 % des Verkehrs abdecken. Die Investitionskosten hierfür wurden mit 8 bis 10 Mrd. EUR angenommen.

Es ist allerdings zu hinterfragen, ob eine rein deutsche Lösung für Oberleitungs-Lkws ohne den synchronen Ausbau wichtiger Transitstrecken im Ausland funktionieren kann. Im Verkehrssektor wurden mehrere Sensitivitätsbetrachtungen durchgeführt, die zeigen, dass der resultierende Transportmix sehr stark von den Kostenannahmen der einzelnen Technologien dort abhängt. Über alle Simulationen hinweg zeigt sich, dass Elektrifizierung, wo möglich, günstiger ist als synthetische Kraftstoffe.

5.2.6 Diskussion und Bewertung der Ergebnisse

Die oben für das Szenario Mainstream 85 vorgestellten Dekarbonisierungshebel sind robust auch in den Szenarien Mainstream 95 und Mainstream 2050 sowie gegenüber der Variation einzelner Parameter in hier im Einzelnen nicht dargestellten Sensitivitätsrechnungen.[19] So ändert sich beim Übergang zum Szenario Mainstream 2050[20] die Geschwindigkeit in Bezug auf den Ausbau von Solar- und Windkraft oder der Anteil der Emissionsreduktion, den der Stromsektor oder der Verkehrssektor beitragen. Der langsamere Ausbau der Stromerzeugung aus erneuerbaren Ressourcen muss durch einen verstärkten Import von grünen Kraftstoffen ab 2035 kompensiert werden. Ähnlich kommt es bei einem 95 %-Ziel zu Verschiebungen im Vergleich zum Szenario Mainstream 85: Der Aufbau von Solar- und Windkraft wird verstärkt, die Elektrifizierung des Güterverkehrs

[19] Vgl. Müller et al. (2019).

[20] Zur Erinnerung sind beim Szenario Mainstream 2050 nur das Ziel der Reduktion um 85 % bis 2050 und das Gesamtbudget für die CO_2-Emissionen von 2015 bis 2050 vorgegeben. Siehe hierzu nochmals die Angaben in Tab. 5.1.

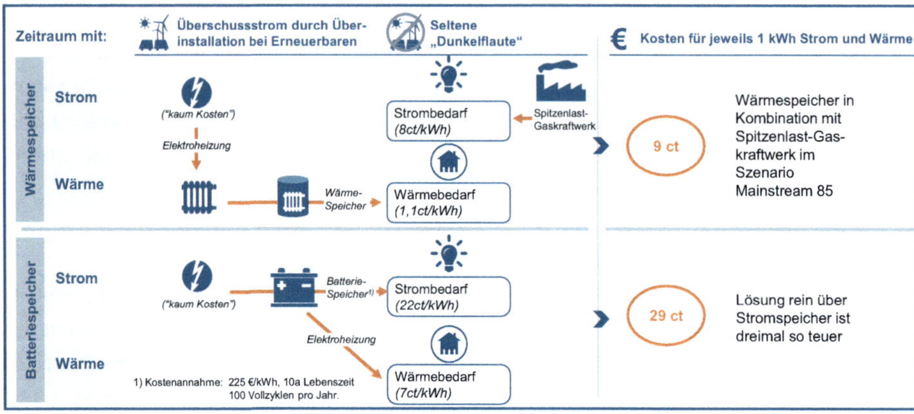

Abb. 5.9 Kopplung des Strom- und Wärmesektors als günstige Alternative zu Stromspeichern

und der Einsatz von grünen Kraftstoffen ebenfalls. Die Variation des Energieverbrauchs nach oben oder unten führt zu einer entsprechenden Skalierung des Energiemix, aber die vom Modell gewählten Hebel bleiben dieselben.

Stromspeicher im Vergleich zur Flexibilität aus der Sektorkopplung

Im Vergleich mit der aktuell von Öffentlichkeit und Politik geführten Diskussion unterscheiden sich die Ergebnisse hier insbesondere bei der Rolle von Batteriespeichern und von strombasiertem Wasserstoff. Die resultierenden Dekarbonisierungsschritte können aber nachvollzogen werden, wenn wir uns in Erinnerung rufen, dass diese

1. durch die Forderung nach minimalen Systemkosten und
2. der Flexibilität aus der optimierten Kopplung von Strom- und Wärmeversorgung charakterisiert sind.

Warum in Deutschland der Nexus von Strom und Wärme derart wichtig ist, zeigt Abb. 5.9. Die Flexibilität aus *Stromspeichern* und *Power-to-Gas (P2G)* macht die elektrische Energie aus Zeiten mit Überschussstrom aus erneuerbaren Ressourcen nutzbar und vermeidet Abregelung. Hier konkurrieren Batteriesysteme und grüner Wasserstoff mit elektrischer Wärmeerzeugung und thermischen Speichern.

In Abb. 5.9 wird exemplarisch die Flexibilität aus Stromheizung und Wärmespeicher mit der aus Batterien verglichen: Dabei ist stets für die stark vereinfachte Abschätzung der kostenlose Bezug von Überschussstrom am Strommarkt der Ausgangspunkt. Des Weiteren gehen wir davon aus, dass für Investitionen keine Zinsen, Steuern und Abgaben kalkuliert werden müssen. Mit dem durch die Überinstallation von Erneuerbaren häufig zu erwartenden Stromüberschuss wird der Energiespeicher geladen – zum einen indirekt über die Stromheizung der thermische Speicher, zum anderen direkt die Batterie. In

Stunden ohne ausreichende Produktion von Grünstrom werden die Energiespeicher entladen. Aufgabe ist jeweils, eine Kilowattstunde Strom- und Wärmebedarf in einer Dunkelflautenstunde aus dem Energiespeicher zu decken. Der Wärmespeicher versorgt in unserem Gedankenexperiment allein den Wärmebedarf zu den Kosten von 1,1 Eurocent pro Kilowattstunde. Diese Gestehungskosten ergeben sich unter der Annahme von 16 EUR Investitionskosten pro Kilowattstunde Kapazität, 15 Jahren Lebensdauer und 100 Vollzyklen pro Jahr. Der Strombedarf werde für 8 Eurocent pro Kilowattstunde über Spitzenlastgaskraftwerke gedeckt. Für die Versorgung jeweils einer Kilowattstunde Strom und Gas entstehen demnach 9 Eurocent. Vergleichen wir damit die rein elektrische Energieroute und nehmen für das Batteriesystem Investitionskosten von 225 EUR pro Kilowattstunde Kapazität, 10 Jahre Lebenszeit und 100 Vollzyklen pro Jahr an, so kostet die Kilowattstunde Strom 22,5 Eurocent. Erzeugen wir eine Kilowattstunde Wärme aus dem Batteriespeicher mittels einer Wärmepumpe mit Wärmekennzahl 3, so kostet diese 7,5 Eurocent. Für jeweils eine Kilowattstunde Strom und Wärme sind also 29 Eurocent aufzuwenden, also mehr als das Dreifache gegenüber den 9 Eurocent bei Nutzung eines Wärmespeichers. Die CO_2-Bilanz wird somit durch die Nutzung des Spitzenlast-Gaskraftwerks nur unwesentlich verschlechtert, da jenes nur in sehr wenigen Stunden pro Jahr aktiv ist.

Die Bedeutung von Investitionsanreizen für eine gesicherte Erzeugung

Die oben dargestellten Simulationen zeigen einen Dekarbonisierungspfad mit minimalen Investitions- und Betriebskoten für das Gesamtsystem. Damit ist die Wirtschaftlichkeit einzelner Anlagen jedoch noch nicht gesichert. Insbesondere der Zubau von Kapazitäten an Gasturbinenkraftwerken zur Absicherung der Spitzenlast, bei gleichzeitiger Überinstallation von Solar- und Windkraft, wird unter dem heutigen Marktdesign keinen Investor finden. Falls wir die politischen Ziele der Dekarbonisierung in Verbindung mit einem kostenminimalen Umbau unseres Energiesystems ernst nehmen, folgt zwingend die Notwendigkeit eines geänderten Marktumfelds. Eine große Herausforderung ist dabei sicherlich, dass sich unser heute von variablen Brennstoffkosten dominiertes Energiesystem durch die Dekarbonisierung in ein System wandelt, das durch seinen hohen Anteil Investitionskosten charakterisiert werden kann. Der heutige Großhandelspreis von Strom am Intraday- und Day-Ahead-Markt – beides energiewirtschaftliche Teilmärkte des sogenannten Energy-Only-Marktes (EOM) – wird durch die Grenzkosten der teuersten zum Einsatz kommenden Erzeugungsanlage gebildet.

Energy-Only-Markt (EOM)

In Deutschland wird elektrische Energie in drei zeitlich gestaffelten Märkten gehandelt. Dies sind der Terminmarkt, der Day-Ahead-Markt und der Intraday-Markt, die allesamt den *Energy-Only-Markt (EOM)* bilden: Der *Terminmarkt* dient der mittel- bis langfristigen Optimierung von Stromliefermengen oder Lieferportfolios. Der Börsenhandel in diesem Markt kann bis zu sechs Jahren im Voraus getätigt werden. Im *Day-Ahead-Markt* handeln die Marktteilnehmer Strom wesentlich kurzfristiger jeweils für den darauffolgenden Tag; daher auch die Bezeichnung „day ahead“. Schließlich dient der *Intraday-Markt* dem kurzfristigen, viertelstundengenauen Stromhandel bis fünf Minuten vor der physischen Lieferung der Elektrizität.

Wenn ein Großteil der am Markt operierenden Anlagen ohne Grenzkosten arbeitet, bedarf es ggf. neuer Instrumente, um Investoren für den Ausbau zu finden. Es werden an der *European Energy Exchange (EEX)* am Terminmarkt heute Geschäfte auf bis zu sechs Jahre in die Zukunft abgesichert, was nur ein geringes bis mittleres Hedging der Langzeitrisiken von Erneuerbaren-Projekten erlaubt.[21] In diesem Zusammenhang scheinen sogenannte faire *Power Purchase Agreements (PPA)* eine interessante Möglichkeit zu sein, dem Abnehmer Grünstromzertifikate zu einem planbaren Preis und Anlagenbetreibern und Investoren ein beherrschbares Investitionsrisiko zu sichern.

Power Purchase Agreement (PPA)
Unter einem Power Purchase Agreement, kurz PPA, wird ein in aller Regel langfristig ausgerichteter Stromliefervertrag zwischen zwei Parteien verstanden. Diese „Stromkaufvereinbarung" wird meist zwischen einem Stromproduzenten einerseits und einem Stromabnehmer andererseits – letztere können sowohl Stromverbraucher als auch Stromhändler sein – geschlossen. Diese standardmäßig bilateralen PPAs regeln alle relevanten Lieferkonditionen zwischen den Vertragspartnern wie etwa die zu liefernde Strommenge, die bilanzielle Abwicklung, mögliche Pönale bei Nichteinhaltung der geschlossenen Vereinbarungen und nicht zuletzt die ausgehandelten Lieferpreise. Stromlieferungen können sowohl physisch als auch rein bilanziell erfolgen. PPAs erlauben eine längere Laufzeit als Verträge, wie sie heute an der Europäischen Strombörse ausgehandelt werden können. Dies ist ein Vorteil bei Investitionen in erneuerbare Energien und Speicher.

5.3 Vergleich ausgewählter Länderenergiesysteme

In diesem Abschnitt wird das Beispiel Deutschland aus Abschn. 5.2 durch die Anwendung der Digitalen Dekarbonisierung auf weitere Länderenergiesysteme ergänzt. Den Anfang macht ein Beispiel aus dem Mittleren Osten. Danach analysieren wir die Potenziale zur Dekarbonisierung von Südafrika. Malaysia dient als letztes Fallbeispiel für die Anwendung der Digitalen Dekarbonisierung. Zum Abschluss dieses Kapitels beschäftigen wir uns damit, wie sich Ähnlichkeiten zwischen Energiesystemen zu Archetypen abstrahieren lassen.

5.3.1 Erneuerbare in vom Öl- und Gasexport dominierten Ländern im Mittleren Osten

In vielen Ländern des *Mittleren Ostens* ist der Haupttreiber für den Umbau der Energiesysteme in der Regel nicht vorrangig der Klimaschutz. Aber auch wenn die eigene Motivation der Länder nicht eine Reduktion der Treibhausgasemissionen ist, fällt dieser Region eine Schlüsselrolle beim Erreichen der globalen Klimaziele zu. Im Folgenden

[21]Vgl. Hain et al. (2018).

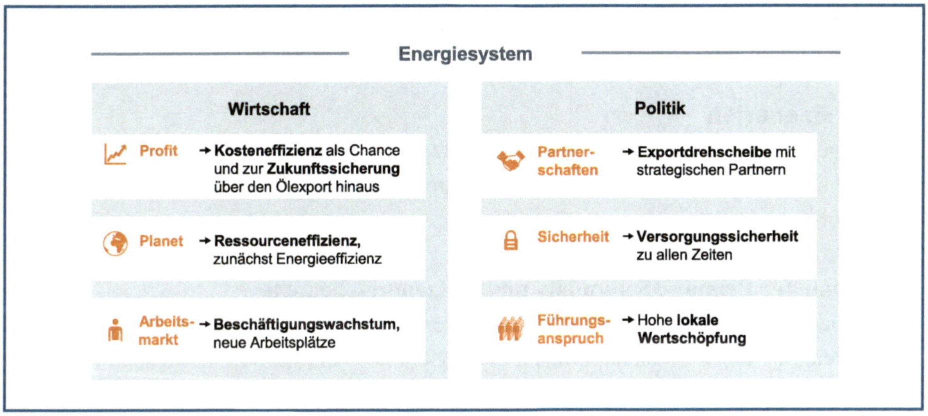

Abb. 5.10 Politische und makroökonomische Ziele für den Umbau des Energiesystems im Mittleren Osten

soll gezeigt werden, wie die politischen und wirtschaftlichen Interessen der vom Öl- und Gasexport dominierten Länder zu Fortschritten bei der Dekarbonisierung führen können.

5.3.1.1 Motivation und charakteristische Eigenschaften

Die Ziele hinsichtlich einer Modernisierung des Energiesystems sind, wie Abb. 5.10 zeigt, vielfältig und lassen sich sowohl wirtschaftlich als auch politisch motivieren. Unter den wirtschaftlichen Zielen sind die Kosten- und Energieeffizienz an erster Stelle zu nennen. Die Erhöhung der Effizienz soll der Zukunftssicherung dienen. Die damit einhergehende Modernisierung soll den Boden bereiten für ein Beschäftigungswachstum mit neuen Arbeitsplätzen für qualifizierte Tätigkeiten. Die Energiewirtschaft ist in den vom Öl- und Gasexport dominierten Ländern der Schlüssel für die Pflege strategischer Partnerschaften, für die Versorgungssicherheit sowie für die Sicherung etwaiger Führungsansprüche in der Region. Folgerichtig ist zu erwarten, dass die Politik stets dann auf erneuerbare Ressourcen setzen wird, wenn damit auch in Zukunft die Möglichkeit einhergeht, sich weiterhin als Exportdrehscheibe positionieren zu können, die Stromversorgung zu jeder Zeit sicherzustellen und eine starke lokale Wertschöpfung aufzubauen. Ein Bespiel hierfür ist die *Vision 2030* des Kronprinzen Mohammed bin Salman in *Saudi-Arabien*.[22] Auch wenn Krisen die ursprünglichen Pläne verzögern – insbesondere die Umsetzung von Megaprojekten wie der Planstadt *Neom*[23] im Nordwesten des Landes, sind die Treiber für den Umbau und eine Modernisierung der Energiewirtschaft in der Region unverändert gültig. Im Folgenden sei unter dem Namen „Vision 2030“ nicht allein das Modernisierungsprogramm im

[22] Vgl. Fattouh & Sen (2016).

[23] Vgl. NEOM (2020).

Königreich Saudi-Arabien, sondern, allgemeiner, die Umsetzung der Ziele aus Abb. 5.10 eines der vom Öl- und Gasexport dominierten Länder der Region verstanden.

5.3.1.2 Szenarien

Im Folgenden werden die betrachteten Szenarien abgeleitet, beginnend mit den Energiebedarfen, über die Technologieannahmen bis hin zu der Subventionierung von Brennstoffen.

Projektion der Primär-, Sekundär- und Nutzenergiebedarfe

Für ein idealtypisch verallgemeinertes Land der arabischen Halbinsel wird im Folgenden die Ableitung eines kostenoptimalen Energiemixes bis 2030, ausgehend von den Nutzenergiebedarfen der Verbrauchssektoren Strom und Wasserversorgung, beschrieben. Hierbei ist es nötig, den Stromsektor noch detaillierter aufzulösen, da beispielsweise der Stromverbrauch für die in dieser Region erforderliche *Klimatisierung* einen erheblichen Anteil am Energieverbrauch ausmacht. Im Zentrum der Abb. 5.11 wird ein Szenario-basiertes Vorgehen in vier Schritten dargestellt: Ausgangspunkt für Schritt 1 ist der auf der linken Seite der Grafik illustrierte *Primärenergiebedarf* im Jahr 2016, aufgeschlüsselt nach Energieträgern wie Kohle, Erdöl, Erdgas oder Kernbrennstoffen. Diese werden mit den Umwandlungsverlusten der heutigen Technologie in elektrischen Strom, Kraftstoffe oder andere Sekundärenergieformen umgewandelt. Für die Projektion, beispielsweise des historischen Jahresstromverbrauchs von 2016 auf die Erwartungswerte für 2023 und 2030, ist es jedoch sinnvoller, die Nutzenergiebedarfe für Klimatisierung, Verkehr oder aufbereitetes Wasser zu bestimmen. Schließlich berücksichtigt die *Nutzenergie* weitere Umwandlungsverluste und ist darüber hinaus unabhängig von den genutzten technischen Anlagen; Argumente, die hier für die Verwendung von Nutzenergie sprechen. So verändert die Umstellung von thermischer Wasserentsalzung auf Umkehrosmose den Strombedarf

Abb. 5.11 Ein kostenoptimaler Energiemix ausgehend von den Nutzenergiebedarfe der Verbrauchssektoren

substanziell, auch wenn die Nutzenergienachfrage gleichbleibt. Die zukünftigen Nutzenergiebedarfe werden in Schritt 2 je nach Energiesektor mittels des erwarteten Wirtschaftswachstums oder der Bevölkerungsentwicklung aus den Werten für 2016 extrapoliert.

Die Extrapolation des Energiebedarfs in Schritt 2, sowie die Optimierung in Schritt 3, erfolgt in drei Szenarien unter der Annahme von geringem, mittlerem und starkem Bevölkerungs- und Wirtschaftswachstum. Der entsprechende Jahresstromverbrauch ist exemplarisch in Abb. 5.12 dargestellt.

1. **Szenario „Geringes Wachstum“** mit 1,4 % mehr Energiebedarf pro Jahr
2. **Szenario „Moderates Wachstum“** mit 2,4 % mehr Energiebedarf pro Jahr
3. **Szenario „Starkes Wachstum“** mit 3 % mehr Energiebedarf pro Jahr

Das Szenario „Geringes Wachstum“ antizipiert allein ein entsprechendes Bevölkerungswachstum; das Bruttoinlandsprodukt bleibt pro Kopf gerechnet konstant. Als Referenzszenario dient das „Moderate Wachstum“. Schließlich wird das Szenario „Starkes Wachstum“ untersucht, das die positive Entwicklung durch die Realisierung der in Abschn. 5.3.1.1 beschriebenen Ziele einrechnet und mit 1 % ein leicht geringeres Bevölkerungswachstum sieht als die beiden übrigen Szenarien.

Szenariomatrix als Grundlage für den optimalen Energiemix

Wie in Abb. 5.13 dargestellt, resultieren in den Ländern des Mittleren Ostens die analysierten Szenarien aus der Kombination der Annahmen zur Entwicklung des Energiebedarfs mit den Annahmen zu den regulatorischen und technischen Randbedingungen. Das *digitale Abbild* bzw. der *digitale Zwilling* des möglichen Transformationsprozesses ist folglich eine Matrix. Die Felder werden aus den Kombinationen der Parameterkategorien gebildet. Damit die Auswertekomplexität im Rahmen bleibt, wird eine Referenz

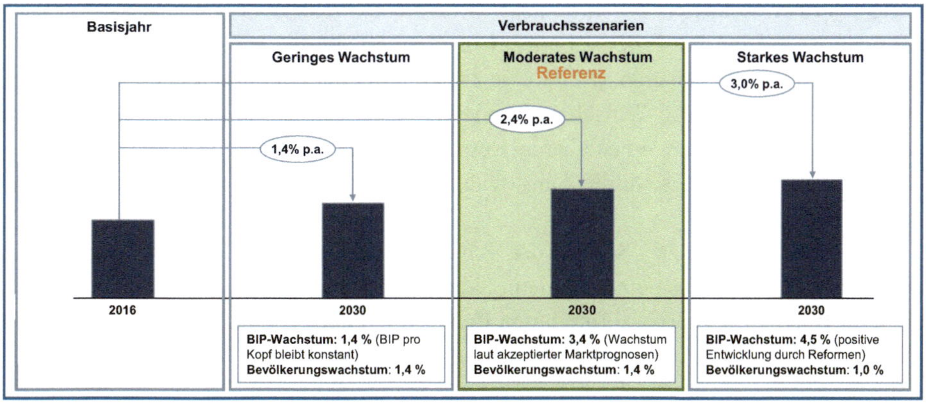

Abb. 5.12 Entwicklung der Stromnachfrage anhängig von Bevölkerungs- und Wirtschaftswachstum

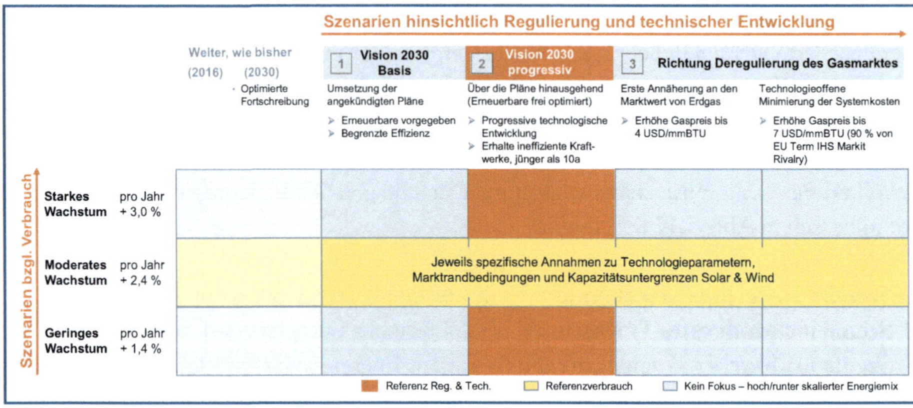

Abb. 5.13 Betrachtete Szenarien hinsichtlich des Verbrauchs, der Regulierung und der technischen Entwicklung

gewählt, mit der die übrigen Szenarien verglichen werden. Moderates Wachstum des Energiebedarfs bei gleichzeitiger progressiver Umsetzung der politischen und wirtschaftlichen Ziele aus Abschn. 5.3.1.1 soll den beschriebenen Bezugspunkt bilden. Neben der progressiven Vision 2030, vergleichbar der des Königreichs Saudi-Arabien, wird eine leicht optimierte Fortschreibung des aktuellen Energiesystems sowie eine weitergehende Deregulierung des inländischen Marktes für fossile Brennstoffe betrachtet. Heute sind in der Region die inländischen Preise für Brennstoffe vielfach noch subventioniert bzw. staatlich auf niedrigem Niveau festgesetzt, um der eigenen Industrie einen Wettbewerbsvorteil zu verschaffen.[24] Daraus resultiert in der Praxis eine verhaltene Koordination der Energiesektoren begleitet von immer noch Effizienzpotenziale zeigenden Prozessen der Wertschöpfung und Verwaltung. Das Referenzszenario nimmt eine stärkere Orientierung des inländischen Ölpreises an den Weltmarktpreis an. Daneben werden noch zwei weitere Spalten in unserer *Szenariomatrix* definiert, die zusätzlich den inländischen Gaspreis an 70 % bzw. 90 % des europäischen Gasmarktpreises annähern. In keinem der hier beschriebenen Szenarien wurde eine Obergrenze für CO_2-Emissionen vorgegeben. Durch das angenommene Wirtschafts- und Bevölkerungswachstum ist ggf. trotz Zubau von Stromerzeugung aus erneuerbaren Ressourcen eine Erhöhung des jährlichen CO_2-Ausstoßes zu erwarten. Es wurden Sensitivitäten gerechnet, die diesen Anstieg durch Obergrenzen verhindern.

Der vierte und letzte Schritt der Ableitung optimierter Entwicklungspfade in Abb. 5.11 ergibt sich aus dem Energiemix, der die Systemkosten minimiert und zugleich die jeweils in den Szenarien formulierten Randbedingungen erfüllt. Der Umweg über die

[24] Vgl. Matar et al. (2017).

Nutzenergiebedarfe ermöglicht es, technologieneutral ein Optimum zu identifizieren und gleichzeitig die erwarteten technischen Fortschritte beispielsweise bei den Effizienzen zu berücksichtigen. Damit zeigt jedes Szenario einen spezifischen Entwicklungspfad kombiniert mit robusten Maßnahmen, welche von einem digitalen Zwilling in möglichst vielen Szenarien gezogen werden – in der Regel dann aber mit unterschiedlichen Zeithorizonten.

5.3.1.3 Ergebnisse

Wir werden hier ausgewählte Aspekte der Simulationsergebnisse beschreiben, die in Gänze neben dem Stromsektor die Wasserentsalzung, den wirtschaftlich wichtigen fossilen Brennstoffsektor und nicht zuletzt die Gebäudekühlung umfassen. Zunächst fokussieren wir uns auf die elektrischen Erzeugungskapazitäten und ordnen danach die Entwicklung beim Strom in das Gesamtbild ein. Der Abschnitt schließt mit der Diskussion der Sensitivität zu den CO_2-Einsparungen.

Kapazitätsentwicklung der Stromerzeugung

Aus den Annahmen ergibt sich pro Szenario ein kostenminimaler Entwicklungspfad. Die Kapazitäten der Stromerzeugungsanlagen für das Zieljahr 2030 finden sich in Abb. 5.14. Die elektrische Spitzenlast ist dort ebenfalls eingezeichnet. Die Spitzenlast variiert über die Szenarien, da die unterschiedlich ausgeprägte Elektrifizierung der Gebäudeklimatisierung, der Wasserentsalzung sowie der Wasserstofferzeugung für den Raffineriebereich direkten Einfluss auf das Lastprofil hat.

Generell zeigt Abb. 5.14, dass sich von links nach rechts der Zubau von Photovoltaik und Windkraft erhöht, d. h. von der Status-quo-Strategie über die Vision 2030, deren progressives Fortschreiben bis hin zur Deregulierung des Gasmarktes. Wertet man die jährliche Stromerzeugung der verschiedenen Technologien aus und setzt diese ins Ver-

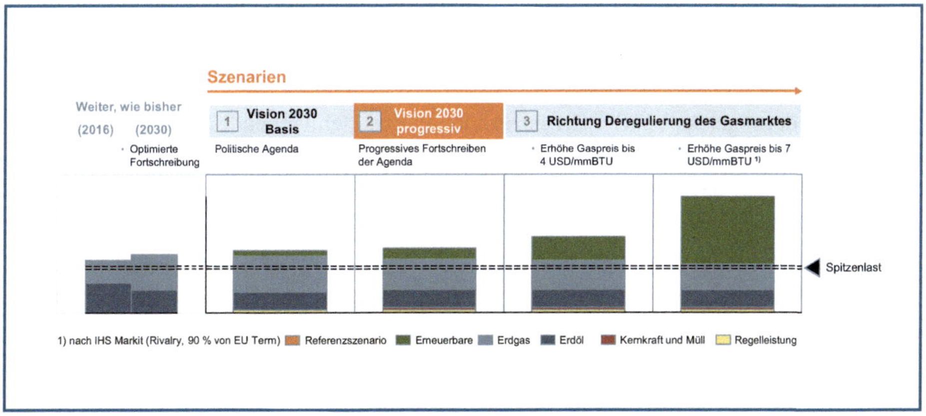

Abb. 5.14 Kapazitäten der Stromerzeugung nach Technologie

hältnis zu den eingesetzten fossilen Energieträgern, so wird deutlich, dass sich mit zunehmender Deregulierung auch das Verhältnis der eingesetzten Energie der fossilen Brennstoffe zur erzeugten elektrischen Energie, der *Brennstoffnutzungsgrad,* signifikant erhöht. Der Brennstoffnutzungsgrad übersetzt sich direkt in den Dekarbonisierungsgrad des Stromsektors. Unser digitaler Zwilling zeigt einen massiven Zubau der Stromerzeugungskapazitäten aus erneuerbaren Ressourcen – auch ohne die Vorgabe von Obergrenzen für die CO_2-Emissionen. Wie nach den niedrigen Geboten für PV-Ausschreibungen – beispielsweise 1,59 Eurocent pro Kilowattstunde für eine 900-Megawatt-Ausschreibung 2019 in Dubai[25] – zu erwarten, ist Solarstrom in der Region konkurrenzfähig. Die Analyse historischer Wetterdaten zeigt zusätzlich attraktive Windstandorte. Somit ist es plausibel, dass der Ausbau der Stromerzeugung aus erneuerbaren Ressourcen auch ohne Klimaziele stark ansteigt, sobald der Preis der fossilen Energieträger sich am Weltmarktpreis und nicht an den sehr niedrigen Explorationskosten orientiert.

In Abb. 5.14 sind die Ergebnisse für ein moderates Wachstum des Energiebedarfs dargestellt. Der Vergleich mit den Entwicklungspfaden für das schwache und starke Wachstum zeigt im Wesentlichen den gleichen Energiemix – nur nach unten bzw. nach oben skaliert.

Einordnung der Stromerzeugung in den optimalen Energiemix

Zusammenfassend wurde mit der gesamtheitlichen Energiesystemoptimierung, welche die Flexibilitäten und Effizienzgewinne bei der Stromerzeugung mit Flexibilisierung und Effizienzsteigerung auf der Verbrauchsseite insbesondere bei Gebäudeklimatisierung und Wasserentsalzung kombiniert, eine Reihe von robusten Maßnahmen identifiziert:

1. Ein Umstieg von ölbefeuerten Kraftwerken zu effizienten Gas-und-Dampfturbinen-Kraftwerken.
2. Ein beschleunigter Ausbau von Photovoltaik- und Windkraftanlagen.
3. Eine verstärkte Kopplung des Stromsektors mit der Wasseraufbereitung durch Nutzung von thermischen Kraftwerken mit Wärmeauskopplung für Meerwasserentsalzung und elektrisch betriebenen Umkehrosmoseanlagen.
4. Eine Modernisierung und Effizienzerhöhung bei der Gebäudeklimatisierung durch Fernkältenetze in Kombination mit effizienten Kompressionskältemaschinen, Kraft-Wärme-Kältekopplung und nicht zuletzt einer verbesserten Gebäudeisolierung.

Generell ist die Nutzung von thermischen Energiespeichern – dies ist mithin dann gegeben, wenn eine Flexibilisierung des Energiesystems möglich ist – immer kosteneffizienter als der Einsatz von elektrischen Energiespeichern.

[25] Vgl. Bellini (2019).

Betrachtung von CO_2-Reduktionszielen

In den bisher vorgestellten Szenarien wurde keine Grenze für den jährlichen CO_2-Ausstoß oder das Gesamtbudget von 2016 bis 2030 vorgegeben. Eine Dekarbonisierung im Sinne einer Reduktion der CO_2-Emissionen im Vergleich zu 1990 oder dem Basisjahr 2016 kann nicht konstatiert werden. Je nach Szenario kommt es zu einem erheblichen Ausbau von Photovoltaik- und Windkraftanlagen sowie bei der Flotteneffizienz der fossilen Kraftwerke bzw. ganz allgemein zu einer Verbesserung des Brennstoffnutzungsgrades von 34 % bezogen auf die gesamte Stromerzeugung inklusive der Erneuerbaren. Im Falle des Jahres 2016 sogar bis auf knapp 80 % bezogen auf die gesamte Stromerzeugung inklusive der Erneuerbaren bei der Annahme einer weitgehenden Deregulierung. Durch das Wachstum der Energienachfrage bis 2030 um 24 % in der Referenz mit moderatem Wachstum kommt es dennoch zu einem Ansteigen der Klimagasemissionen. Um das Bild zu komplettieren, wurde eine Sensitivitätsrechnung durchgeführt mit im Vergleich zum Referenzszenario reduzierten Emissionen. Mittels eines um 150 Megatonnen reduzierten CO_2-Ausstoßes im Jahr 2030 wird der Anstieg im Vergleich zu 2016 kompensiert, während die Emissionen annähernd konstant bleiben.

Es wurden zwei *Sensitivitäten* gerechnet: Zum einen nur die entsprechende Emissionsbegrenzung, zum anderen wird diese Grenze noch um ein Fixieren der Raffineriekapazitäten ergänzt. Der Grund für diese zweite Annahme findet sich im linken und mittleren Diagramm in Abb. 5.15. Ein Blick auf die installierten Kapazitäten an Photovoltaik und Windkraft zeigt kaum Zuwachs. Warum dennoch die Emissionsvorgaben gehalten werden können, zeigt das mittlere Diagramm: Das digitale Abbild fährt die Produktion der inländischen Raffinerien runter und importiert flüssige Brennstoffe aus dem Ausland. Das ergibt weder vor dem Hintergrund der Arbeitsplatzsicherung noch hinsichtlich der Klimaziele Sinn. Deshalb wurden in einer weiteren Rechnung die Produktionskapazitäten im Raffineriebereich konstant gehalten. Im rechten Diagramm

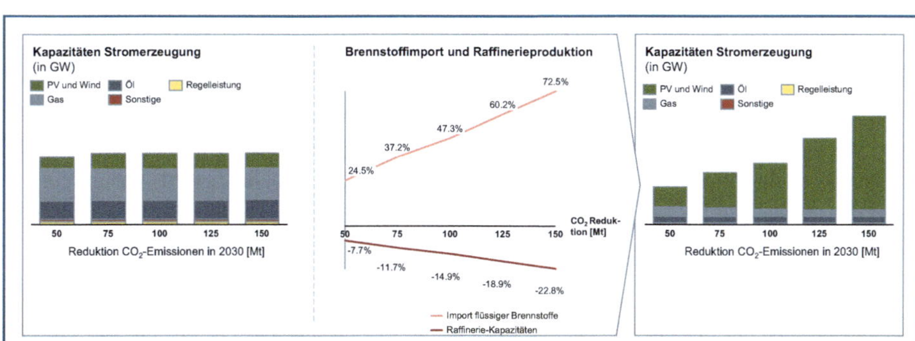

Abb. 5.15 Reduktion der CO_2-Emissionen durch Stilllegung von Raffinerien oder Export grüner Brennstoffe

in Abb. 5.15 kann jetzt ein massiver Zubau bei der Stromerzeugung aus erneuerbaren Ressourcen beobachtet werden. Der hierdurch produzierte Strom geht weit über den inländischen Bedarf hinaus. Dieser Überschuss wird genutzt, um über Elektrolyse Wasserstoff zu erzeugen, der direkt oder über synthetische Brennstoffe exportiert wird. Die Abnahmeseite für diesen Brennstoffexport liegt außerhalb der Systemgrenzen unseres digitalen Zwillings und müsste für eine abschließende Bewertung genauer analysiert werden. Wir können an dieser Stelle aber zumindest ein interessantes Potenzial für die Internationalisierung der nationalen Energiewenden festhalten.

5.3.2 Wie der Erneuerbaren-Ausbau die Energieflüsse umkehrt – das Beispiel Südafrika

Südafrika ist ein Beispiel für ein Land, für das die Dekarbonisierung eine große Herausforderung darstellt. Aktuell wird die Stromerzeugung dominiert von fossilen Energieträgern. Dabei spielt insbesondere die Kohleverstromung mit ca. 90 % Anteil die größte Rolle. Der Erzeugungsanteil von Wind und Photovoltaik lag im Vergleich dazu im Jahr 2019 bei ungefähr 5 %.[26] Eine beispielhafte Analyse der Dekarbonisierung für *Südafrika* zeigt, dass dort neben der Technologieauswahl insbesondere auch die räumliche Verteilung entscheidend ist.[27] Während aktuell viele Kohlekraftwerke verbrauchsnah um die großen Lastzentren Johannesburg und Kapstadt konzentriert sind, werden in einem dekarbonisierten Energiesystem Standorte bevorzugt, die gute Wind- und PV-Bedingungen aufweisen. Dies führt auf Länderebene zu einer Umkehrung der Energieflüsse, die in den folgenden Abschnitten genauer erläutert wird.

5.3.2.1 Motivation regional aufgelöster Modellierung

Die *regionale Auflösung* ist ein wichtiges Unterscheidungskriterium bei der Modellierung der Dekarbonisierung von Länderenergiesystemen. Prinzipiell können Länder entweder als Ein-Regionenmodell oder in mehrere und dabei unterschiedlich viele Regionen aufgelöst dargestellt werden. Eine Untersuchung relevanter Energiesystemmodelle zeigt, dass ca. die Hälfte der Modelle länderspezifiziert in ausschließlich einer Region betrachtet wird. Die andere Hälfte der Modelle haben entweder bereits festgelegte Regionen oder sind vollständig flexibel hinsichtlich ihrer regionalen Auflösung.[28]

Der Vorteil von regional aufgelösten Energiesystemmodellen wird vor allem bei einer zunehmenden Bedeutung von Stromerzeugung durch Wind und Photovoltaik deutlich, deren Potenziale innerhalb eines Landes regional sehr stark variieren können. Ein

---

[26] Vgl. IEA (2020).

[27] Vgl. Kueppers et al. (2020a).

[28] Vgl. Lopion et al. (2018).

regionales Modell kann für jede der betrachteten Regionen ein eigenes Profil berücksichtigen. Damit wird außerdem vermieden, dass der Aggregationsfehler im Falle eines einzigen Profils für ein Land zu groß wird.[29] Zusätzlich kann ein regional aufgelöstes Modell das Stromnetz, das die verschiedenen Regionen innerhalb eines Landes verbindet, berücksichtigen.[30] In einem regional aufgelösten Optimierungsmodell können somit, neben den optimalen Kapazitäten für das gesamte Land, auch deren regionale Verteilungen unter Berücksichtigung der Verteilung der Last, der Potenziale von Wind- und PV-Erzeugung und des benötigten Netzausbaus bestimmt werden. Die Integration des Netzes kann dazu führen, dass weniger gute Standorte bevorzugt werden, die jedoch eine bessere Anbindung an das Übertragungsnetz haben.

Die regional aufgelöste Modellierung ist neben den beschriebenen Vorteilen zwei Herausforderungen gegenübergestellt: Erstens werden örtlich aufgelöste Daten benötigt und zweitens steigt die Rechenkomplexität des Optimierungsmodells deutlich an. Für eine weltweite örtlich aufgelöste Datenbasis sind Vereinfachungen und Verschneidungen verschiedener Datenbanken notwendig, wie in Abschn. 3.3 zuvor beschrieben. Die Beherrschbarkeit der Rechenkomplexität wird meistens durch die Reduktion der regionalen Auflösung auf die höchste Verwaltungseinheit innerhalb einer Nation, wie z. B. einzelner Bundesstaaten oder Provinzen, erreicht.

5.3.2.2 Methodik zur Identifikation regionaler Cluster

Eine Methodik, um die beiden oben genannten Herausforderungen zu lösen, ist ein örtliches *Clustern* von Regionen innerhalb eines Länderenergiesystems. Basierend auf einer detaillierten Datenbank der zugrunde liegenden feinsten regionalen Zerlegung eines Landes, wie Städte oder Gemeinden, können mittels eines *Clusteralgorithmus* ähnliche Regionen aggregiert werden. Dies führt zu einer Bestimmung geeigneter Regionen für das Energiesystemmodell und löst die Herausforderung, dass viele Regionen zu einer hohen Rechenkomplexität führen. Im Vergleich zu einer an administrativen Ebenen orientierten Regionalisierung beinhalten geclusterte Regionen zudem direkt die spezifisch verorteten Charakteristika des jeweiligen Energiesystems.

Clustern von Regionen wurde bereits in vielen Bereichen geographischer Analysen angewendet. Bei der Anwendung auf Länderenergiesysteme können daher substanzielle Erfahrungen berücksichtigt werden, welche Verfahren bei welchen Anwendungsfällen für ein örtliches Clustern geeignet sind. In unserem Fall wird, basierend auf einer weltweiten Datenbank, von örtlich aufgelösten Last- und Kraftwerksdaten sowie der Verfügbarkeit erneuerbarer Ressourcen ein hierarchischer Clusteransatz angewendet.[31] Hierarchische Clusteralgorithmen sind für unseren Zweck gut geeignet, da sie das Kriterium örtlich

---

[29]Vgl. Pfenninger et al. (2014).

[30]Vgl. Lopion et al. (2018).

[31]Vgl. Kueppers et al. (2020a).

zusammenhängender Cluster direkt im Algorithmus berücksichtigen. Dieses Kriterium ist bei der Anwendung auf Energiesystemmodelle besonders wichtig, damit nur Regionen zusammengefasst werden, die unmittelbar benachbart sind. Allerdings findet das hierarchische Clustern kein globales Optimum. Um die initiale Lösung zu verbessern, wird das Verfahren daher um einen „Fine-Tuning-Algorithmus" erweitert.[32]

Die Anzahl der Regionen kann über zwei Ansätze festgelegt werden: Entweder der Benutzer setzt sie fest, z. B. mit der gleichen Zahl wie die Anzahl der administrativen Einheiten in dem betrachteten Land, oder sie wird von dem Verfahren optimiert. Dafür wird das *„Ellenbogen-Kriterium"* verwendet, welches die größte relevante Verbesserung des Clusterverfahrens bei einer stetigen Erhöhung der Clusteranzahl erkennt.[33]

5.3.2.3 Fallstudie regionalisierte Dekarbonisierung am Beispiel Südafrika

Südafrika soll hier als Beispiel dienen und die Anwendung regionaler Energiesystemmodelle in Kombination mit einem Clusterverfahren demonstrieren. Die Gründe für diese Auswahl sind das aktuell stark fossil geprägte südafrikanische Energiesystem, eine auf die beiden Städte Kapstadt und Johannesburg ausgerichtete, zentralistische Energiesysteminfrastruktur und hohe Potenziale für die Stromerzeugung aus erneuerbaren Energien.

Für die Fallstudie wird angenommen, dass die Stromerzeugung Südafrikas bis 2045 um 80 % gegenüber dem Jahr 2015 dekarbonisiert wird. Um das Modell und die Datenbasis zu validieren, startet der Pfad im Jahr 2015 und beinhaltet zusätzlich das Jahr 2030. Im Gegensatz zu den administrativ neun Provinzen Südafrikas, wird in unserem Modell das Land als Ergebnis der Clusterung in eine optimale Anzahl von zwölf Regionen aufgelöst. Die geclusterten Regionen, dargestellt in Abb. 5.16, bilden die beschriebenen Charakteristika des Energiesystems ab: die Kohleerzeugung nahe Johannesburg, eine zentralistische Infrastruktur, gute Windpotenziale nahe der Küste und PV-Potenziale im Norden des Landes.

Zusätzlich werden aus OpenStreetMap[34] die Transportkapazitäten des Übertragungsnetzes synthetisiert. Die Ergebnisse der regionalen Modellierung zeigen geradezu eine *Invertierung* des aktuellen Energiesystems, womit Folgendes gemeint ist: Im Jahr 2015 war die Stromerzeugung vor allem in den Regionen mit Kohlekraftwerken um Johannesburg konzentriert und von dort aus wurde die elektrische Energie im ganzen Land übertragen und verteilt. Bezogen auf die Situation im Jahr 2015 kehren sich nahezu alle Energieflüsse bis 2045 um, da die Erzeugung in die Regionen verschoben wird, die die besten Standorte für Wind und PV-Erzeugung aufweisen. Die Pfeile in Abb. 5.17 visualisieren die Veränderung der Transportmuster anschaulich.

---

[32]Vgl. Guo (2009).

[33]Vgl. Kodinariya und Makwana (2013).

[34]Vgl. OpenStreetMap (2020).

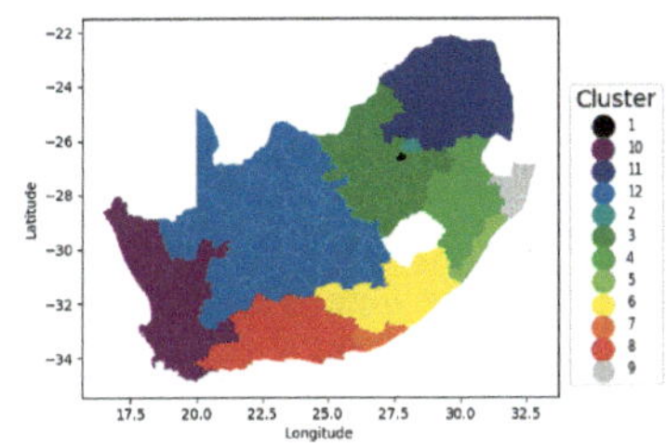

Cluster	Last		Erzeugungstechnologien									VLS	
	PHH	GHDI	Bio	Kohle	Gas	Hydro	Nuk	Öl	Solar	Müll	Wind	Solar	Wind
1	11	3	3	5	3	5	2	3	4	5	6	3	9
2	1	1	3	4	3	5	2	3	4	5	6	4	10
3	6	5	3	2	3	4	2	3	4	5	6	2	8
4	4	2	3	3	3	1	2	3	4	4	6	6	12
5	3	10	3	5	3	5	2	3	4	2	6	11	3
6	8	11	3	5	3	5	2	3	4	5	4	8	6
7	7	12	2	5	2	5	2	3	4	5	5	12	1
8	10	8	3	5	3	5	2	2	4	3	1	9	7
9	9	9	3	5	3	5	2	3	4	5	6	10	2
10	5	7	3	5	1	2	1	1	2	5	2	7	4
11	2	4	1	1	3	4	2	3	3	1	6	5	11
12	12	6	3	5	3	3	2	3	1	5	3	1	5

PHH: Private Haushalte; GHDI: Gewerbe, Handel, Dienstleistung, Industrie; Bio: Biomasse, Nuk: Kernkraft, VLS: Volllaststunden

Höchste Werte | Mittlere Werte | Geringste Werte

Abb. 5.16 Südafrika geclustert in 12 Regionen und Vergleich der Eigenschaften jeder Region

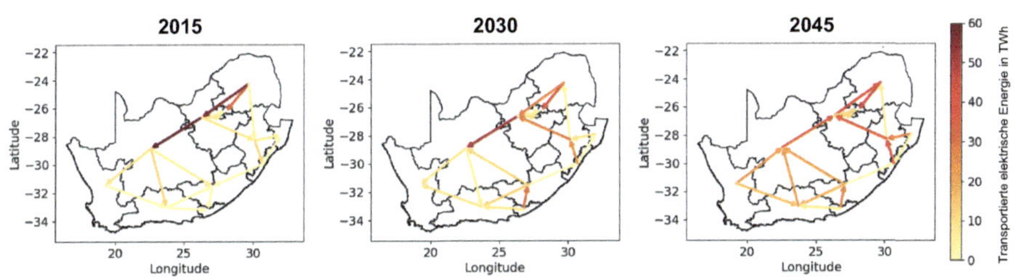

Abb. 5.17 Austausch elektrischer Energie zwischen den 12 Regionen 2015, 2030 und 2045 in einem 80 % Dekarbonisierungsszenario

Zusammenfassend zeigt das Beispiel Südafrika, wie wesentlich eine regionale Auflösung bei der Beurteilung der Dekarbonisierung von Länderenergiesystemen helfen kann. Zunächst ist dafür eine hinreichende *Datenbasis* notwendig, die mit Hilfe von Clusterverfahren für die Wahl geeigneter Regionen im Modell angewendet werden kann. Diese geclusterten Regionen vereinfachen zusätzlich die Interpretation der Ergebnisse aus dem Energiesystemmodell, da z. B. Regionen mit guten Windpotenzialen im Modell auch bevorzugt werden. Die Modellergebnisse zeigen letztendlich die regionalen Auswirkungen eines Dekarbonisierungsprozesses. Dieser kann dazu führen, dass die Rolle bestimmter Regionen innerhalb des Länderenergiesystems fundamental verändert wird, wie die Kohleregionen im Beispiel Südafrika zeigen.

5.3.3 Die Erneuerbaren in Ländern mit mäßigem Erzeugungspotenzial – das Beispiel Malaysia

Heute sind die Energiesysteme weltweit im Wandel, allerdings mit jeweils sehr spezifischen Randbedingungen. Ein gemeinsamer Treiber für die zu beobachtende Transformation ist die Dekarbonisierung der Energiesektoren, die eine Begrenzung des Klimawandels zum Ziel hat. Dabei erreicht der Stromsektor in der Regel den höchsten Dekarbonisierungsgrad. Dies begründet sich nicht zuletzt aus den in den letzten Jahren stark gefallenen Kosten für die Stromerzeugung aus Photovoltaik und Windkraft. In einer wachsenden Zahl von Ländern können die Stromgestehungskosten aus Photovoltaik oder Windkraft heute bereits mit Strom aus fossilen Energieträgern konkurrieren. Dort liegt die Dekarbonisierungsstrategie scheinbar auf der Hand. Es ist nun interessant mit den Methoden der Digitalen Dekarbonisierung zu sehen, wie eine Reduktion der Klimagasemissionen gerade in Regionen mit mäßigem Potenzial erneuerbarer Energien aussehen kann.

Der Entwicklungspfad eines Landes hängt neben den verfügbaren erneuerbaren Ressourcen, der Klimaregion, der Bevölkerungsdichte und Industrialisierung auch von der heute existierenden Infrastruktur ab. Da wir hier einen Überblick für das große Ganze geben wollen, können wir nur allgemeine Zusammenhänge darstellen und werden im Folgenden die Abhängigkeit von der, für jedes Land spezifischen, historischen Entwicklung ausblenden. Wir wenden deshalb die Digitale Dekarbonisierung auf Szenarien für das Zieljahr 2050 an. Hierbei ist unsere Annahme, dass die heute existierenden Anlagen im Zieljahr ihr Lebenszeitende erreicht haben und nicht mehr berücksichtigt werden müssen.

In den folgenden Abschnitten werden wir zunächst ein geeignetes Fallbeispiel zur Untersuchung der oben genannten Fragen identifizieren. Danach formulieren wir eine kompakte Menge an Szenarien, die geeignet sind, einen aussagekräftigen Entwicklungsraum aufzuspannen. Wir werden mit der kritischen Diskussion der Simulationsergebnisse schließen.

5.3.3.1 Motivation und charakteristische Eigenschaften

Als Beispiel für ein Land mit mäßigem Potenzial an erneuerbaren Energien, das gleichzeitig ein signifikantes Wachstum des zukünftigen Strombedarfs erwarten lässt, haben wir *Malaysia* gewählt. Die charakteristischen Eigenschaften, die diese Wahl motivieren, werden im Folgenden vorgestellt.

Mäßiges Potenzial an erneuerbaren Energien und wirtschaftliche Wachstumserwartungen

Die Wetterabhängigkeit der Stromerzeugung aus Solarstrahlung und Wind erfordert Flexibilität zum Ausgleich von Erzeugung und Verbrauch. Hierbei sind insbesondere steuerbare Erzeugungsanlagen mit niedrigem CO_2-Fußabdruck sowie Energiespeicher von großem Interesse. Welcher Technologiemix für ein dekarbonisiertes Energiesystem optimal ist, hängt unter anderem von der *Saisonalität* des elektrischen Verbrauchsprofils ab.

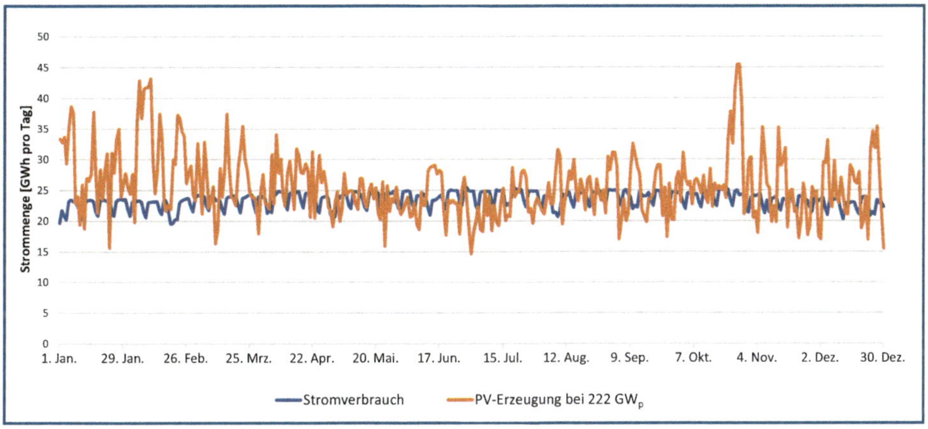

Abb. 5.18 Profile von Strombedarf und Verfügbarkeit der Stromerzeugung aus Photovoltaikanlagen

Getrieben durch ein jährliches Wirtschaftswachstum von durchschnittlich 6 % und ein Bevölkerungswachstum von etwa 1,7 % zeigt der Stromverbrauch in Malaysia ein mittleres jährliches Wachstum zwischen 5 % und 6 %.[35] Ein nochmaliger, genauer Blick auf die in Abschn. 3.3 vorgestellten beiden Weltkarten zu den Volllaststunden für Windkraft in Abb. 3.7 bzw. Photovoltaik in Abb. 3.9 zeigt, dass in Malaysia schlechte Windbedingungen sowie mäßige Solarbedingungen herrschen. Unter den weiteren Optionen zur Stromerzeugung aus erneuerbaren Ressourcen liefert allein Wasserkraft einen substanziellen Beitrag.[36] Zusammenfassend ist Malaysia ein Land mit stark wachsendem Strombedarf bei gleichzeitig nur mäßigem Potenzial hinsichtlich der Stromerzeugung aus erneuerbaren Ressourcen.

Vor diesem Hintergrund sollen Dekarbonisierungsziele für das Jahr 2050 mit einer Flotte von Stromerzeugungsanlagen und Stromspeichersystemen dergestalt erfüllt werden, dass die Systemkosten minimal sind und die Stromversorgung in jeder Stunde des Jahres sichergestellt ist.

Strombedarf und Verfügbarkeit der Stromerzeugung aus Photovoltaikanlagen

Da Windkraft in der Region kaum eine Rolle spielt, ist offensichtlich die solare Einstrahlung im Vergleich zum zeitlichen Profil der elektrischen Last entscheidend für den Ausbau von Solarkraft und von Batteriespeichern. Abb. 5.18 zeigt die prognostizierten Verläufe des Stromverbrauchs und der PV-Einspeisung in Gigawattstunden pro Tag über das gesamte Jahr 2050. Die Produktion von Solarstrom basiert auf regionalen

[35]Vgl. Suruhanjaya Tenaga (2020c).

[36]Vgl. Suruhanjaya Tenaga (2020a) und Suruhanjaya Tenaga (2020b).

Wetterdaten, wie in Abschn. 3.3 beschrieben. Nachdem für Malaysia öffentlich keine elektrischen Lastzeitreihen verfügbar sind, basiert das zeitliche Verbrauchsverhalten auf historischen Lastprofilen Singapurs, die in halbstündlicher Auflösung auf der Webseite der zuständigen Regulierungsbehörde von Singapur bezogen werden können.[37] Da *Singapur* an der Südspitze der malaiischen Halbinsel liegt, die den Großteil der Bevölkerung und der Wirtschaftsleistung Malaysias umfasst, sollte diese Lastzeitreihe nach einer geeigneten Skalierung eine annehmbare Näherung sein. Die Skalierung des Profils erfolgt so, dass der Jahresenergieverbrauch den für 2050 projizierten Wert von 205 TWh erreicht. Die Wachstumsannahmen wurden aus dem offiziellen Energieausblick der malaiischen Energiekommission übernommen.[38] Da für den Zeitraum nach dem Jahr 2037 dort keine Wachstumsraten mehr angegeben werden, wurde die letzte Periode bis 2050 mit den gleichen Wachstumsannahmen wie für die Periode 2030 bis 2037 hinterlegt. Für den Bundesstaat *Sarawak* wird leider kein Energieausblick der Energiekommission veröffentlicht, so dass hier die Zahlen des malaiischen Festlandes übertragen wurden.

Die aus Wetterdaten des Jahres 2012 berechneten Verfügbarkeiten der Photovoltaikanlagen ist normiert und wurde für die Darstellung in Abb. 5.18 entsprechend skaliert. Hierfür wurde die aggregierte PV-Kapazität angesetzt, die der digitale Zwilling des malaiischen Energiesystems als kostenoptimierten Ausbau bei 100 % Dekarbonisierung berechnet. Die Optimierungsergebnisse werden unten in Abschn. 5.3.3.3 beschrieben. Interessant ist die geringe saisonale Schwankung – sowohl des Verbrauchs als auch der PV-Stromproduktion.

Flexibilität aus Stromspeichern

Die saisonalen – wöchentlichen und täglichen – Schwankungen der *Residuallast,* d. h. des Stromverbrauchs abzüglich der Produktion aus dargebotsabhängiger Stromerzeugung sind entscheidend für die optimale Struktur des dekarbonisierten Energiesystems. Denn diese Variationen müssen mit Flexibilitäten auf Seiten der Erzeugung oder des Verbrauchs kompensiert werden. In der hier vorgestellten Studie stehen die in Abb. 5.19 dargestellten Technologien dem digitalen Abbild als Flexibilität zur Verfügung. Die am Ende jeweils eingesetzten Speicherkapazitäten ergeben sich hier wiederum aus der Minimierung der Gesamtkosten. In der Mitte von Abb. 5.19 sind Batteriespeichersysteme aufgeführt, die hier als *Lithium-Ionen-Batterien* angenommen werden und sich gut für den Ausgleich von Tagesschwankungen eignen. Zusätzlich wird die Technologieoption der *elektrothermischen Energiespeicher (ETES)* für die Optimierung genutzt. Elektrothermische Energiespeicher wandeln Überschussstrom in

[37] Vgl. Energy Market Authority of Singapore (2019).

[38] Vgl. Suruhanjaya Tenaga (2020a) und Suruhanjaya Tenaga (2020b).

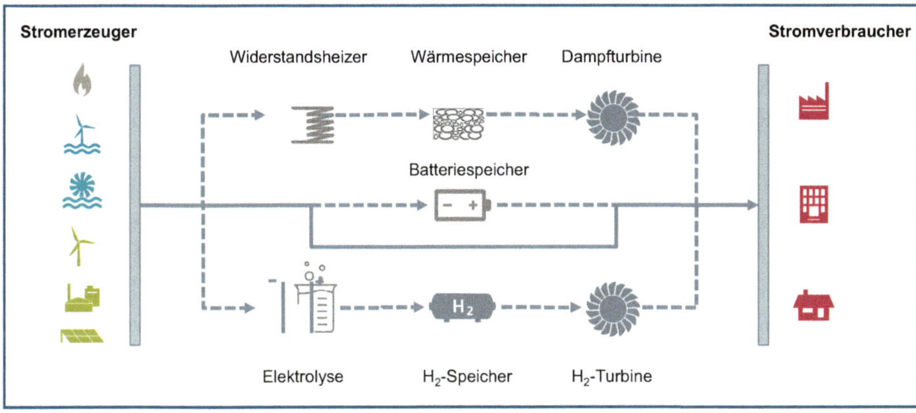

Abb. 5.19 Stromsektor mit elektrothermischen Energiespeicher, Batterien und H2-Rückverstromung

Hochtemperaturwärme, diese wird in Gesteinsschüttungen gespeichert und bei Bedarf über Dampferzeugung und Dampfturbine rückverstromt. Elektrothermische Energiespeicher eignen sich gut, um wöchentliche Schwankungen der Residuallast auszugleichen. Für die Kompensation monatlicher bzw. saisonaler Differenzen ist die untere Route in Abb. 5.19 über Wasserelektrolyse, *Wasserstoffspeicher* und mit Wasserstoff befeuerten Gasturbinen vorgesehen. Klassische Pumpspeicherkraftwerke spielen in Malaysia keine Rolle.

5.3.3.2 Szenarien

Es werden im Wesentlichen drei Szenarien miteinander verglichen, die sich im Dekarbonisierungsgrad unterscheiden, siehe Tab. 5.2. Für alle Szenarien wird ein hinreichend starker Ausbau der Übertragungs- und Verteilnetze vorausgesetzt, so dass es zu keinen Engpässen beim Stromtransport kommt. Diese Annahme wird fachlich oft als „Annahme einer Kupferplatte" bezeichnet. Leitungsverluste werden allerdings berücksichtigt. Der ausgewiesene relative Dekarbonisierungsgrad bezieht sich auf ein Szenario mit den derzeitig bereits geplanten Maßnahmen zur Klimazielerreichung, wie sie im

Tab. 5.2 Szenarienübersicht

Name	CO_2-Emissionen	Kosten PV und Wind	Batteriekosten
Derzeitige Pläne	Nach Energieausblick 2019	Progressiv nach IRENA (2020)	Konservativ nach Vidal (2018)
Dekarb-80	80 % Reduktion im Vergleich zu derzeitigen Plänen	Progressiv nach IRENA (2020)	Konservativ nach Vidal (2018)
Dekarb-100	100 % Reduktion im Vergleich zu derzeitigen Plänen	Progressiv nach IRENA (2020)	Konservativ nach Vidal (2018)

Energieausblick der malaiischen Energiekommission dokumentiert sind.[39] So ist z. B. eine minimale Kapazität von PV-Anlagen in Höhe von 2 GW gefordert und es sind Laufwasserkraftwerke in Höhe von knapp 6 GW vorgegeben.

Die Brennstoffpreise für die fossilen Kraftwerke wurden nach dem IHS Rivalry-Energieausblick gewählt.[40] So wurde beispielsweise ein Erdgaspreis von rund 30 EUR pro Megawattstunde Brennwert angenommen. Wesentlich sind aber insbesondere die Investitionskosten für die Erneuerbaren und die Batteriespeichersysteme. Wir haben uns in der beschriebenen Studie für progressive Investitionskosten nach IRENA für die Erneuerbaren entschieden, beispielsweise 291 EUR/kW für Photovoltaik.[41] Die Kosten für die Lithium-Ionen-Batterien sind in den drei Szenarien mit den Werten aus dem Marktausblick von IHS Markit eher konservativ angesetzt.[42] Aus diesem Grund wurde zusätzlich eine Sensitivitätsrechnung mit um 50 % reduzierten Batteriekosten durchgeführt.

Die Szenarien mit 80 % und 100 % Reduzierung des CO_2-Austoßes im Vergleich zu den derzeitigen Plänen sehen bereits eine sehr weitgehende Dekarbonisierung vor, die bei dem projizierten Wachstum für Malaysia schwer zu realisieren sein könnte. Deshalb wurde in zusätzlichen Sensitivitätsrechnungen der Klimagasausstoß schrittweise reduziert, angefangen mit einer relativ niedrigen zehnprozentigen Reduktion.

5.3.3.3 Ergebnisse

Der die Systemkosten minimierende Energiemix, der aus den oben beschriebenen Dekarbonisierungsszenarien resultiert, soll im Folgenden beschrieben und diskutiert werden.

Entwicklung der Erzeugungskapazitäten und Stromgestehungskosten

In Abb. 5.20 werden die Stromerzeugungskapazitäten und die Einspeiseleistung der elektrischen Energiespeicher jeweils für den heutigen Status quo, wie ihn die malaiische Energiestatistik[43] ausweist, mit dem Ergebnis der Optimierung mit Vorgabe der derzeitigen Ausbaupläne sowie die Szenarien Dekarb-80 und Dekarb-100 dargestellt. Vergleicht man die Erzeugungskapazitäten mit der Spitzenlast, wird deutlich, dass die Versorgungssicherheit in den Szenarien Dekarb-80 und Dekarb-100 wesentlich von den Batteriespeichern abhängt. Trotz massiver Überinstallation der Photovoltaik kann diese nur in Kombination mit Speichern die Stromversorgung sicherstellen. Die nicht dargebotsabhängige Erzeugung ist zu gering, um bei Nichtverfügbarkeit der PV-Produktion

[39] Suruhanjaya Tenaga (2020a) und Suruhanjaya Tenaga (2020b).

[40] Vgl. Vidal (2018).

[41] Vgl. IRENA (2020).

[42] Vgl. Huntington (2018).

[43] Vgl. Suruhanjaya Tenaga (2020c).

auszugleichen. Selbst im vollständig dekarbonisierten Fall spielt der elektrothermische Energiespeicher keine und Energiespeicherung über Wasserstoff nur eine geringe Rolle. Das Ergebnis lässt sich nachvollziehen, wenn wir uns das Lastprofil aus Abb. 5.18 in Abschn. 5.3.3.1 mit der geringen Saisonalität in Erinnerung rufen. Es besteht für Stromspeicher im Wesentlichen die Aufgabe, den Tag-Nacht-Wechsel auszugleichen, passend zu den charakteristischen Stärken der Lithium-Ionen-Batterien. Der verbleibende geringe langfristige Speicherbedarf wird dann über Elektrolyse, Wasserstoffspeicher und mit Wasserstoff befeuerten Gas- und Dampfturbinenkraftwerken bereitgestellt.

Die in Abb. 5.20 dargestellten Kapazitäten an Photovoltaik und Batteriespeichern bedeuten einen hohen Investitionsaufwand, trotz des angenommen starken Preisverfalls bei der Photovoltaik. Analysieren wir die gesamten *Stromgestehungskosten* der Szenarien, wie in Abb. 5.21 dargestellt, fällt der zu erwartende Anstieg mit 13,5 % zwischen den derzeitigen Plänen und Dekarb-80 bzw. mit 8,3 % von Dekarb-80 auf Dekarb-100 geringer aus, als die Kapazitätszahlen vermuten lassen. Den Investitionskosten stehen stark reduzierte bzw. komplett wegfallende Kosten für die fossilen Brennstoffe, der größte Beitrag zu den variablen Kosten, gegenüber, die deshalb in Abb. 5.21 extra ausgewiesen wurden.

Stromspeicher bei zunehmendem Dekarbonisierungsgrad

Nachdem die Szenarien Dekarb-80 und Dekarb-100 eine weitgehende Dekarbonisierung des malaiischen Stromsektors voraussetzen, wurde im Sinne einer Sensitivitätsbetrachtung der Dekarbonisierungsgrad schrittweise erhöht. Die resultierenden Stromerzeugungskapazitäten und Einspeiseleistungen der elektrischen Energiespeicher sind in Abb. 5.22 dargestellt. Mit dem steigenden Dekarbonisierungsgrad steigen die PV- und Batteriespeicherinstallationen stetig an. Interessanterweise werden erst bei einer vollständigen Dekarbonisierung die beiden langfristigeren Speicherformen, nämlich jene

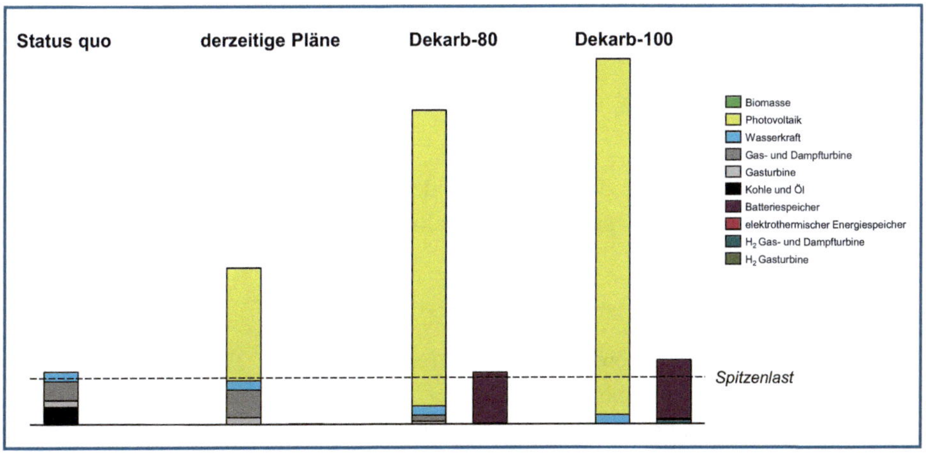

Abb. 5.20 Kapazitäten der Stromerzeugung und Einspeiseleistung elektrischer Energiespeicher

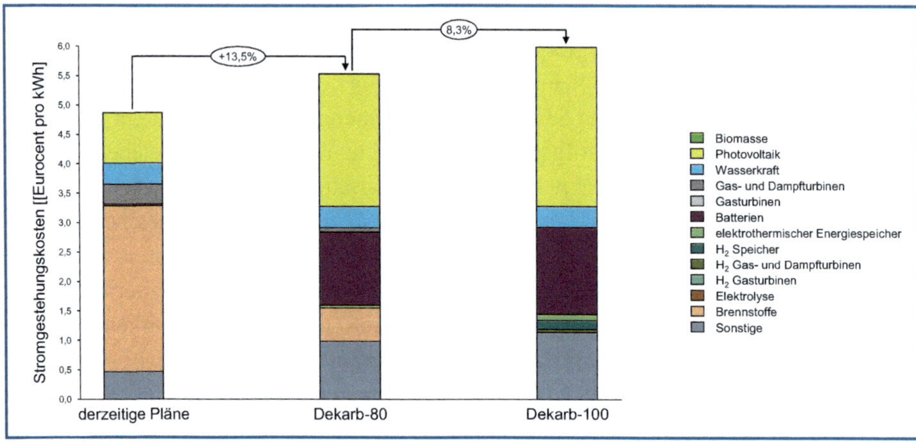

Abb. 5.21 Stromgestehungskosten pro Szenario

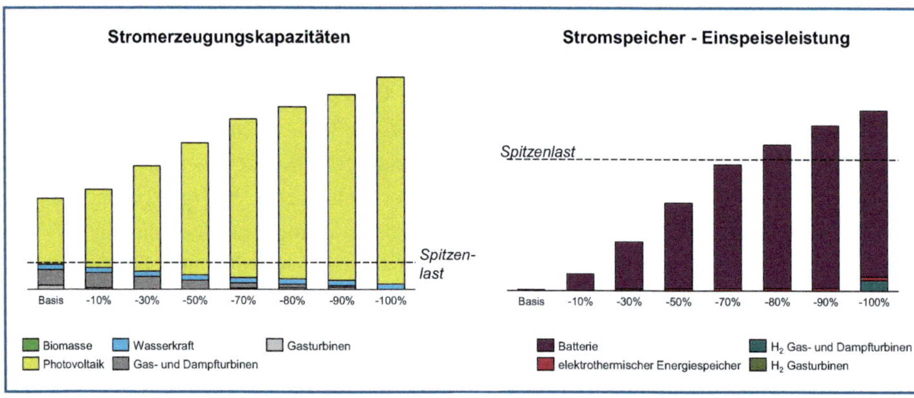

Abb. 5.22 Kapazitäten der Stromerzeugung und Batteriespeicher bei zunehmender Dekarbonisierung

der elektrothermischen Energiespeicher und der Wasserstoffspeicher, benötigt. Zuvor existieren noch hinreichend gasbefeuerte Kraftwerke, die den langfristigen Ausgleich ermöglichen.

Kipppunkt Batteriekosten

Die oben bereits beschriebenen Ergebnisse bei schrittweiser Reduzierung der CO_2-Emissionen wurden in Abb. 5.23 zusammen mit den Leistungen für halbierte Batteriekosten dargestellt. Mit den 118 EUR pro Kilowatt Leistung und 36 EUR pro Kilowattstunde Speicherkapazität hat man einen *Kipppunkt* erreicht oder überschritten: Das Energiesystem wird fast vollständig von Photovoltaik- und Batteriespeicher

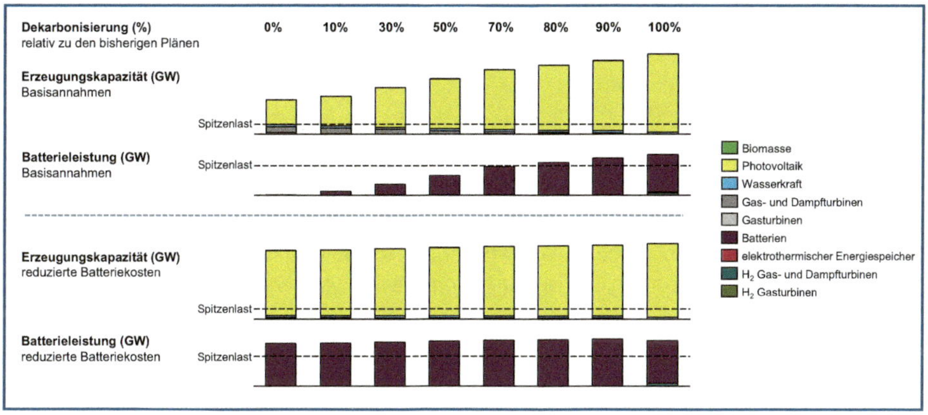

Abb. 5.23 Die Rolle von PV-Batterien im Falle einer stärkeren Degression der Kosten für Batteriespeichersysteme

dominiert. Schon in dem Basisszenario, dem neben der Forderung nach minimalen Kosten nur die bereits derzeit geplanten Dekarbonisierungsmaßnahmen vorgegeben sind, wird annähernd das finale, vollständig dekarbonisierte System realisiert.

Besonders bei den zuletzt diskutierten Rechnungen müssen wir uns bewusst machen, dass das Energiesystemmodell hier keinen Transformationspfad von der heutigen Infrastruktur hin zu einem dekarbonisierten Energiesystem abbildet, sondern eine quasistationäre Betrachtung macht, in der Kraftwerke und Speicher, die ihr Lebensende erreichen, durch die gleiche Technologie ersetzt werden. Mit jeder getätigten Investition werden Randbedingungen geschaffen, die eine vollkommen freie Optimierung der Zukunft nicht mehr erlauben. Deshalb müssen die vorgestellten Ergebnisse richtig interpretiert werden. Was nach Meinung der Autoren aber Bestand hat, ist das disruptive Potenzial von Photovoltaik in Kombination mit Batteriespeichern bei der Dekarbonisierung auch von Ländern mit nur mäßigem Solarpotenzial, falls sie eine kaum saisonal variierende Residuallast zeigen.

5.3.4 Energiesystemarchetypen

Gibt es ein einheitliches Rezept für die Dekarbonisierung aller Länder weltweit? Nein, mit Sicherheit existiert dies nicht, denn die wirtschaftlichen, geografischen und energierelevanten Vorrausetzungen sind global zu verschieden. Außerdem wird ein technoökonomischer Dekarbonisierungspfad über den Prozess der politischen Willensbildung und Interessenvermittlung modifiziert und reguliert. Dennoch kann es hilfreich sein, globale *Trends* über die Ähnlichkeit von Energiesystemen abzuschätzen. In diesem Kontext bieten globale Energiesystemarchetypen einen Ansatz, der Länder mit ähnlichen sozio-ökonomischen, klimatisch-geographischen und energierelevanten Bedingungen zusammenfasst. Die Definition und Auswertung solcher Archetypen wird in den folgenden Unterkapiteln erläutert.

5.3.4.1 Motivation

Für eine ausführliche Analyse der Ziele im Pariser Klimaabkommen und eine Einschätzung der Dekarbonisierung der Energiesysteme ist es nicht ausreichend, einzelne Länder zu beurteilen. In globalen Auswertungen werden dazu in vielen aktuellen Analysen Länder zusammengefasst, die geografisch in der gleichen Region, auf dem gleichen Kontinent oder in der gleichen Wirtschaftsregion verortet sind. Um allerdings das Energiesystem und die Herausforderung hinsichtlich der Dekarbonisierung zu untersuchen, ist die geografische Nähe nicht das einzige Kriterium. Es können auch Länder mit ähnlichen klimatischen Bedingungen auf zwei unterschiedlichen Kontinenten aktuell ähnliche Energiesysteme bzw. zukünftig ähnliche Entwicklungspfade haben. Um diese Ähnlichkeit zu berücksichtigen, werden *Energiesystemarchetypen* eingeführt. Diese fassen Länder zusammen, die vergleichbare wirtschaftliche Voraussetzungen, geografische Bedingungen und aktuelle Energiesysteme haben.

Natürlich ist die regionale Ebene, wie sie in Abschn. 5.3.2 beschrieben ist, die detaillierteste, um Dekarbonisierungspfade zu modellieren. Allerdings führt diese Genauigkeit in einer globalen Analyse zu nicht rechenbaren Modellen. Somit sind solche Archetypen eine Möglichkeit, globale Auswertungen mit möglichst wenig Rechen- und vor allem auch Auswertungsaufwand durchzuführen.

5.3.4.2 Methodik zur Identifikation der Archetypen

Die Klassifizierung von Archetypen folgt der Idee, komplexe Zusammenhänge in einfache Gemeinsamkeiten zu abstrahieren. Eine Methodik, die zu dieser Definition passt und deswegen häufig für die Klassifizierung angewendet wird, ist das *Clustern.*[44] Die entscheidenden vier Schritte dafür sind die

1. Auswahl der Eingangsdaten,
2. Auswahl der Methodik bzw. Algorithmen,
3. die Validierung und
4. die Auswertung der Ergebnisse.[45]

Während die ersten beiden Schritte in diesem Abschnitt beschrieben werden, folgen die Ergebnisse und deren Validierung in Abschn. 5.3.4.3.

Wie bereits in der Motivation der *Archetypen* beschrieben, berücksichtigen diese sozio-ökonomische, klimatische und energierelevante Inputdaten. Dazu werden ver-

---

[44]Vgl. Eisenack et al. (2019).

[45]Vgl. Xu und Wunsch (2009).

schiedene globale und frei verfügbare Quellen, beispielsweise United Nations, World Bank, U.S. Energy Information Administration, verwendet, die in einem gemeinsamen Datensatz für alle Länder vereint werden. Dieses datenbasierte Vorgehen wurde in Abschn. 3.3 detailliert beschrieben. Die gesammelten Kategorien werden zunächst nach geeigneten Kriterien, z. B. der Relevanz im Energiesystemmodell, der Detailebene, der Vergleichbarkeit oder der globalen Datenverfügbarkeit vorgefiltert. Anhand dieser Kriterien werden aus mehr als 200 Kategorien 62 Kategorien ausgewählt, die für die Identifikation der Archetypen verwendet werden. Diese Kategorien sind ungefähr zu 20 % sozio-ökonomische Daten, zu 20 % klimatisch-geografische Daten und zu 60 % im engeren Sinne energierelevante Daten. Der Datensatz beinhaltet diese Daten für 141 UN-Länder und das Jahr 2015 als Basisjahr, da für dieses die weitreichendste Datenbasis vorhanden ist.

Zwischen diesen Eingangsdaten und der Anwendung, der Klassifizierung von Energiesystemarchetypen, muss anschließend ein geeigneter Clusteralgorithmus ausgewählt werden. Wir verwenden dafür den *k-Means-Algorithmus,* der sehr weit verbreitet ist, bereits häufig für ähnliche Anwendungen verwendet wurde und den Datensatz gleichgewichtet clustert.[46] Da das Verfahren heuristisch ist und somit kein globales Optimum garantiert, sind verschiedene Erweiterungen notwendig. Mit letzteren wird das Ergebnis stabilisiert und ist bei jedem Durchlauf deterministisch. Bei diesen Erweiterungen sind vor allem die Implementierung des k-Means+ +Ansatzes zur Verbesserung der Startlösung[47] und die häufige Iteration des Verfahrens hervorzuheben. Die beste Lösung aller Iterationen, klassifiziert durch die geringste Varianz der Cluster, definiert letztendlich die Archetypen.

Ein kritischer Punkt des k-Means-Verfahrens ist die Anzahl der Cluster. Häufig wird dabei die Entwicklung der Varianz über die Anzahl der Cluster verwendet, die grafisch einem Ellenbogen ähnelt und deswegen auch *Ellenbogen-Kurve* genannt wird. Für unsere Anwendung ist allerdings keine „klare Beugung des Ellenbogens" identifizierbar, wie dies Abb. 5.25 zeigt. Somit bestimmen wir die Anzahl der Cluster basierend auf dem Intervall mit der stärksten Beugung und einem Vergleich mit anderen Studien, die geographisch-wirtschaftliche Nachbarregionen verwenden. Beide Zusammenhänge führen zu der gewählten Anzahl von 15 Archetypen. Im Intervall bis 20 Cluster ist die Verbesserung der Cluster am stärksten und die Anzahl der Länder pro Archetyp entspricht im Durchschnitt dem Vergleich in anderen Studien. Außerdem sind 15 Archetypen hinsichtlich ihrer Unterschiede noch erklärbar, während die Länder trotzdem Ähnlichkeiten aufweisen.

Eine ausführliche Beschreibung der Inputdaten, der Auswahlkriterien und des Clusterverfahrens sind in zwei detaillierten Veröffentlichungen zu finden.[48]

---

[46]Vgl. Jain (2010).

[47]Vgl. Arthur und Vassilvitskii (2007).

[48]Vgl. Kueppers et al. (2020a) und Kueppers et al. (2020b).

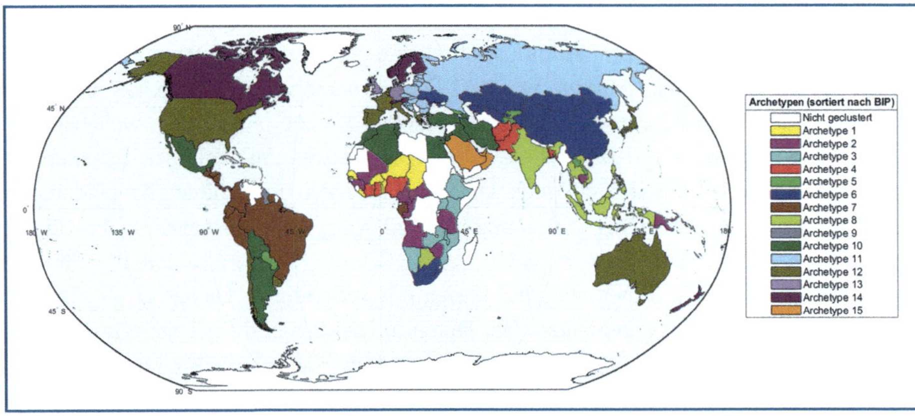

Abb. 5.24 Geographische Übersicht der 15 Energiesystemarchetypen sortiert nach dem BIP

5.3.4.3 Beschreibung der Energiesystemarchetypen im Vergleich mit geografisch-wirtschaftlichen Nachbarregionen

Die 15 Energiesystemarchetypen, die das Ergebnis der Clusterung von 141 Ländern anhand von 62 Datenkategorien darstellen, sind in Abb. 5.24 visualisiert. Die Verteilung verdeutlicht die globale Verteilung der Archetypen unabhängig von geographisch-wirtschaftlichen Nachbarregionen.

Neben der geographischen Verteilung sind vor allem auch die techno-ökonomischen Eigenschaften der Archetypen interessant. Um die Archetypen besser zu verstehen und die Länder diesen einordnen zu können, sind diese Eigenschaften in Tab. 5.3 aufgeführt. Beispiele für besonders prägnante Archetypen sind Archetyp 15 und Archetyp 10. In Archetyp 15 sind vor allem aktuell Öl- und Gas-exportierende Länder zusammengefasst, die außerdem ein gutes PV-Potenzial aufweisen. Archetyp 10 beinhaltet wirtschaftlich aufstrebende Länder, deren Strommix aktuell stark von fossilen Kraftwerken dominiert wird. Allerdings weisen diese Länder sehr gute Verhältnisse sowohl für Windkraft als auch Photovoltaik auf, was in vielen Studien zu Ländern wie Argentinien oder Marokko bestätigt wird.

Die Validierung der Archetypen wird über einen Vergleich mit der Einteilung in geographisch-wirtschaftliche Nachbarregionen durchgeführt. Als Vergleichskriterium werden Einteilungen aus verschiedenen globalen Energiesystemstudien sowie offizielle UN-Klassifikationen verwendet.[49] Dafür werden die Distanzen zwischen Durchschnittswert der jeweiligen Region und den einzelnen Ländern berechnet und die Summe über alle Regionen mit der Summe über alle Cluster verglichen. Die Berechnung erfolgt nur für die 141 geclusterten Länder und die 62 verwendeten Kategorien. Abb. 5.25 zeigt das Ergebnis dieses Vergleiches.

[49]Vgl. Vaillancourt et al. (2008), Rogner (2016), Löffler et al. (2017), Ram et al. (2019) und United Nations (1999).

Tab. 5.3 Beschreibung der 15 Archetypen sortiert nach ihrem BIP pro Kopf

Archetyp	Länder	Eigenschaften im Vergleich zu anderen Archetypen
Archetyp 1	Benin, Burkina Faso, Gambia, Komoren, Liberia, Niger, Sao Tome und Príncipe, Senegal, Togo, Tschad, Vanuatu	Niedrigstes BIP pro Kopf und HDI*, höchste durchschnittliche Temperatur, niedrigster Stromverbrauch pro Kopf und hohe Abhängigkeit von fossilen Brennstoffen
Archetyp 2	Angola, Guinea, Kambodscha, Kamerun, Kongo, Mali, Papua-Neuguinea, Simbabwe, Tansania, Zentralafrikanische Republik	Niedrige Bevölkerungsdichte, nahe am Äquator, diverser Energiemix (Kohle, Gas, Öl, Wasser)
Archetyp 3	Äthiopien, Kenia, Malawi, Mosambik, Namibia, Sambia, Uganda	Zweithöchstes Bevölkerungswachstum, niedrige Urbanisierung, hoher Anteil Wasserkraft, gutes PV-Potenzial
Archetyp 4	Afghanistan, Bangladesch, Elfenbeinküste, Ghana, Nigeria, Pakistan	Hohe Bevölkerungsdichte, geringste politische Stabilität, Beitrag von etwa 30 % Wasserkraft
Archetyp 5	Albanien, Georgien, Kirgisistan, Laos, Paraguay, Tadschikistan	Niedrige Bevölkerungsdichte, höchster Anteil von Wasserkraft und Stromexporten
Archetyp 6	China, Kasachstan, Republik Moldau, Mongolei, Südafrika, Ukraine, Usbekistan	Kohledominiert, hohe Energieintensität, gemäßigtes Klima mit Wärme- und Kältebedarf
Archetyp 7	Belize, Brasilien, Costa Rica, Ecuador, El Salvador, Fidschi, Gabun, Guatemala, Honduras, Kolumbien, Nicaragua, Panama, Peru, Suriname	Hoher Niederschlag, hoher Anteil Geothermie und Biomasse, Kohleförderung, hoher Waldanteil
Archetyp 8	Botsuana, Dominikanische Republik, Indien, Indonesien, Malaysia, Philippinen, Sri Lanka, Thailand, Vietnam	Abhängigkeit von Kohleverstromung, hoher Anstieg der CO_2-Emissionen, geringer Anteil erneuerbarer Energien
Archetyp 9	Bahamas, Barbados, Guyana, Jamaica, Kap Verde, Malta, Mauritius, Saint Kitts und Nevis, Samoa, Seychellen, Tonga	Hohe Bevölkerungsdichte, Inselstaaten mit viel Küste, hoher Anteil von Öl im Strommix
Archetyp 10	Ägypten, Algerien, Argentinien, Aserbaidschan, Bolivien, Iran, Irak, Israel, Jordanien, Libanon, Marokko, Mexiko, Tunesien, Türkei, Zypern	Geringer Niederschlag, großer Anteil von Gaskraftwerken, gute Bedingungen für Wind und PV
Archetyp 11	Armenien, Belarus, Bosnien und Herzegowina, Bulgarien, Estland, Kroatien, Lettland, Litauen, Polen, Rumänien, Russland, Slowakei, Slowenien, Tschechien, Ungarn	Schrumpfende Bevölkerung, geringe Temperaturen, große Bedeutung von Braunkohle und Kernkraft

(Fortsetzung)

Tab. 5.3 (Fortsetzung)

Archetyp	Länder	Eigenschaften im Vergleich zu anderen Archetypen
Archetyp 12	Australien, Belgien, Chile, Frankreich, Griechenland, Irland, Italien, Japan, Luxemburg, Niederlande, Portugal, Spanien, Südkorea, Uruguay, Vereinigte Staaten von Amerika	Starke Urbanisierung, hoher Anteil erneuerbarer Energien, hohe Intensität der Emissionen, mittlere PV- und gute Windbedingungen
Archetyp 13	Dänemark, Deutschland, Vereinigtes Königreich Großbritannien und Nordirland	Höchster HDI, höchster Anteil von Wind und PV im aktuellen System, gute Windbedingungen, Reduktion der Emissionen seit 1990
Archetyp 14	Finnland, Kanada, Neuseeland, Norwegen, Österreich, Schweden, Schweiz	Geringste Durchschnittstemperatur, höchster Anteil Elektroautos, höchster Stromverbrauch pro Kopf, hoher Anteil von Wasserkraft und Kernkraft
Archetyp 15	Katar, Kuwait, Oman, Saudi-Arabien, Vereinigte Arabische Emirate	Höchstes BIP pro Kopf, höchster Primärenergieverbrauch pro Kopf, geringer Niederschlag, höchster Anteil fossiler Brennstoffe im Strommix, gute PV-Bedingungen, höchste Emissionsintensität

*Der *Human Development Index* (HDI) ist ein Index zur Messung menschlicher Entwicklung eines Landes.

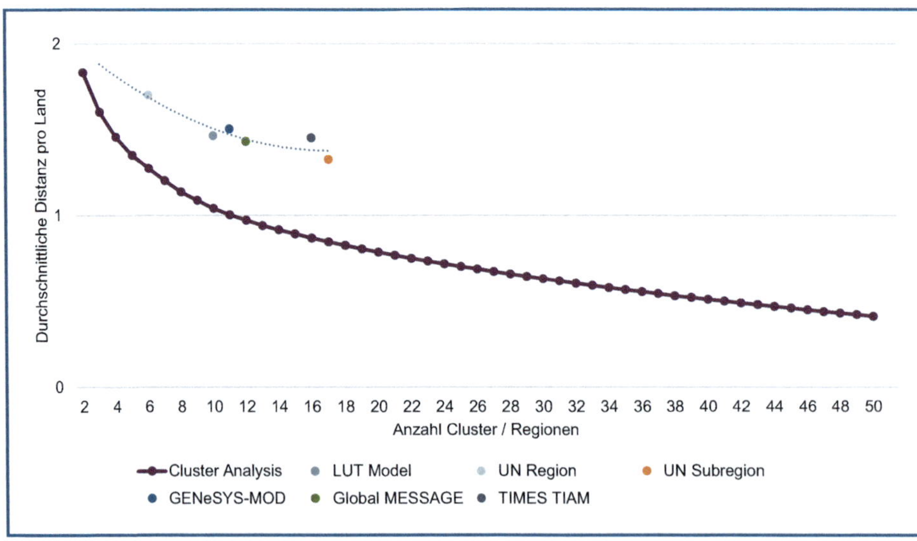

Abb. 5.25 Vergleich der Cluster Ergebnisse mit verschiedenen Einteilungen in geographisch-wirtschaftliche Regionen

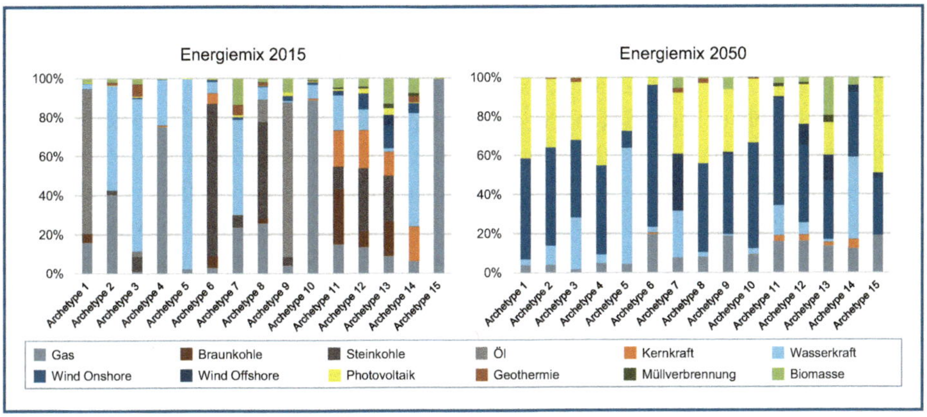

Abb. 5.26 Energiemix der modellierten Energiesystemarchetypen für 2015 und mit 80 % Dekarbonisierung im Jahr 2050

Im Durchschnitt aller sechs Vergleichsstudien ist die Klassifizierung in Cluster für die verwendeten Datenkategorien um 44 % besser als eine Klassifizierung nach geografisch-wirtschaftlichen Nachbarregionen. Dadurch wird die Hypothese bestätigt, dass Energiesystemarchetypen helfen, ähnliche Energiesysteme auf verschiedenen Kontinenten zusammenzufassen.

5.3.4.4 Modellierung der Archetypen in einem Energiesystemoptimierungsmodell

Neben der reinen Datenanalyse und der Auswertung, welche Länder ähnliche Energiesysteme aufweisen, bieten die Archetypen weitere Vorteile. Sie können beispielsweise als digitale Zwillinge dazu dienen, verschiedene globale Dekarbonisierungspfade zu berechnen. In Beispielrechnungen haben wir für die 15 oben genannten Archetypen ausgehend von ihrem Energiesystem in 2015 den optimalen Strommix für das Jahr 2050 unter der Annahme einer Reduktion der CO_2-Emissionen um 80 % berechnet.[50] Für beide Jahre ist der Strommix in Abb. 5.26 dargestellt.

Die Modellierungsergebnisse für das Jahr 2015 zeigen dabei noch einmal die Charakteristika der Archetypen, die in Tab. 5.3 zusammengefasst sind. Aus den Ergebnissen für 2050 lassen sich im Wesentlichen vier zentralen Aussagen ableiten:

1. Die Energiesysteme nähern sich in einem globalen Dekarbonisierungsszenario an: Während die Unterschiede zwischen den Archetypen im Jahr 2015 noch sehr deutlich sind, dominieren 2050 bei der Stromerzeugung Windkraft, Photovoltaik, und Wasserkraft in allen 15 Archetypen. Somit sind die Wind- und PV-Bedingungen wichtige

[50] Vgl. Kueppers et al. (2020b).

Eingangsdaten für die Modelle, da diese beiden Technologien entscheidend sind. Allerdings zeigen die Ergebnisse auch, dass die Modellierung von Archetypen durch das Startjahr und einen Zwischenschritt, wie beispielsweise das Jahr 2030, wichtige Einblicke geben kann. Dadurch können typische globale Entwicklungspfade verglichen werden und als Leitlinie für Länder in den Archetypen dienen.
2. Gaskraftwerke werden als Brückentechnologie bis zur vollständigen Dekarbonisierung eingesetzt. Da die spezifischen CO_2-Emissionen von Gaskraftwerken deutlich geringer sind als die anderer fossiler Stromerzeugung, werden diese im Jahr 2050 als einzige konventionelle Kraftwerkstechnologie betrieben. Diese Gaskraftwerke stellen die notwendige Flexibilität bereit, um die Volatilität erneuerbarer Erzeugungstechnologien auszugleichen.
3. PV-Anlagen, Wasserkraft und Batterien bilden eine interessante Technologiekombination. Vor allem in Ländern, die einen vergleichsweise hohen Anteil von Erzeugung aus PV-Anlagen haben, werden zusätzlich Batteriespeichersysteme installiert. Batterien sind eine geeignete Technologie, um den Tag-Nacht-Zyklus der Sonneneinstrahlung zu verstetigen. In Ländern, die Wasserkraft in ihrem Energiesystem aufweisen, kann eine Überinstallation von PV-Anlagen und der Ausbau von Batteriespeichern vermieden werden, indem am Abend und in der Nacht die Flexibilität aus Speicher- oder Pumpspeicherkraftwerken genutzt wird.
4. Insgesamt wird ein Anteil von mindestens 15 % der installierten Kapazität an Flexibilität benötigt. Als Zusammenfassung der Installation von Gaskraftwerken und Verstetigung von PV-Erzeugung zeigen die Auswertungen, das in allen Archetypen Flexibilität benötigt wird. Weitere Quellen für diese Flexibilitäten können z. B. Biomassekraftwerke, thermische Speicher oder zukünftig auch eine Wasserstoff-Rückverstromung sein.

5.3.4.5 Diskussion des Potenzials und der Grenzen von Archetypen

Die Ergebnisse der Modellierungen zeigen, dass Archetypen helfen können, globale Dekarbonisierungspfade aufzuzeigen und globale Effekte zu erkennen. Insgesamt wird ein detailliertes Ländermodell nie durch die Abstraktion von Ländern in Archetypen ersetzt, da jedes Land letztendlich spezielle, einzigartige Eigenschaften aufweist. Allerdings sind die Archetypen geeignet, um Länderenergiesysteme global einzuordnen. Diese Einordnung kann helfen, fehlende Daten abzuschätzen oder zu rekonstruieren. Außerdem können für bestimmte Themen, wie beispielsweise ein Kohleausstieg oder die Erzeugung von grünem Wasserstoff, Länder für eine detaillierte Modellierung vorselektiert werden. Zusätzlich können Marktpotenziale oder technische Anforderungen von Produkten und Technologien in verschiedenen Energiesystemen ausgewertet werden. Grundsätzlich liefern die Archetypen darüber hinaus wichtige Erkenntnisse, die bei der Analyse globaler Länderenergiesysteme relevant sind. Sie führen also nicht zu einem globalen Lösungskonzept, helfen aber beim Verständnis weltweiter Dekarbonisierungsprozesse auf regionaler Ebene und in deren Zusammenhängen.

Mikrobetrachtung inklusive Anwendungsfälle

6

Success is the sum of details. [Harvey S. Firestone]

Zusammenfassung

Hat das vorhergehende Kapitel Fallbeispiele für Länder – also auf Makroebene – aufgezeigt, so wird im sechsten Kapitel anhand einiger Fallbeispiele auf Mikroebene das „Wie“ der digitalen Dekarbonisierung für einzelne Unternehmen erläutert. Die Anwendungsfälle sind nicht fiktiv, sondern konkrete Projekte aus den Sektoren Infrastruktur, Industrie, Wohnwirtschaft und Energieversorgung, welche die Autoren in den letzten Jahren mit der vorgestellten Methode der Digitalen Dekarbonisierung bearbeitet haben. Besonderer Fokus wird in diesen Beispielen auf die Wirkung von Regulatorik, der Komplexität von Multi-Stakeholder-Systemen und der anspruchsvollen Aufgabe der Dekarbonisierung urbaner Wärmeversorgung gelegt. Mithilfe dieser Beispiele ist der Leser in der Lage, die Vorzüge der digitalen Dekarbonisierung vollends zu erfassen und sie in der Praxis anzuwenden.

Digitale Dekarbonisierung auf Mikroebene beantwortet die Fragestellung, wie sich einzelne Unternehmen oder Standorte kosteneffektiv dekarbonisieren können. In diesem Kapitel wird anhand von vier Beispielen aus der Praxis gezeigt, wie die Methode der Digitalen Dekarbonisierung zur Analyse und Optimierung von Standortenergiesystemen verwendet werden kann. Die Digitale Dekarbonisierung ermöglicht hierbei eine Robustifizierung von Investitionsentscheidungen der Unternehmen. In Abschn. 6.1 wird auf Besonderheiten der Digitalen Dekarbonisierung bei

O. D. Doleski et al., *Digitale Dekarbonisierung*,
https://doi.org/10.1007/978-3-658-32934-1_6

Mikrobetrachtungen eingegangen. In den dann folgenden Abschn. 6.2 bis 6.4 werden die Beispiele eines europäischen Flughafens, eines deutschen Industrieunternehmens und die Dekarbonisierung einer urbanen Wärmeversorgung zur Demonstration einer Methodenanwendung der Digitalen Dekarbonisierung verwendet. Das Kapitel endet in Abschn. 6.5 mit einigen abschließenden Bemerkungen zu den gezeigten Beispielen auf Mikroebene.

6.1 Besonderheiten der Digitalen Dekarbonisierung bei Mikrobetrachtungen

Die Digitale Dekarbonisierung für Mikrobetrachtungen legt den Fokus auf einzelne Unternehmen oder Standorte. Diese Standorte können sich im Regelfall nicht vollständig selbst versorgen, sondern stehen im Austausch mit Ihrer Umgebung. Beispielsweise sind in Europa – wenn es die Lage zulässt – nahezu alle Unternehmen an das öffentliche Stromnetz angeschlossen. Zudem können diverse weitere Energieträger, wie z. B. Gas oder Öl, bezogen werden. Die Erfahrung der Autoren zeigt, dass die Technologieauswahl und der Transformationspfad für das Energieversorgungssystem eines Standorts am stärksten von den ökonomischen Randbedingungen der einzelnen Energieträger abhängen, z. B. von den Konditionen für den Strombezug aus dem öffentlichen Netz der Versorgung. Zur *Robustifizierung* des Ergebnisses bieten sich Sensitivitätsanalysen und/oder konkrete Szenarien an. Weiterhin ist es vorteilhaft, Daten aus der Makroebene in die Mikrobetrachtungen einfließen zu lassen.

Häufig wird für Mikrobetrachtungen die Annahme getroffen, dass das betrachtete System – also der konkrete Standort – keinen Einfluss auf das umliegende System hat, beispielsweise auf die Energiepreise. Dies wurde in Kap. 4 als *unelastische Randbedingung* bezeichnet und ist nur zulässig, wenn das betrachtete System gegenüber dem gesamten System eines Landes oder Kontinents hinreichend klein ist. Hinsichtlich der Rückwirkung des betrachteten Systems auf relevante Energiemärkte bezeichnet man dieses üblicherweise als *Price-Taker*.

Im Gegensatz zu Makrobetrachtungen müssen Komponenten in einem Energieversorgungssystem auf Mikroebene meistens detaillierter abgebildet werden. Zweckmäßig ist auch die Simulation des Energiesystems mit ausgewählten, am Markt verfügbaren Komponenten nach einer ersten groben – d. h. konzeptionellen – Auslegung des Systems.

Da bei Mikrobetrachtungen häufig nur eine und dabei typischerweise eher homogene Stakeholder-Gruppe Investitionsentscheidungen treffen kann, ist die Beeinflussbarkeit des Systems und damit die Umsetzbarkeit der abgeleiteten Maßnahmen im Regelfall pragmatischer und naheliegender als bei Makrobetrachtungen. Daher steht die Identifikation robuster Investitionsentscheidungen häufig im Vordergrund bei der Digitalen Dekarbonisierung auf Mikroebene.

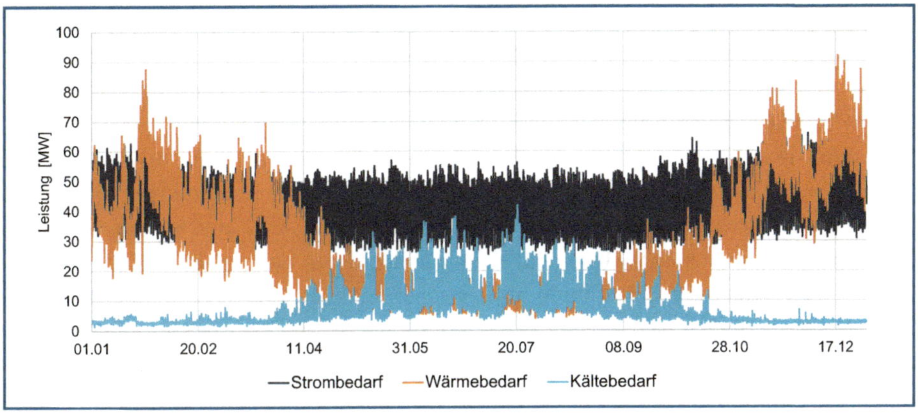

Abb. 6.1 Bedarfsprofile des Flughafens

6.2 Erste Anwendung der Methode zur Digitalen Dekarbonisierung auf Mikroebene am Beispiel eines europäischen Flughafens

Das Beispiel eines Flughafenneubaus soll dem Leser einen ersten Einstieg in die Anwendung der Methode zur Digitalen Dekarbonisierung auf Mikroebene ermöglichen. Die Annahmen zum folgenden *Flughafen* sind fiktiv, wurden aber an einen real existierenden europäischen Flughafen angelehnt.

6.2.1 Einführung, Szenarien und Annahmen

Nachfolgend wird der Anwendungsfall Flughafen, nach Einzelaspekten geordnet, vorgestellt:

Bedarfsprofile

Durch eine Simulation der Terminalgebäude konnten die *Bedarfsprofile* ermittelt werden. Die Terminalgebäude des Flughafens, die Bestandteile dieses Beispiels[1] sind, benötigen Strom, Wärme und Kälte. Der Bedarf ist zeitlich veränderlich und wurde für ein repräsentatives Jahr ermittelt. Er ist in Abb. 6.1 näher dargestellt. Ziel der in diesem Beispiel zugegebenermaßen einfach gehaltenen und damit für den Leser hoffentlich verständ-

[1]Die Dekarbonisierung des Treibstoffbedarfs der Flugzeuge ist nicht Bestandteil dieses Beispiels.

lichen Untersuchung ist die Ermittlung eines bzgl. der in Abschn. 4.1.4 beschriebenen Ziele optimalen Energieversorgungssystems zur Deckung der Lasten des Flughafens.

Rahmen der Untersuchung
Weiterhin wird die Untersuchung im Folgenden für dieses eine repräsentative Jahr, für das auch die Bedarfsprofile ermittelt wurden, durchgeführt und es werden keine zukünftigen Preisverläufe sowie mögliche weitere Ausbauten – beispielsweise eine weitere Start- oder Landebahn – antizipiert. Die Terminalgebäude sollen durch eine Energiezentrale versorgt werden, daher kann die Betrachtung als einfaches Einknotenmodell erfolgen. In diesem einen *Knoten* befinden sich sowohl die Energiezentrale wie auch die Terminalgebäude. Das benötigte thermische Netz zur Versorgung der Terminalgebäude mit Wärme bzw. Kälte – d. h. Abfuhr von Wärme – ist hier nicht Bestandteil der Betrachtung. Des Weiteren nehmen wir hier vereinfachend an, dass eine unterbrechungsfreie Stromversorgung wie auch Wärme- und Kälteversorgung separat sichergestellt wird.

Szenarien
Das Energieversorgungssystem des Flughafens soll anhand von vier möglichen Technologieauswahlszenarien betrachtet werden:

Auswahl 1 – Referenz: Bevor der Flughafen einer Digitalen Dekarbonisierung unterzogen wurde, war geplant, den Flughafen an das Strom- sowie Gasnetz anzuschließen, so dass durch Heizkessel und Kompressionskältemaschinen die Wärme- bzw. Kältelast gedeckt werden können. Diese Technologieauswahl wird folgend *Referenz* genannt. In diesem Szenario sind weiterhin der Betrieb eines Warm- und eines Kaltwasserspeichers enthalten.

In Abb. 6.2 sind diese Auswahl wie auch die drei weiteren Technologieauswahlszenarien als *Energiesystemmodell* dargestellt.

Auswahl 2 – OptimalLimit: Das Energiesystemmodell der Referenz wurde in diesem zweiten Auswahlfall um zahlreiche weitere Technologien ergänzt, es ist aber nicht vollständig[2] und wird daher *OptimalLimit* genannt. Ergänzt wurde die Referenz um eine Möglichkeit zur Installation einer Photovoltaikanlage mit maximal 10 MW Spitzenleistung. Darüber hinaus kann Biogas von Biogasanlagen in unmittelbarer Nähe des Flughafens bezogen werden. Auch besteht die Möglichkeit einer Wasserstoffversorgung des Flughafens. Die Biogasversorgung ist hierbei auf jährlich 130 GWh/a begrenzt. Neben der Photovoltaikanlage kann auch mit Gasmotoren oder einer Brennstoffzelle Strom vor Ort erzeugt werden. Diese erzeugen nicht nur Strom, sondern als Kraft-Wärme-Kopplungsanlagen (KWK-Anlagen) auch Wärme. Die Wärme kann

[2]Warum diese Auswahl nicht vollständig ist, wird durch Auswahl 3 deutlich.

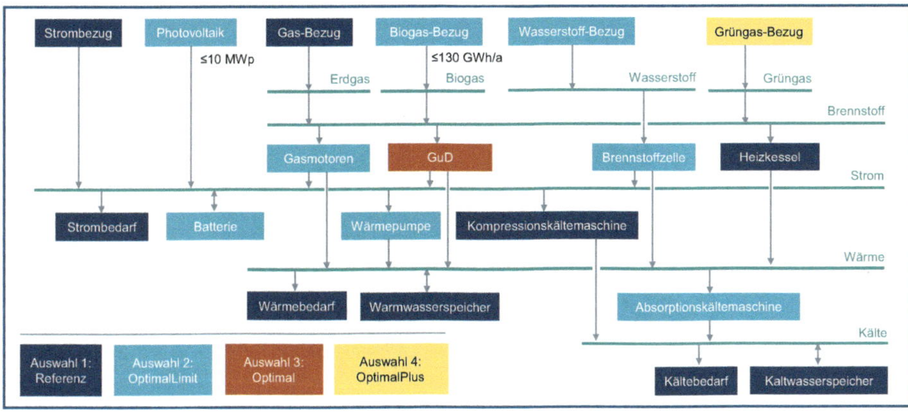

Abb. 6.2 Energiesystemmodell und Szenarien für das Flughafenbeispiel

daneben mit Wärmepumpen bereitgestellt werden. Die Kälteversorgung kann hingegen auch mit Absorptionskältemaschinen sichergestellt werden. Zuletzt hat der Optimierer mit dieser Technologieauswahl auch die Möglichkeit, eine Lithium-Ionen-Batterie zu installieren. Eine thermische Wasserstoffverwertung z. B. durch Beimischung zu Erdgas und Verbrennung in den Gasmotoren wird in dieser Untersuchung allerdings nicht weiter betrachtet.

Auswahl 3 – Optimal: Die vorherige Technologieauswahl „OptimalLimit" wird im dritten Szenario um die Möglichkeit eines *Gas- und Dampfkraftwerkes (GuD)* erweitert. Diese Auswahl bezeichnen wir hier als *Optimal* und bietet – wie später gezeigt wird – insbesondere Potenzial für eine reine Kostenoptimierung des Energieversorgungssystems des Flughafens. Im Hinblick auf eine Dekarbonisierung des Flughafens kann der Leser schnell erkennen, dass die Photovoltaikanlage in ihrer nominellen Leistung wie auch die Zufuhr mit Biogas begrenzt sind. Einzig die Wasserstoffversorgung wird hier als unbegrenzt angenommen und könnte beispielsweise durch Lkws durchgeführt werden. Vereinfachend gehen wir in der Dekarbonisierungsbetrachtung in diesem Beispiel davon aus, dass die Photovoltaikanlage Strom mit einem Carbon-Footprint von 0 g CO_2/kWh bereitstellen kann und auch Biogas und Wasserstoff einen CO_2-Footprint von 0 g CO_2/kWh haben. Das für die Herstellung und Errichtung der Photovoltaikanlage – wie auch für die anderen Anlagen – ausgestoßene Kohlenstoffdioxid wird hierbei nicht mitbilanziert.

Auswahl 4 – OptimalPlus: Im letzten Szenario *OptimalPlus* ergänzen wir die Auswahl Optimal noch um einen Grüngasbezug. Hierbei handelt es sich um synthetisch erzeugtes Methan, das beispielsweise auch via Lkws an den Flughafen geliefert werden könnte – oder aber passend zu dem zeitlich veränderlichen Bedarf des Flughafens – und an einem anderen Ort in das Erdgasnetz eingespeist wird. Auch hier gehen wir davon aus, dass der CO_2-Footprint dieses synthetischen Methans 0 g CO_2/kWh beträgt.

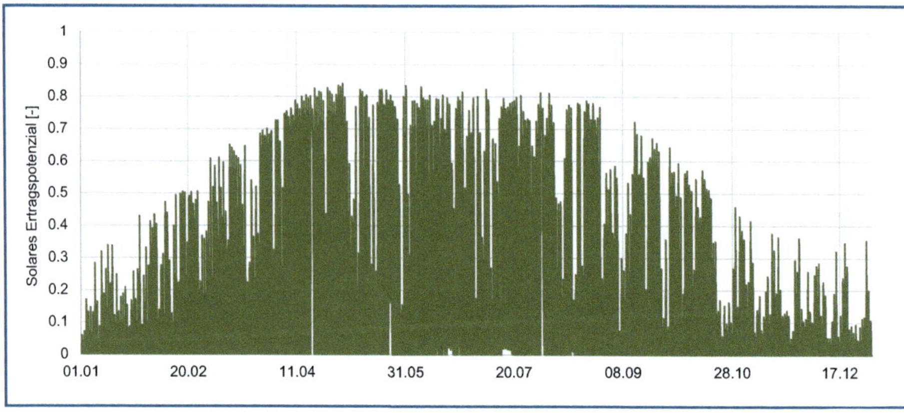

Abb. 6.3 Solares Ertragspotenzial am Flughafenstandort

Solares Ertragspotenzial

Das Profil des *solaren Ertragspotenzials* ist in Abb. 6.3 dargestellt und entspricht einem typischen mitteleuropäischen Solarpotenzial.

Auszug der ökonomischen und ökologischen Randbedingungen

Für die einzelnen Anlagen wurden marktübliche Preise sowie typische technische Randbedingungen – beispielsweise Wirkungsgrade – angesetzt.[3] Strom kann aus dem Stromnetz mit einem Arbeitspreis von 12 ct/kWh und einem Leistungspreis von 80 EUR/kW/a bezogen werden. Hierbei soll der Strom mit einem CO_2-Footprint von 427 g CO_2/kWh entsprechend dem deutschen Strommix behaftet sein.[4] Erdgas kann zu 4 ct/kWh bezogen werden und stößt bei Verbrennung 202 g CO_2/kWh[5] aus. Für Biogas wird ein Preis von 7,9 ct/kWh angenommen und ein CO_2-Footprint von 0 g CO_2/kWh, wie oben bereits erläutert.[6] Wasserstoff soll zu 18 ct/kWh am Flughafen erhältlich sein, hier als grüner Wasserstoff auch mit einem CO_2-Footprint von 0 g CO_2/kWh.[7] Zuletzt kann, wie erläutert, im vierten Szenario OptimalPlus auch Grüngas, synthetisches Methan, mit einem CO_2-Footprint von 0 g CO_2/kWh zu 13,94 ct/kWh bezogen werden.[8]

[3] Vgl. Thiem (2017).

[4] Vgl. Icha und Kuhs (2020, S. 10).

[5] Vgl. BAFA (2019).

[6] Vgl. Wietschel (2019, S. 45 f.).

[7] Vgl. Bukold (2020, S. 12).

[8] Vgl. Perner et al. (2018, S. 24 und 78).

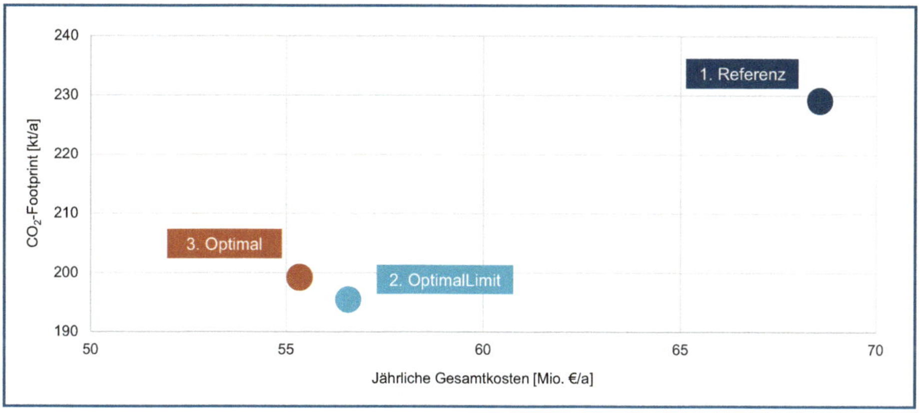

Abb. 6.4 CO_2-Footprint vs. jährliche Gesamtkosten für Szenarien 1 bis 3

6.2.2 Ergebnisse und Diskussion

Die vier Szenarien der Technologieauswahl wurden mithilfe der Methode der Digitalen Dekarbonisierung modelliert, anschließend optimiert und ausgewertet. In Abb. 6.4 ist der jährliche CO_2-Footprint der drei Szenarien Referenz (Auswahl 1), OptimalLimit (Auswahl 2) und Optimal (Auswahl 3) gegenüber den jährlichen Gesamtkosten dargestellt. In den drei Szenarien hat der Optimierer, basierend auf der jeweiligen Technologieauswahl, die bestmögliche Konfiguration ausgesucht, um die Energieversorgungsaufgabe für den Flughafen zu lösen. Hierbei wurde zunächst nur nach den jährlichen Gesamtkosten optimiert, d. h. diese wurden minimiert. In diesem Beispiel sind die Szenarien OptimalLimit und Optimal in beiden Dimensionen, also in den jährlichen Gesamtkosten wie aber auch im jährlichen CO_2-Footprint, besser als das Referenz-Szenario. In OptimalLimit können die Gesamtkosten um mehr als 17 % gegenüber der Referenz gesenkt werden, im Szenario Optimal um weitere zwei Prozentpunkte (−19 %). Dies entspricht Einsparungen von jährlich 12 bzw. 13 Mio. EUR. Wie wir in Abb. 6.4 sehen können, konnte der Optimierer hier die im Szenario Optimal zusätzlich zur Verfügung stehende GuD-Technologie nutzen, um eine weitere Million Euro energiebezogene Kosten jährlich zu sparen.

Der CO_2-Footprint wird im Szenario OptimalLimit um mehr als 14 % reduziert, im Szenario Optimal hingegen nur um etwa 13 %.[9]

Die aggregierte Nennleistung aller technischen Anlagen in der Flughafenenergiezentrale ist in Abb. 6.5 dargestellt. Im Referenzszenario besteht die Energiezentrale aus

[9] Der Leser beachte, dass für diese Abbildung nur nach dem Kriterium „Kosten" optimiert wurde.

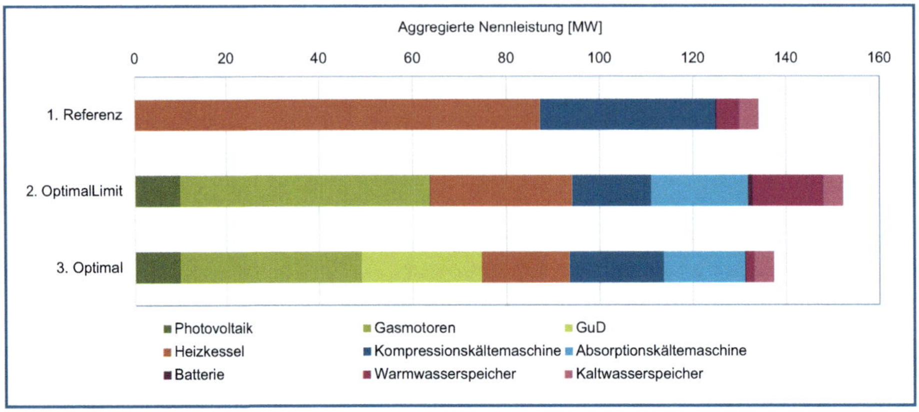

Abb. 6.5 Auslegung des Energiesystems für Szenarien 1 bis 3

einem Heizkessel[10], einer Kompressionskältemaschine und Warm- und Kaltwasserspeicher zur Spitzenlastdeckung.

Im zweiten Szenario Optimal Limit kann der Heizkessel wie auch die Kompressionskältemaschine deutlich kleiner ausgelegt werden. Hierfür wird aber zusätzlich eine PV-Anlage bis zu ihrer maximal möglichen Grenze ausgebaut, sowie eine Trigeneration-Anlage bestehend aus Gasmotoren und einer Absorptionskältemaschine aufgebaut. Die Trigeneration-Anlage kann sowohl Strom wie auch Wärme und Kälte bereitstellen, deshalb verwendet die deutschsprachige Literatur auch den Begriff Kraft-Wärme-Kälte-Kopplung. Eine kleine Batterie rundet diese Anlagenkonfiguration ab.

Im letzten dargestellten Szenario dieser Abb. 6.5, Szenario Optimal, wird ergänzend zu den Gasmotoren auch ein *Gas-und-Dampfkraftwerk (GuD)* gebaut. Die kleine Batterie, die im Szenario OptimalLimit noch erforderlich war, ist hier nicht mehr notwendig.

Der Leser beachte, dass die gezeigte Anlagenkonfiguration das Ergebnis einer ersten konzeptionellen Analyse ist. Weiter zu klären sind u. a. die Stückelung der Gasmotoren wie auch die Zuverlässigkeit des Gas- und Dampfkraftwerks und was bei einem möglichen Ausfall dieser Komponente passiert.

Die GuD-Anlage wurde im Falle des Szenarios Optimal (Auswahl 3) so modelliert, dass sie Strom wie auch Wärme gleichzeitig bereitstellen kann. Hierbei wurde dem Optimierer die Möglichkeit gelassen, Wärme flexibel in der Gegendruckturbine auszukoppeln und auf die Entspannung des Dampfes zur Erzeugung von Strom teilweise zu verzichten. In Abb. 6.6 wird diese flexible Fahrweise des GuDs für das repräsentative Jahr dargestellt. In

---

[10]In der Praxis würde man auch aus Redundanzgründen mehrere Heizkesselanlagen bauen. In diesem fiktiven Beispiel, einer ersten konzeptionellen Analyse, gehen wir aus Praktikabilitätserwägungen heraus von einer Heizkesselgesamtanlage aus.

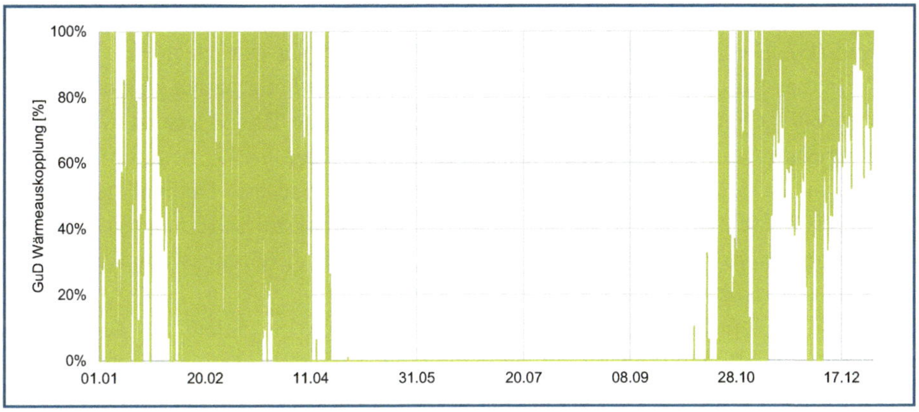

Abb. 6.6 GuD-Wärmeauskopplung in Szenario 3

den Wintermonaten kann mit der GuD-Anlage sehr viel Wärme ausgekoppelt werden. In den Sommermonaten mit höherem elektrischem Verbrauch, siehe Abb. 6.1, wird auf die Wärmeauskopplung hingegen verzichtet und die Anlage kann mit besserem elektrischem Wirkungsgrad betrieben werden.

Zuletzt wurde für die beiden Szenarien Optimal und OptimalPlus der Dekarbonisierungspfad berechnet. Diese beiden Dekarbonisierungspfade sind in Abb. 6.7 im Vergleich zum Szenario Referenz abgebildet.

Der oberste linke Punkt (A) der beiden Dekarbonisierungspfade ist für beide Szenarien identisch und entspricht dem kostenoptimalen Punkt von vorher aus dem Szenario Optimal. Von diesem Punkt ausgehend, spannt sich die *Paretokurve* bis zu einem CO_2-Footprint von 0 kt/a, die wir „Dekarbonisierungspfad" nennen. Von dem gleichen Punkt (A) ausgehend, erreicht der Pfad für das Szenario OptimalPlus den

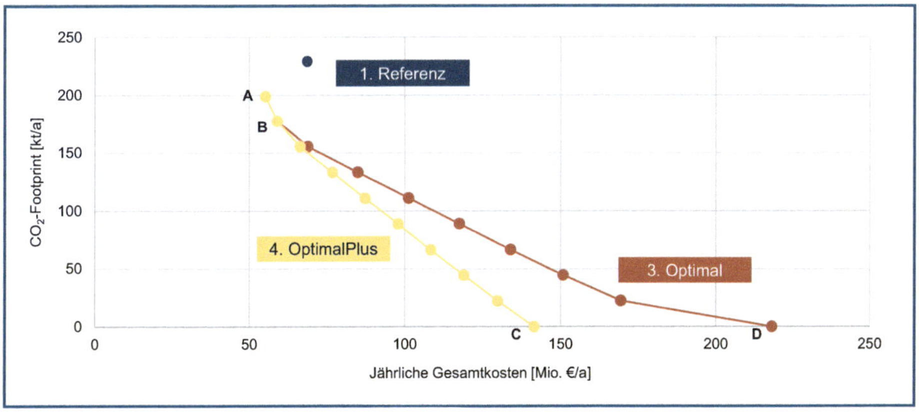

Abb. 6.7 Dekarbonisierungspfad für die Szenarien 3 und 4

CO_2-Footprint von 0 kt/a (C) bei geringeren jährlichen Gesamtkosten als das Szenario Optimal (D). Die Einsparungen sind gewaltig und betragen jährlich mehr als 75 Mio. EUR. Hierbei erfolgt der erste Schritt (von A zu B) für beide Szenarien gleich. Zunächst kann zu nur geringen Mehrkosten teilweise Erdgas durch Biogas ersetzt werden. Da das Biogas in unmittelbarer Nähe des Flughafens aber begrenzt ist, benötigt es weitere Schritte zur Dekarbonisierung (von B zu C bzw. D). Im Szenario Optimal steht hierbei nur teurer Wasserstoff zur Verfügung, der in einer Brennstoffzelle umgesetzt werden kann. Im Szenario OptimalPlus wird synthetisches Methan (Grüngas) zur Vermeidung von Erdgas eingesetzt.

Das Beispiel für die Optimierung eines europäischen Flughafens hat auf einfache Weise einen ersten Praxiseinstieg in die Digitale Dekarbonisierung auf Mikroebene aufgezeigt. Das Beispiel belegt bereits, dass *Technologieoffenheit* – also eine möglichst breite Technologieauswahl für den Optimierer – signifikant Kohlendioxidemissionen und Kosten sparen kann.

6.3 Bedeutung von Regulatorik am Beispiel einer Molkerei

Das Fallbeispiel eines Flughafens zeigt, dass durch Konzepte der dezentralen Eigenversorgung mit Systemen der Kraft-Wärme-Kopplung und Photovoltaik signifikante Kosteneinsparungen auf der Mikroebene realisierbar sind. Die Wirtschaftlichkeit einer Vor-Ort-Erzeugung wird nach Erfahrung der Autoren maßgeblich aber auch durch die regulatorischen Rahmenbedingungen bestimmt. Am Beispiel einer mittelständischen Molkerei wird nachfolgend die lenkende Wirkung von Umlagen und Steuern auf Investitionsentscheidungen in Eigenversorgungslösungen verdeutlicht. Die Methode der Digitalen Dekarbonisierung hilft den Einfluss von Regulatorik sichtbar zu machen und so nachhaltige Investitionsentscheidungen zu ermöglichen.

6.3.1 Einführung, Annahmen und Szenarien

Vorgestellt wird der Anwendungsfall eines mittelständischen Molkereibetriebes in Norddeutschland. Der bereits existierende Produktionsstandort hat einen elektrischen Energiebedarf von 12 GWh/a. Zudem werden jährlich 39 GWh Prozessdampf und 7 GWh Prozesskälte benötigt. Elektrische und thermische Lastprofile in stündlicher Auflösung sind im Rahmen des Energiemanagements bekannt und können so für die Methode der Digitalen Dekarbonisierung verwendet werden. Die Molkerei möchte ihre Produkte möglichst klimaneutral produzieren, um sich gegen Mitbewerber abzugrenzen. Ziel der Studie ist daher eine Evaluation von kosteneffizienten Erweiterungsoptionen des bestehenden Versorgungssystems zur Minimierung des CO_2-Footprints. Der Anwendungsfall ist fiktiv, lehnt sich aber an reale Projekterfahrungen der Autoren an.

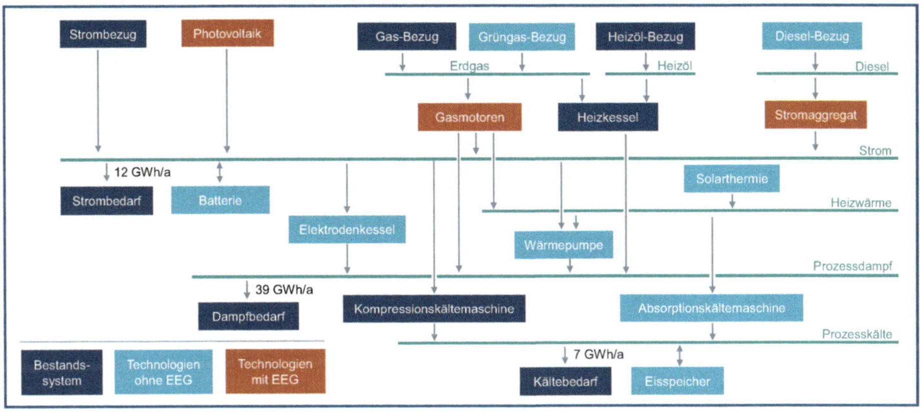

Abb. 6.8 Energiesystemmodell der Molkerei

Bestandssystem

Der Energiebedarf wird bislang aus dem öffentlichen Erdgas- und Stromnetz gedeckt. Zwei Heizkessel erzeugen aus Erdgas Prozessdampf. Bei Ausfall der Gasversorgung können die Heizkessel mit Heizöl weiter betrieben und damit die Produktion am Standort fortgeführt werden. Die Prozesskälte wird aus Kompressionskältemaschinen bereitgestellt. In den Sommermonaten ist der Bedarf an Prozesskälte zur Kühlung der Endprodukte leicht erhöht. Neben dem Bedarf für die Kälteerzeugung wird für die Drucklufterzeugung und verschiedene motorische Antriebe weitere elektrische Energie benötigt. Der Molkereibetrieb bezieht seinen gesamten elektrischen Energiebedarf aus dem Mittelspannungsnetz. Für den Strombezug bezahlt der Betrieb einen Arbeitspreis von 14 ct/kWh. Dieser Betrag enthält auch den auf die Arbeit bezogenen Teil des Netzentgeltes. Zusätzlich fällt ein auf die Leistung bezogener Anteil des Netzentgelts des örtlichen Netzbetreibers an. Dieses berechnet sich in diesem Beispiel bei einer Jahresbenutzungsdauer von mehr als 2500 h/a zu 100 EUR/kW. Der Wert bezieht sich auf den maximalen Strombezug eines Jahres.[11] Das Bestandssystem inklusive der möglichen Erweiterungsoptionen ist in Abb. 6.8 dargestellt.

Optimierung von Netzentgelten

Netzentgelte werden von dem örtlichen Netzbetreiber festgelegt und stellen einen erheblichen Anteil der Stromkosten dar. Unternehmen können durch netzdienliche Optimierung ihres Lastganges Netzentgelte reduzieren. Eine effiziente Möglichkeit stellt

[11]Netzentgelte variieren örtlich stark. Preisblätter können öffentlich auf den Seiten der Verteilnetzbetreiber eingesehen werden.

die Reduktion der jährlichen Bezugsspitze dar. Batterien und Stromaggregate werden hierzu gezielt in Spitzenzeiten eingesetzt und so der Bezug aus dem Stromnetz in diesen Zeiten verringert. Diese Option wird in der Modellierung des Molkereibetriebes berücksichtigt.

Seit Juli 2005 sieht die *Strom-Netzentgeltverordnung* (Strom-NEV) darüber hinaus die Möglichkeit von individuellen Netzentgelten vor. Unternehmen können eine Reduktion von Netzentgelten um bis zu 90 % beantragen, wenn der Lastgang bestimmten Anforderungen genügt. Bei einem Strombezug mit mehr als 7000 h/a Benutzungsstunden wird das Netzentgelt beispielsweise um 80 % reduziert. Eine Weiterentwicklung dieser Regelungen könnte die Integration volatiler erneuerbarer Erzeugung deutlich erleichtern und wird daher intensiv diskutiert. Individuelle Netzentgelte werden an dieser Stelle aus diesem Grund nicht näher thematisiert und der Leser auf aktuelle Studien zur Thematik verwiesen.[12]

Eigenerzeugung mit Kraft-Wärme-Kopplung

Die hohen Stromkosten machen eine Eigenstromerzeugung mit Gasmotoren für die Molkerei zu einer attraktiven Erweiterungsoption. Als in Norddeutschland ansässiger Molkereibetrieb sind dabei die regulatorischen Rahmenbedingungen Deutschlands maßgeblich. Mit einer *Kraft-Wärme-Kopplung (KWK)* wird die Abwärme der Motoren in das bestehende Versorgungssystem integriert. Die Abwärme aus den Abgasen (ca. 120 bis 140 Grad Celsius) kann mittels Wärmetauscher zur Bereitstellung von Prozessdampf verwendet werden. Das Kühlwasser der Motoren (ca. 80 bis 90 Grad Celsius) hat ein geringeres Temperaturniveau. Die Niedertemperatur-Abwärme aus der Motorkühlung wird daher entweder für die Erzeugung von Prozessdampf mit einer Hochtemperatur-Wärmepumpe oder für die Bereitstellung von Prozesskälte mittels Absorptionskältemaschinen weitergenutzt. Eine Eisspeicheranlage puffert Spitzen im Bedarf der Prozesskälte und gewährleistet so einen besseren Betrieb der Absorptionskältemaschinen.

Aufgrund ihrer Effizienz wird die Verbreitung von KWK-Anlagen mit dem deutschen *Kraft-Wärmekopplungsgesetz (KWKG)* gezielt gefördert. Betreiber erhalten eine Prämie, den sogenannten „KWK-Zuschlag“, auf den selbstverbrauchten Strom. Die Prämie variiert abhängig von der Anlagengröße von 1 ct/kWh bis 4 ct/kWh und wird für 30.000 *Vollbenutzungsstunden* bezahlt. Eine Statistik über die Zahl und Größe der geförderten Anlagen nach dem KWK-Gesetz findet sich auf der Seite des Bundesamtes für Wirtschaft und Ausfuhrkontrolle.[13] In der vorliegenden Studie wird vereinfachend eine mittlere Prämie von 1,40 ct/kWh für selbstverbrauchten Strom in den Investitionskosten berücksichtigt.

[12]Vgl. Consentec und Fraunhofer ISI (2018) und dena (2018).

[13]Vgl. BAFA (2020).

KWK-Anlagen sind eine hocheffiziente Technologie zur Strom- und Wärmeerzeugung und erreichen Gesamtwirkungsgrade von etwa 90 %. Eine Umstellung von fossiler Befeuerung mit Erdgas auf eine Befeuerung mit Grüngas ermöglicht eine Dekarbonisierung der Eigenstromerzeugung. Alternativ zu KWK-Anlagen kann Strom auch regenerativ in Photovoltaikanlagen am Standort erzeugt werden.

Regenerative Eigenerzeugung

Im Rahmen des *Erneuerbaren-Energien-Gesetzes (EEG)* wird der Ausbau der Photovoltaik seit 2002 gefördert. Gesunkene Modulpreise und steigende Strompreise machen heute einen Ausbau zum Eigenverbrauch für gewerbliche und industrielle Verbraucher interessant. Dies gilt insbesondere für Betriebe mit kontinuierlichen Produktionsprozessen, die auch an Wochenenden den Strom verbrauchen.[14] Die Volatilität der Photovoltaikanlagen kann unmittelbar am Standort mit einer Power-to-Heat-Anlage (P2H) ausgeglichen werden: Der erzeugte Überschussstrom wird so mittels Elektrodenkessel zur Erzeugung von Prozessdampf verwendbar. Hierdurch vermindert sich der Einsatz von Erdgas zur Bereitstellung von Prozessdampf.

Neben der Erzeugung von Solarstrom wird in der Technologieauswahl für den Molkereibetrieb zusätzlich eine solarthermische Dachanlage berücksichtigt. Diese kann Heizwärme bereitstellen, die zur Prozessdampf- oder Prozesskälteerzeugung weiterverwendet wird. Im Gegensatz zur Photovoltaik wird der Ertrag von Solarthermieanlagen nicht mit einer EEG-Umlage belastet.

Definition von Szenarien

Eigenerzeugter Strom aus neuen Anlagen wird in Deutschland seit 2014 mit einer verminderten Umlage nach dem EEG belastet. Die verminderte Umlage betrifft die Erzeugung aus Notstromaggregaten, aus Blockheizkraftwerken und Photovoltaikanlagen.[15] Nachfolgend wird untersucht, welchen Einfluss eine Verminderung und eine Erhöhung der EEG-Umlage auf selbstverbrauchten Strom auf den betrachteten Molkereibetrieb hätte. Hierzu werden vier Szenarien definiert:

- **Szenario 1: Referenz.** Dieses Szenario beschreibt das existierende Bestandssystem ohne Eigenversorgung.
- **Szenario 2: Keine EEG-Umlage auf eigenverbrauchten Strom.** Dieses Szenario bestimmt einen optimalen Dekarbonisierungspfad ohne EEG-Umlage auf eigenerzeugten Strom. Hierdurch können Investitionsentscheidung für den Standort technologieoffen getroffen werden.

---

[14] Vgl. Fraunhofer (2020, S. 23).

[15] Vgl. dena (2020b).

- **Szenario 3: Reduzierte EEG-Umlage auf eigenverbrauchten Strom.** Im aktuellen regulatorischen Rahmen wird die EEG-Umlage auf 40 % vermindert. Dies entspricht für 2019 einer Umlage von 2,70 ct/kWh auf eigenerzeugten Strom.
- **Szenario 4: Vollständige EEG-Umlage auf eigenverbrauchten Strom.** In diesem Szenario wird eigenerzeugter Strom aus Photovoltaik-, KWK- und Notstrom-Anlagen mit der vollen EEG-Umlage von 6,76 ct/kWh belastet. Dieses Szenario beschreibt eine weitere Belastung von dezentral erzeugtem Strom.

Die Optimierung nach der Methode der Digitalen Dekarbonisierung erfolgt für zwölf saisonal verteilte Wochen eines repräsentativen Jahres. Nach den Erfahrungen der Autoren ist diese Vereinfachung für praktische Fragestellungen absolut ausreichend und ermöglicht ein effizientes Lösen von Problemen. Dekarbonisierungspfade werden durch Beschränkung der zulässigen CO_2-Menge im Optimierungsproblem bestimmt, wie in Kap. 4 beschrieben. Kosten für eingesetztes Kapital werden mit einem kalkulatorischen Zinssatz in Höhe von 7 % berücksichtigt.

6.3.2 Ergebnisse und Diskussion

Das beschriebene System mit den vorgenannten vier Szenarien wurde mit der Methode der Digitalen Dekarbonisierung modelliert und die beschriebenen Investitionsoptionen wurden geprüft. Die Ergebnisse zeigen, ähnlich wie bei der Betrachtung des Flughafens, ein hohes Potenzial für eine effiziente Kopplung von Strom-, Wärme- und Kälteerzeugung.

Optimierung des bestehenden Versorgungskonzeptes
Die Methode der Digitalen Dekarbonisierung zeigt erhebliches Potenzial einer optimierten Versorgungslösung: In den drei Erweiterungsszenarien 2 bis 4 ergeben sich sowohl ein signifikantes finanzielles Einsparpotenzial als auch eine ökologische Verbesserung. So können die energiebezogenen Kosten gegenüber dem Referenzszenario um 6 % (Szenario 4), 18 % (Szenario 3) bzw. 27 % (Szenario 2) gesenkt werden. Gleichzeitig reduziert sich der CO_2-Footprint des Molkereibetriebes jeweils um rund 1.000 Tonnen CO_2 pro Jahr (−6 %). Eine graphische Veranschaulichung des Potenzials ist Abb. 6.9 zu entnehmen.

Im Bestandssystem wird der thermische Energiebedarf über die existierenden Heizkessel und Kompressionskältemaschinen gedeckt. In den Optimierungsszenarien 2 bis 4 wird diese Versorgungslösung um eine Trigenerationanlage aus Gasmotoren und Absorptionskältemaschinen ergänzt, wie Abb. 6.10 zeigt. Die Abwärme der Motorkühlung wird zur Kälteerzeugung weiterverwendet. Um Erzeugung und Bedarf an Prozesskälte auszugleichen, werden die Systeme in den drei Erweiterungsszenarien um einen Eisspeicher ergänzt.

Wird Solarstrom nicht (Szenario 2) oder mit einer reduzierten (Szenario 3) EEG-Umlage belastet, erscheint ergänzend die Installation einer kleinen Photovoltaikanlage

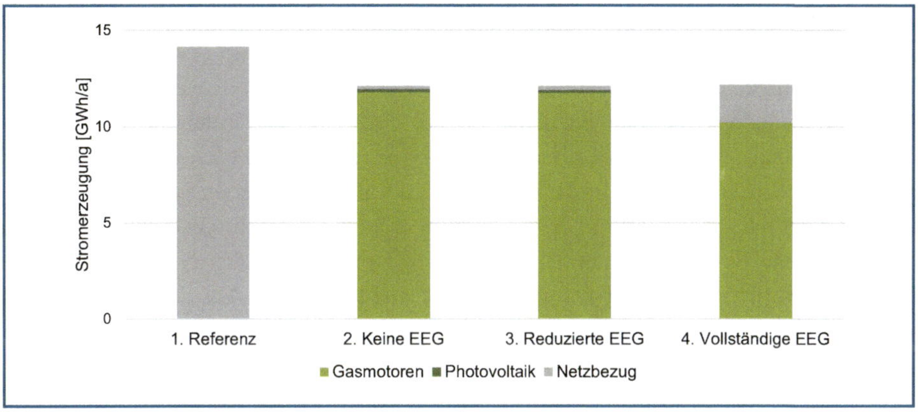

Abb. 6.9 Stromerzeugung

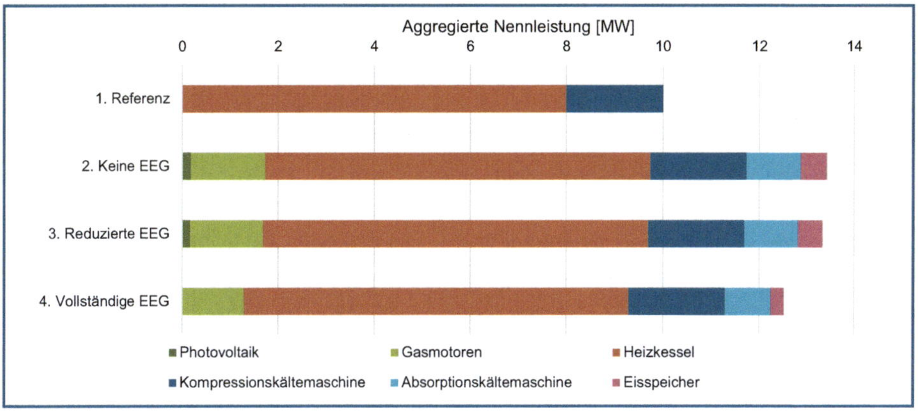

Abb. 6.10 Kostenoptimale Versorgungskonzepte für Molkereibetrieb

von 160 bis 190 kW sinnvoll. Unter diesen regulatorischen Randbedingungen lohnt sich eine Investition in eine regenerative Eigenerzeugung. Mit einer vollständigen EEG-Umlage auf selbsterzeugten Strom wird die Eigenversorgung des Standortes weniger attraktiv. Unter diesen regulatorischen Randbedingungen ist die Installation einer Photovoltaikanlage zum Eigenverbrauch wirtschaftlich nicht sinnvoll.

Wesentlicher Bestandteil der Optimierung sind Gasmotoren zur Eigenstromerzeugung, deren Abwärme für eine effiziente Kälteerzeugung genutzt werden kann. Hierdurch reduziert sich der Strombedarf des Standortes in den optimierten Szenarien gegenüber dem Referenzszenario um 14 %. Der Effekt ist in Abb. 6.9 visualisiert. Die Methode der Digitalen Dekarbonisierung garantiert die Optimalität des gefundenen Versorgungskonzeptes basierend auf den vorgenannten Szenarioannahmen. Beispielsweise ist bei der Dimensionierung der Gasmotoren der verringerte Stromverbrauch für die elektrische Kälteerzeugung bereits berücksichtigt.

Die Stromerzeugung des Produktionsstandorts wird in den Erweiterungsszenarien nahezu vollständig autark: In Szenario 4 wird 85 % der elektrischen Energie in Gasmotoren erzeugt. In den Szenarien 2 und 3 sind es sogar 97 %, während der verbleibende Anteil von 3 % zu großen Teilen aus der neu installierten Photovoltaikanlage gedeckt wird. Nur selten auftrende Lastspitzen werden weiterhin aus dem öffentlichen Netz bezogen. Es sei angemerkt, dass in der Optimierung die Notwendigkeit von Redundanzen für Wartungsarbeiten nicht berücksichtigt wurde. Aus diesem Grund fällt der realisierbare Autarkiegrad in der Praxis deutlich geringer aus und ein optimiertes System ist auch weiterhin auf eine Anbindung an das öffentliche Stromnetz angewiesen.

Transformationspfade zur Dekarbonisierung

Die Kosten für Photovoltaik sind in den letzten Jahren massiv gesunken. Dennoch ist der Anteil erneuerbarer Erzeugung in den kostenoptimierten Szenarien gering. Daher werden mit der Methode der Digitalen Dekarbonisierung mögliche *Transformationspfade* zur weiteren Dekarbonisierung ermittelt. Die Punkte A, B und C entsprechen der kostenoptimierten Lösung aus Abb. 6.9 und 6.10. Von diesen Punkten werden sukzessive stärkere Begrenzungen für die maximal zulässige Emissionsmenge vorgegeben. Die daraus resultierenden Transformationspfade sind Abb. 6.11 zu entnehmen.

Die Ergebnisse der Optimierungsrechnungen zeigen: Eine signifikante Reduktion der Kohlenstoffemissionen ist mit heute existierenden Technologien realisierbar. Die Dekarbonisierung erfolgt zunächst über den zusätzlichen Bau von Photovoltaikanlagen. In Zeiten von geringer Sonneneinstrahlung wird der Strombedarf weiterhin vor Ort aus KWK-Anlagen gedeckt. In Zeiten besonders hoher Sonneneinstrahlung übersteigt der erzeugte Solarstrom den Eigenbedarf. Der verbleibende Überschussstrom wird effizient zur elektrischen Dampferzeugung verwendet und damit die Nutzung von Erdgas in den

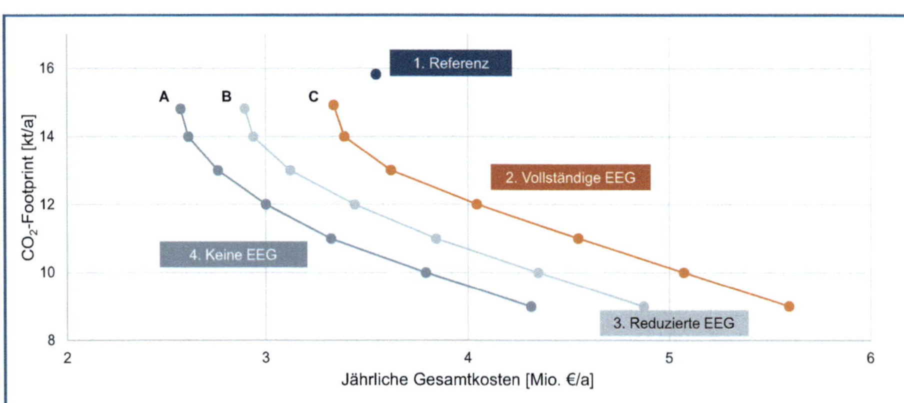

Abb. 6.11 Dekarbonisierungspfade für Molkerei

Heizkesseln reduziert. Die drei Erweiterungsszenarien folgen in diesem Beispiel technologisch einem ähnlichen Verlauf.

Während die Technologien sich in den drei Transformationspfaden nur geringfügig unterscheiden, erscheinen die Unterschiede in den Kosten für die drei Transformationspfade erheblich: So sind die energiebezogenen Kosten bei einer vollständigen EEG-Umlage gegenüber den anderen Szenarien deutlich erhöht. Für den mittelständischen Molkereibetrieb sind kosteneffiziente Maßnahmen zur Dekarbonisierung nur bei einer geringen EEG-Umlage auf die Eigenerzeugung realisierbar.

Regulatorische Entwicklung als Treiber von Veränderungen

Die Entwicklungen der letzten Jahre haben gezeigt, dass die regulatorischen Rahmenbedingungen dynamischen Änderungen unterworfen sind. So wurde in Deutschland das Erneuerbaren-Energien-Gesetz seit seiner Einführung im März 2000 in den Jahren 2004, 2009, 2012, 2014 und 2017 mehrfach novelliert. Eine erneute Überarbeitung ist für das Jahr 2021 vorgesehen. Nach den Projekterfahrungen der Autoren ist der regulatorische Rahmen und die Erwartungshaltung an mögliche Reformen ein wesentlicher Treiber pro Dekarbonisierung. Die Methode der Digitalen Dekarbonisierung hilft dabei, Versorgungskonzepte an sich verändernde regulatorische Rahmenbedingungen anzupassen.

6.4 Wie die Dekarbonisierung der urbanen Wärmeversorgung gelingen kann

In vielen Ländern ist *Fernwärme* ein fester Bestandteil der Energieversorgung. Es gibt Länder, wie z. B. Dänemark, in denen über 65 % der Haushalte mit Fernwärme versorgt werden.[16] Im Folgenden wird nur die Situation in Deutschland näher beleuchtet, um anschließend im Sinne der mikroökonomischen und kommunalpolitischen Ausrichtung dieses Kapitels auf einen exemplarischen Standort in Deutschland im Detail eingehen zu können.

6.4.1 Einführung in die urbane Wärmeversorgung in Deutschland

Gerade in Deutschland stehen die Betreiber der Fernwärmenetze vor der enormen Herausforderung die heutige, auf fossilen Energieträgern basierende Wärmeerzeugung auf klimaneutrale Wärmequellen umzustellen.

In Deutschland sind 51 GW an thermischer Leistung für die Fernwärmeerzeugung installiert. Im Jahr 2017 wurden damit 86 TWh Fernwärme erzeugt. Dabei entstanden 30 Mio. t CO_2 (anteilig berechnet bei Kraft-Wärme-Kopplung). Dies entspricht ca. 4 % der jährlichen CO_2-Gesamtemissionen Deutschlands. Grund dafür sind die fossilen

[16] Vgl. Dyrelund (2020).

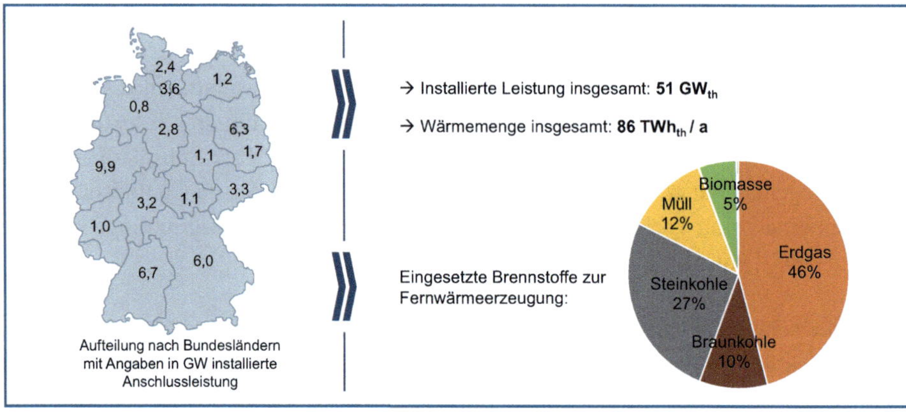

Abb. 6.12 Situation der Fernwärme in Deutschland im Jahr 2017

Energieträger, denn mehr als 80 % der eingesetzten Brennstoffe sind fossil. Darunter befinden sich hauptsächlich Erdgas, gefolgt von Steinkohle und Braunkohle.[17]

Die Verteilung nach Bundesländern und Brennstoffen ist in Abb. 6.12 dargestellt.

Das Ende des möglichen Einsatzes von Kohle als Brennstoff ist durch den beschlossenen *Kohleausstieg* in Deutschland absehbar. Auch Erdgas muss als Brennstoff langfristig nahezu ersetzt werden, wenn eine vollständige Dekarbonisierung erreicht werden soll.

Das Hauptproblem dabei ist, dass die Lieferung von Fernwärme an über 12 Mio. durch Fernwärme versorgte Einwohner auch nach Abschaltung oder Umstellung der fossilen Wärmeerzeugungsanlagen weiterhin notwendig sein wird. Dies bedeutet, dass anstelle der heutigen Brennstoffe auf dekarbonisierte Brennstoffe umgestellt werden muss oder alternative neue Erzeugungsanlagen in Betrieb genommen werden müssen.

6.4.2 Technologien zur Dekarbonisierung der Fernwärme

Im Folgenden werden technische Möglichkeiten beschrieben, die eine dekarbonisierte Fernwärmeerzeugung erlauben. Die Anzahl möglicher Technologien wäre beliebig groß, wenn auch rein theoretische Konzepte und wenig erprobte Technologien mit geringem Reifegrad berücksichtigt würden. Folglich werden hier nur Technologien berücksichtigt, bei denen die Umsetzung gewissermaßen im industriellen Maßstab, also mit einer ausreichend großen Wärmeerzeugung in den nächsten Jahren aus heutiger Sicht realistisch erscheint. Hierbei wird z. B. in Erwägung gezogen, ob sich heute bereits Anlagen mit Erzeugungskapazitäten jenseits der Megawattschwelle im kommerziellen Betrieb befinden.

[17]Vgl. AGFW (2017).

Müllverbrennung
Müllverbrennungsanlagen sind seit Langem im kommerziellen Einsatz, stellen aber meist nur einen geringen Anteil an der gesamten benötigten Wärmemenge, wie Abb. 6.12 illustriert. Tendenziell ist durch umweltpolitische Auflagen gepaart mit einem gesamtgesellschaftlichen Konsens zur nachhaltigen Müllreduzierung bis -vermeidung zukünftig nicht mit einer signifikant gesteigerten Menge an verfügbarem Müll zur Wärmeerzeugung zu rechnen.

Biomasse
Biomasse steht prinzipiell in Konkurrenz zur Nahrungsmittelproduktion. Folgerichtig wird Biomasse ohne Importe in Deutschland nicht zur Deckung eines – im Vergleich zu heute – signifikant höheren Anteils an der Wärmeerzeugung beitragen können.

Solarthermie
Solarthermie kann, neben den häufig eingesetzten dezentralen Installationen, auch zentral für die Fernwärmeerzeugung installiert werden. Dies geschieht heute bereits in großem Umfang z. B. in Dänemark. Als herausragendes Beispiel kann hier die Solarthermieanlage in *Silkeborg* mit einer Kapazität von 110 MW genannt werden.[18] Aber auch in Deutschland gibt es erste Bestrebungen, Solarthermie in der Fernwärme einzusetzen, wie z. B. in Berlin.[19] Aufgrund der leicht skalierbaren und theoretisch unbegrenzt verfügbaren Wärmequelle kann zukünftig mit einem erhöhten Einsatz in der Fernwärme gerechnet werden.

Tiefengeothermie
Tiefengeothermie ist stark standortabhängig. Notwendige Bohrtiefe, erreichbare Temperaturen und Durchflüsse beeinflussen signifikant die erzielbaren Wärmemengen. An geeigneten Standorten kann diese Technologie bereits heute wirtschaftlich eingesetzt werden. In Deutschland belegen die langjährigen Erfahrungen des südöstlichen Geothermie-Clusters im Raum München, dass Tiefengeothermie für die Fernwärmeerzeugung erfolgreich betrieben werden kann. Geothermische Standorte des Süddeutschen Molassebeckens wie beispielsweise Unterhaching oder die zum Regionalversorgungsunternehmen Stadtwerke München zählenden Betriebe in den Orten Riem, Freiham und Sauerlach versorgen heute erfolgreich die jeweilige Region mit Fernwärme.[20] Diese Erfahrungen auf andere, geologisch geeignete Regionen übertragen, kann perspektivisch auch in anderen Regionen ein erheblicher geothermischer Anteil für die Fernwärme erzielt werden.

Wärmepumpe
Wärmepumpen werden heute bereits im großen Maßstab für die Fernwärme eingesetzt. Dies gilt in besonderem Maße für Skandinavien. In Schweden sind z. B. seit den 1980er

[18] Vgl. SDH (2016).
[19] Vgl. Vattenfall (2019).
[20] Vgl. SWM (2020).

Jahren über hundert Großwärmepumpen mit Leistungen bis 30 MW in Betrieb gegangen. Insgesamt wurden in Schweden 1,5 GW an Großwärmepumpen installiert.[21] Auch in Ländern in Mitteleuropa sind in den letzten Jahren neue Großwärmepumpen für Fernwärme in Betrieb gegangen.[22] Als Niedertemperaturwärmequellen (~0 bis 30 Grad Celsius) für die bestehenden Großwärmepumpen dienen Meer-, See-, Fluss- und Abwasserquellen. Es gibt auch neuere Wärmepumpen, die Hochtemperaturquellen (~30 bis 70 Grad Celsius) nutzen, wie z. B. aus Rechenzentren oder Industrieanlagen. Aufgrund der Vielzahl der möglichen Wärmequellen und der einfachen Skalierbarkeit der Wärmepumpentechnologie wird folgerichtig zukünftig ein sehr großes Potenzial für die Fernwärme erwartet.

Synthetische Brennstoffe (CO_2-neutral)
Neue und heute bestehende Kraft- und Heizwerke inklusive Kraft-Wärme-Kopplungsanlagen können in Zukunft mit CO_2-neutral erzeugten *synthetischen Brennstoffen* befeuert werden. Diese Brennstoffe können z. B. Wasserstoff aus Elektrolyse – Verbrennung meist nur in neuen Anlagen – oder mit darauffolgender Methanisierung Methan – Verbrennung auch in bestehenden Anlagen – sein. Vorteilhaft scheint hier, den Betrieb bestehender Anlagen durch die Substitution ursprünglich fossiler Brennstoffe durch vorgenannte synthetische Brennstoffe sehr einfach dekarbonisieren zu können. In diesem Kontext ist aus heutiger Sicht allerdings zu berücksichtigen, dass Verfügbarkeit und Preis solcher Brennstoffe bislang noch schwer vorherzusagen sind. Schätzungen für den Preis des CO_2-neutralen Methans liegen mitunter bei einem Faktor von 3 bis 10 höher als heutige fossile Energieträger.[23]

6.4.3 Standort in der technologieoffenen Betrachtung

Die Autoren haben eine Vielzahl an Studien für die Dekarbonisierung von konkreten Standorten mit Fernwärmeerzeugungsanlagen in Deutschland in Zusammenarbeit mit Stadtwerken und Energieversorgern durchgeführt. Meist sind diese Studien vertraulich und können nicht als Literaturstelle für dieses Buch herangezogen werden.

Für die folgenden Untersuchungen wird exemplarisch ein fiktiver Fernwärmestandort verwendet, welcher repräsentativ für eine große Anzahl an Standorten in größeren Städten in Deutschland steht.

Energiesystem und Annahmen
Im Sinne der Technologieoffenheit werden anhand dieses repräsentativen Fernwärmestandortes die vorab genannten alternativen Brennstoffe und Erzeugungsanlagen in einem

[21] Vgl. David et al. (2017).
[22] Vgl. Wien Energie (2019).
[23] Vgl. Agora (2018).

multimodalen Energiesystemdesign simuliert und auf Gesamtkosten optimiert. Dabei wurden für den repräsentativen Standort und die Simulation nachfolgende Eigenschaften unterstellt:

- Der Lastverlauf der Fernwärme geht mit einer stündlichen Auflösung in die Simulation und schwankt zwischen minimal 24 MW im Sommer und einer Spitzenlast von 300 MW im Winter.
- Für wetterabhängige Modelle (z. B. Solarthermie) werden stündlich aufgelöste Wetterdaten für einen Standort in Mitteldeutschland genutzt.
- Ökonomische Randbedingungen wie Strompreiszeitreihen, Brennstoffpreise, CO_2-Preise und CO_2-Intensität des Stromnetzes werden aus diversen ausgewählten Quellen herangezogen.[24]
- Bestehende Erzeugungsanlagen:
  - Gas-KWK mit 300 MW
  - Gaskessel mit 300 MW
  - Müllverbrennung mit 30 MW
  - Elektrodenkessel mit 50 MW
  - Fernwärmespeicher mit 100 MW und 1 GWh

Wie vorab beschrieben, können nicht alle alternativen Brennstoffe und Erzeugungsanlagen unbegrenzt genutzt werden. Daher werden für das Energiesystemdesign repräsentative Grenzen der verfügbaren Energiemengen bzw. des möglichen Zubaus an Kapazitäten berücksichtigt:

- **Müllverbrennung:** Gleichbleibende Energiemenge wie heute (200 GWh)
- **Biomasse:** Begrenzte Energiemenge (50 GWh)
- **Solarthermie:** Begrenzter Zubau möglich (50 MW)
- **Tiefengeothermie:** Begrenzter Zubau möglich (50 MW)
- **Wärmepumpen:** Begrenzter Zubau möglich für Hochtemperaturquellen (50 MW) Unbegrenzter Zubau möglich für Niedertemperaturquellen
- **Synthetische Brennstoffe:** Unbegrenzte Energiemenge

Die Abb. 6.13 zeigt die Topologie des Energiesystems des repräsentativen Standorts. Die heute verfügbaren Erzeugungsanlagen und Brennstoffe stehen in blauen Kästen. Die in Zukunftsszenarien zusätzlich möglichen Erzeugungsanlagen und Brennstoffe stehen in orangenen Kästen.

Der mögliche Zubau neuer Erzeugungsanlagen wird in der Simulation mit entsprechenden Investitions- und Abschreibungskosten (20 Jahre, 7 %) berücksichtigt. Weiter werden für alle Anlagen Betriebs- und Wartungskosten berücksichtigt.

---

[24]Vgl. Agora (2018) und BMBF (2020a).

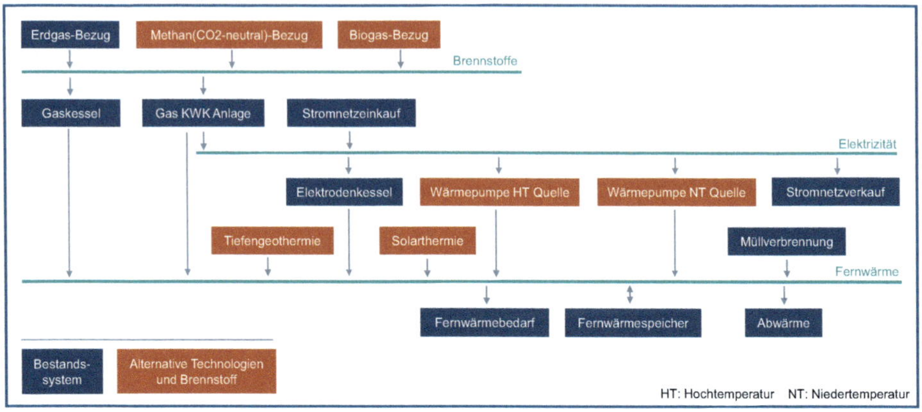

Abb. 6.13 Energiesystem des repräsentativen Standortes mit bestehenden (blau) und alternativen zukünftigen (orange) Brennstoffen und Technologien

Definition von Zukunftsszenarien

Das Energiesystem des repräsentativen Standorts wird einmal für heute im Sinne von einem Jahr repräsentativ stehend für den Zeitraum 2015 bis 2020 simuliert. Diese Simulation dient als Basis (100 % Kohlendioxid) für den Vergleich mit Zukunftsszenarien unterschiedlicher Dekarbonisierungsraten.

Stadtwerke und Energieversorger werden unterschiedlich schnell ihre Fernwärmeerzeugung dekarbonisieren. Ein Pionier könnte im Jahr 2040 schon 0 % Kohlendioxid erreicht haben, wohingegen ein Stadtwerk mit langsamerer Umsetzung im Jahr 2030 weiterhin bei 100 % Kohlendioxid liegen könnte. Um diese zukünftige Heterogenität abbilden zu können, wird ein repräsentatives Jahr aus dem Zeitraum 2030 bis 2040 mit unterschiedlichen CO_2-Limits simuliert. Die vorgegebenen CO_2-Limits reichen von 100 % bis 0 % in 20 %-Schritten.

6.4.4 Ergebnisse und Diskussion

Die CO_2-Limits sind als Randbedingung für die Szenarien vorgegeben und spiegeln sich in den Ergebnissen, wie Abb. 6.14 zeigt, direkt wider.

Für die folgenden Szenarien gilt das Szenario „Heute“ mit knapp 500 kt CO_2/a als Referenz. Die Zukunftsszenarien dürfen als Obergrenze den angegebenen Prozentsatz der Emissionen des Szenarios „Heute“ emittieren. Die Zukunftsszenarien mit den CO_2-Limits 0 % bis 80 % stoßen an die vorgegebene Grenze an Kohlendioxid. Dies bedeutet, dass es wirtschaftlich sinnvoll gewesen wäre, mehr Kohlendioxid emittieren zu dürfen, es aber in der Simulation nicht erlaubt ist. Das Zukunftsszenario mit CO_2-Limit 100 % emittiert weniger Kohlendioxid, als es dürfte. Dies liegt an den geänderten ökonomischen Randbedingungen des Szenarios „Zukunft“ im Vergleich zum Szenario „Heute“.

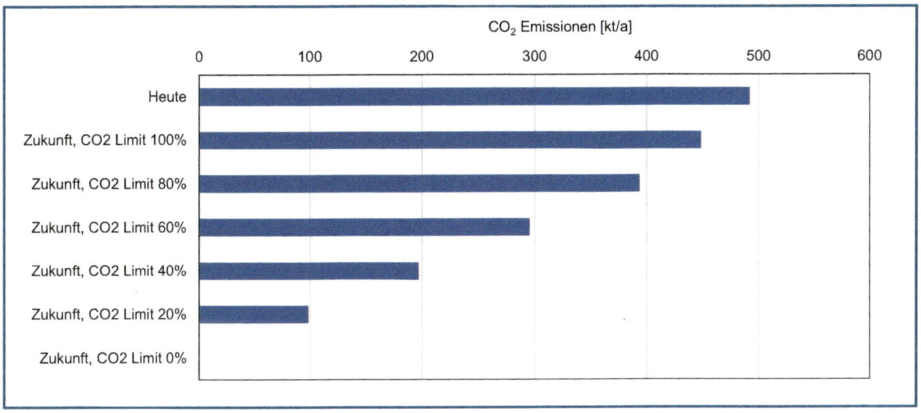

Abb. 6.14 CO_2-Emissionen aller Szenarien

Zur Erreichung der Dekarbonisierungsziele bzw. CO_2-Limits ist es notwendig, die alternativen Brennstoffe und Erzeugungsanlagen einzusetzen. Je nach vorgegebenem CO_2-Limit haben diese einen unterschiedlichen Durchdringungsgrad. Weiter gibt es eine Reihenfolge, in der die alternativen Brennstoffe und Erzeugungsanlagen mit zunehmender Dekarbonisierung genutzt bzw. installiert werden. Zuerst werden kostengünstigere Alternativen genutzt, und erst nachdem diese an Ihre Grenzen stoßen, kommen weitere Alternativen hinzu.

Im Folgenden werden unter Zuhilfenahme der Abb. 6.15, 6.16 und 6.17 die Ergebnisse der zugebauten Technologien hinsichtlich ihrer Kapazität und der umgesetzten Energiemenge näher erläutert.

Ohne CO_2-Limit ist keine alternative Technologie oder auch kein Brennstoff wirtschaftlich sinnvoll und es findet somit kein Zubau oder Nutzung statt, siehe dazu Abb. 6.15 und 6.17.

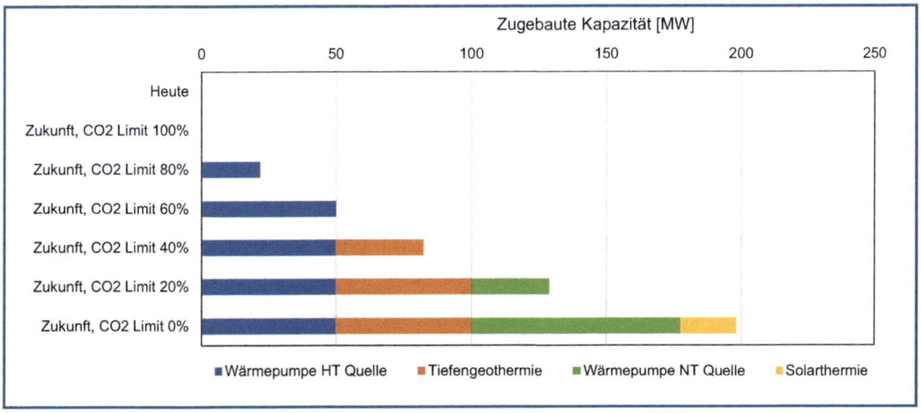

Abb. 6.15 Zugebaute Kapazitäten aller Szenarien

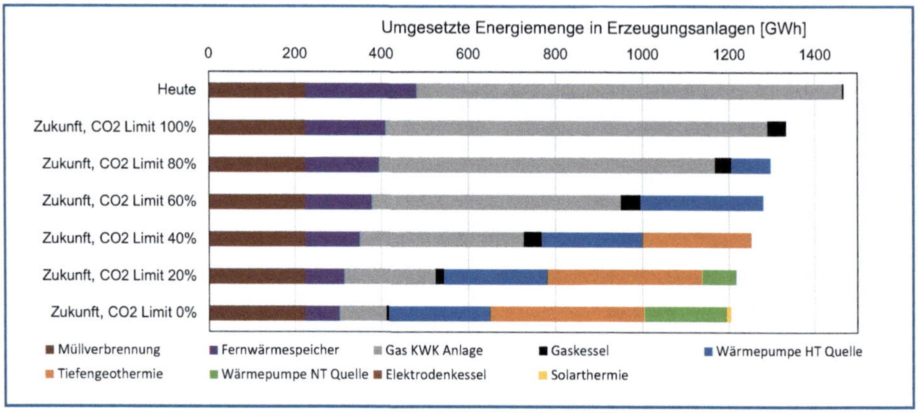

Abb. 6.16 Umgesetzte Energiemengen in Erzeugungsanlagen aller Szenarien

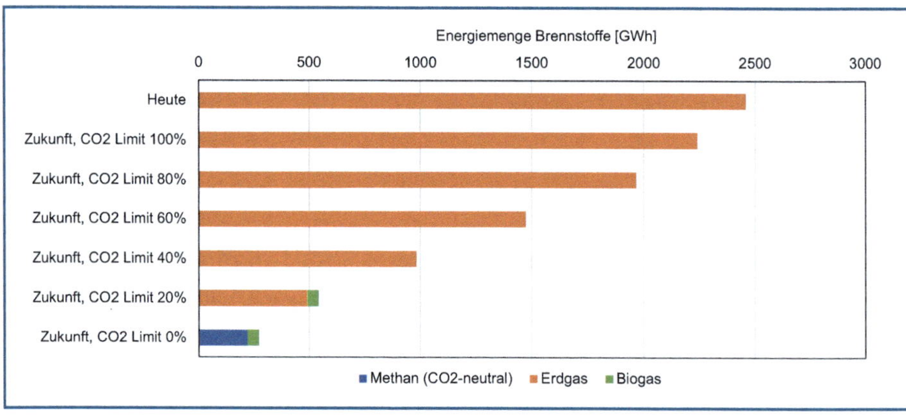

Abb. 6.17 Energiemenge der eingesetzten Brennstoffe aller Szenarien

Wie Abb. 6.15 anschaulich zeigt, werden bei zunehmender Dekarbonisierung in den Szenarien mit CO_2-Limit 80 % und 60 % zunächst Wärmepumpen mit einer Hochtemperaturquelle zugebaut. Darüber hinaus kann dieser Abbildung im Szenario mit CO_2-Limit 40 % entnommen werden, dass die Wärmepumpen mit Hochtemperaturquelle an ihre Ausbaugrenze stoßen und Tiefengeothermie hinzugebaut wird. Diese wiederum stößt im Szenario mit CO_2-Limit 20 % an ihre Ausbaugrenze und es werden Wärmepumpen mit Niedertemperaturwärmequelle zugebaut. Zusätzlich wird in diesem Szenario auch Biogas genutzt und ergänzt teilweise das Erdgas in der Gas KWK-Anlage und den Gas-Kesseln, siehe Abb. 6.16 und 6.17. Nochmals auf Abb. 6.15 bezugnehmend, wird ersichtlich, dass beim vollständig dekarbonisierten Szenario mit CO_2-Limit 0 % die Wärmepumpen mit Niedertemperaturquelle weiter ausgebaut werden und zusätzlich Solarthermie hinzukommt, welche ihrerseits nicht an ihre Ausbaugrenze stößt.

Wie Abb. 6.17 zeigt, wird in diesem Szenario das Erdgas gänzlich durch Biogas und hauptsächlich CO_2-neutralem Methan ersetzt. An dieser Stelle sei nochmal darauf hingewiesen, dass in Abb. 6.16 die benötigte Heizwärmeenergiemenge konstant ist, durch die geringere Verwendung des Fernwärmespeichers in den Szenarien mit reduziertem CO_2-Limit aber der gesamte Energiedurchsatz sinkt.

Für eine vollständige Dekarbonisierung müssen folglich eine Reihe von alternativen Technologien und Brennstoffen eingesetzt werden, welche sich ergänzen. Es macht also nicht nur eine Technologie das Rennen, sondern die Vorteile aller werden kombiniert. Dies sieht man in Abb. 6.15 z. B. daran, dass die Wärmepumpen mit Niedertemperaturquellen von der Reihenfolge her zwar vor der Solarthermie zum Einsatz kommen, aber statt sie weiter auszubauen, wird die Solarthermie ergänzend hinzugenommen.

Für solch einen repräsentativen Standort entstehen folglich komplexe Energiesysteme, welche zunächst dimensioniert und später auch im täglichen Betrieb ständig optimiert werden müssen. Es ist also unerlässlich, für solche Standorte optimierte Energiesystemdesigns durchzuführen und aufgrund der Vielzahl der Technologien dies technologieoffen zu gestalten. In diesem Sinne kann für jeden konkreten Standort eine möglichst robuste und zukunftssichere Konfiguration ermittelt werden.

Die genaue Reihenfolge der hinzugefügten alternativen Technologien und Brennstoffe, wie in dieser Simulation gegeben, hängt natürlich stark vom jeweiligen Standort und den angenommenen Randbedingungen ab. Je nach Standort und Annahme kann sich dies ändern. Schließlich kann aber von einem ähnlichen Trend ausgegangen werden. Dies zeigt z. B. auch eine Studie des Bundesverbands der deutschen Industrie.[25] In dieser Studie wird eine vollständig klimaneutrale Fernwärme hauptsächlich von Wärmepumpen, gefolgt von Solarthermie, Geothermie, Biomasse und synthetischen Brennstoffen erzeugt. Auch hier wird somit von mehreren, sich gegenseitig ergänzenden Alternativen ausgegangen.

6.5 Abschließende Bemerkungen zu den Mikrobetrachtungen

Die in diesem Kapitel aufgeführten Mikrobetrachtungen zeigen dem Leser, wie die Methode der Digitalen Dekarbonisierung zur Bestimmung von robusten Investitionsentscheidungen in dekarbonisierten Energiesystemen verwendet werden kann.

Das Flughafenbeispiel veranschaulicht, wie eine Voreinschränkung der Technologieauswahl die Kosteneffektivität der Dekarbonisierung eines Energiesystems bestimmen kann. So kann hier durch die Verwendung von mit erneuerbarem Strom synthetisch erzeugtem Methan nach derzeitigen Kostenschätzungen die Dekarbonisierung des Flughafens deutlich kostengünstiger gestaltet werden. Das zweite Beispiel einer

[25] Vgl. Gerbert et al. (2018).

deutschen Molkerei macht wiederum transparent, welchen Einfluss Regulierung auf die Investitionsentscheidungen von industriellen Energiesystemen hat. So führt die Zahlung der EEG-Umlage auf eigenerzeugten Strom dazu, dass ein Standort mehr Strom aus dem Netz bezieht anstatt sich weiter eigenständig zu dekarbonisieren. Zuletzt zeigt die Dekarbonisierung einer Fernwärmeversorgung, dass und wie keine einzelne Technologie, sondern ein Mix aus Wärmepumpen, Geothermie und Solarthermie zur Bereitstellung kohlenstoffarmer Wärme benötigt wird.

▶ In jedem dieser Fälle ermöglicht die Methode der Digitalen Dekarbonisierung einen kostenoptimalen Fahrplan als digitalen Zwilling für die Dekarbonisierung eines jeweiligen Standortenergiesystems. Zudem ermöglicht die Betrachtung diverser zukünftiger Szenarien dem Planer, das Energiesystem flexibel für die Zukunft gewappnet zu gestalten.

Perspektive „weniger Treibhausgase“: eine Schlussbetrachtung

7

If we don't start, it's certain we can't arrive. [Zig Ziglar]

Zusammenfassung

Im abschließenden siebten Kapitel fassen die Autoren die Kernaussagen des Buches zum Konzept der Digitalen Dekarbonisierung zusammen. Das Buch schließt mit ausgewählten regulatorischen Hinweisen und Anregungen, die die Autoren ihren Lesern zum Abschluss gewissermaßen mit auf den Weg geben möchten. Ausgehend von den Erkenntnissen aus nationalen und supranationalen Gestaltungsfeldern soll die vorliegende Publikation somit eine weiterführende Anschlussdiskussion in Academia und Praxis beflügeln.

Die Menschheit bleibt aufgefordert, den Klimawandel aufzuhalten
Der anthropogene Klimawandel gilt inzwischen gemeinhin als eine gesicherte Tatsache. Insofern ist es konsequent, wenn überall auf dem Planeten die Überzeugung bei immer mehr Menschen wächst, dass die Weltgemeinschaft jetzt handeln muss, will sie die drohende Klimakatastrophe noch abwenden.

Im Einleitungskapitel zu diesem Buch haben die Autoren dargelegt, dass zwei prinzipielle Wege existieren, um den Klimawandel aufzuhalten und so die Lebensgrundlage aller Spezies auf der Erde zu sichern:

a) Wir können Verzicht üben. Jeder Einzelne kann seinen Beitrag zur Abwehr der sich mehr und mehr andeutenden Klimakatastrophe durch maximale Reduzierung des individuellen Anteils an Treibhausgasemissionen – seinen klimatischen Fußabdruck – nachhaltig reduzieren.

O. D. Doleski et al., *Digitale Dekarbonisierung*,
https://doi.org/10.1007/978-3-658-32934-1_7

b) Ergänzend zur Idee des Konsumverzichts – jedoch keineswegs diese ersetzend – kann bei der Reduzierung von Emissionen auch an deren Entstehungsquelle direkt angesetzt werden. Hier bietet sich ein innovativer Ansatz an, der mittels technologischer Innovationen ebenfalls einen signifikanten Beitrag zur Treibhausgasminderung leisten kann.

Es besteht heute in weiten Teilen von Gesellschaft und Klimaforschung Konsens darüber, dass die Erderwärmung auf Basis aller derzeit verfügbaren, seriösen Klimadaten signifikant voranschreitet und diese Entwicklung zumindest gestoppt werden muss. Will die Menschheit allerdings die Klimaerwärmung nachhaltig noch aufhalten, so muss sie den Ausstoß klimaschädlicher Emissionen signifikant senken. Dies ist nur durch eine systematische Senkung des Ausstoßes klimaschädlicher Gase zu realisieren. Damit fällt der Dekarbonisierungsidee die Rolle des strategischen Dreh- und Angelpunkts innerhalb der globalen Klimadiskussion zu. Die Autoren dieses Buchs haben dazu eine Methode vorgestellt.

Digitale Dekarbonisierung folgt dem Leitbild der Technologieoffenheit
In dieser Publikation haben die Autoren ganz bewusst die Idee der *Technologieoffenheit* mit dem Bild des strahlenden Nordsterns verglichen, der in diesem Buch das Ziel symbolisiert, Methoden zur Dekarbonisierung so zu entwerfen, dass energetische Prozesse aller Art technisch so flexibel optimiert werden können, dass deutlich weniger Treibhausgase emittiert werden. Insofern repräsentiert Technologieoffenheit den zentralen Hebel für die signifikante Reduzierung klimaschädlicher Treibhausgasemissionen. Dies geschieht nach der Überzeugung des Autorenquintetts dergestalt, dass aus dem Set aller prinzipiell denkbaren, sinnvollen Technologien zur Treibhausgasreduktion eine flexible Auswahl ohne frühzeitige a-priori-Fixierung zu erfolgen hat. Technologieoffenheit garantiert einen möglichst umfassenden Suchraum für die Digitale Dekarbonisierung. Die Bewertung einer konkreten Dekarbonisierungsstrategie erfolgt in dem hier propagierten Ansatz nicht auf der Ebene einzelner Technologieoptionen, sondern für das resultierende Energiesystem gesamtheitlich mittels des energiewirtschaftlichen Dreiklangs aus Klimaschutz, Versorgungssicherheit und Wirtschaftlichkeit. Hiermit wird die notwendige Transparenz ermöglicht.

Die im Kap. 5 exemplarisch ausgeführten Makrobetrachtungen zur Digitalen Dekarbonisierung haben durchweg einen Betrachtungshorizont von mindestens zehn Jahren. Dieser langfristige Ansatz wurde bewusst gewählt, um sich von heutigen regulatorischen Randbedingungen in Richtung eines gesamtsystemischen Optimums bewegen zu können. Mit dieser Motivation wird klar, warum wir für die Optimierung eines nationalen Energiemixes weder Steuern und Abgaben in die Kostenterme aufgenommen haben, noch Beschränkungen der Sektorkopplung bzw. sektorspezifische Klimaziele parametriert haben. So wichtig diese Parameter bei den Mikrobetrachtungen auf betriebswirtschaftlicher Ebene sind – in unseren Fallstudien in Kap. 6 wurden sie berücksichtigt –, sie können den Blick für die effizientesten Stellschrauben der Dekarbonisierung verstellen. Digitale Dekarbonisierung, wie wir diese hier betreiben, fokussiert auf die technoökonomische Bewertung und Optimierung der Energiesysteme. Sie kann ihren Beitrag zu den notwendigen Entscheidungen in Politik und Wirtschaft leisten, muss aber um Aspekte wie die soziale Gerechtigkeit oder die Akzeptabilität der Maßnahmen ergänzt werden, die sie naturgemäß nicht berücksichtigen kann.

Es konnte mit dieser Veröffentlichung eindeutig aufgezeigt werden, dass somit die systematische Verbesserung der Effizienz industrieller Prozesse durch den planvollen Einsatz innovativer, digitaler Technologien in den Fokus gehört. Und genau an dieser Stelle setzt gewissermaßen die Scharnierfunktion der digitalen Methodik für jenen technologieoffenen Optimierungsansatz dieser Publikation an.

Die Autoren konnten in den vorangegangenen sechs Kapiteln zeigen, welchen praktischen Beitrag gerade digitale Technologien zur Dekarbonisierung der Industrie zu leisten imstande sind. Ferner lassen sich direkt und indirekt Gestaltungs- bzw. Handlungsempfehlungen ableiten, welche schwerpunktbezogen unterschiedliche Akteure differenziert ansprechen, um in einem unabdingbaren Wirkungszusammenhang Dekarbonisierung überhaupt in dem gebotenen Ausmaß zu ermöglichen. Anders formuliert, es wird ein gehöriger Goodwill in Form eines Repriorisierungs- und Reformwillens allenthalben vonnöten sein.

Bis zu dieser Stelle hat sich das Autorenquintett darauf beschränkt, Fakten und Wirkzusammenhänge objektiv zusammenzufassen und zu erläutern. Abschließend möchte das Autorenquintett nun diese Rolle verlassen und einige besonders effektive Handlungsfelder für die Ausgestaltung des regulatorischen Rahmens benennen.

Handlungsfelder für die Ausgestaltung des regulatorischen Rahmens – eine Schlussbetrachtung

Beginnend mit nationalen und supranationalen Gestaltungsfeldern sind folgende regulatorische Anregungen zu konstatieren:

- Die Sektorkopplung ist die kostengünstigste Möglichkeit, Schwankungen der Erneuerbaren, überwiegend durch die wetterabhängige Stromerzeugung mittels Solar- und Windkraft, auszugleichen. Für die volle Ausnutzung des Potenzials müssen von regulatorischer Seite Anreize für deren Nutzung geschaffen werden und Hürden für deren Nutzung abgebaut werden. Wichtig sind regulatorische Anreize für Energieeffizienz und CO_2-Einsparung. Technische Hürden sollten abgebaut werden durch neu zu schaffende Standards für die nahtlose Nutzung der Flexibilität für den Stromsektor durch Verteil- und Übertragungsnetzbetreiber. Hierzu müssen zwischen Gebäudeenergiekomponenten, Gebäudeenergiemanagementsystemen und den Systemen der Verteilnetzbetreiber jeweils effiziente Schnittstellen definiert werden.

- Die Liberalisierung der „Ware“ Energie muss konsequent fortgesetzt werden. Heute fallen beim Überschreiten eines Elektrons zwischen Grundstücksgrenzen über 50 % Steuern und Abgaben an, die nicht saldiert werden dürfen. In deren Fragwürdigkeit vergleichbar, mit einer fiktiven Mehrwertsteuer, oder in diesem Beispiel korrekter Umsatzsteuer – welche auch noch über 50 % läge –, und nicht an das nächste Wirtschaftssubjekt der Wertschöpfungskette weitergegeben werden dürfte.
- Daten sind ein Schlüsselfaktor für effiziente Prognosen sowie für die Nutzung des vollen Potenzials unserer Infrastruktur, denn wenn wir die Grenzen unserer Energieinfrastruktur kennen, brauchen wir auch nicht unnötige und kostenintensive Überkapazitäten vorzuhalten. Damit die energiesystemrelevanten Daten zur Verfügung stehen, muss es erlaubt sein, diese mit hoher Ort- und Zeitauflösung zu erfassen. Dabei ist es erfahrungsbasiert für den effizienten Betrieb von Energiesystemen bereits vollkommen ausreichend, wenn die Daten von fünf Unternehmen oder Haushalten gem. DSGVO aggregiert werden. Somit kann die europäische Datenschutzgrundverordnung eingehalten werden, wenn zukünftig Datenaggregatoren diese Zusammenfassung übernehmen können.

Auf einer geopolitischen Makroebene verweilend, wird es nicht bereits genügen, den national einzuhaltenden Mandatierungen internationaler Klimaabkommen Vertrauen zu schenken. Zumal die Digitalisierung – wie gezeigt – neuartige Transparenzvorteile mit analytischen Erkenntnisgewinnen kombiniert, welche gerade auch überregional sicherzustellen sind:

- Die meisten aufgezeigten Beispiele stammen zwar aus dem Herkunftsland der Autoren, aber auch die Herausforderungen und Lösungen für Südafrika oder Malaysia illustrieren eine eigenständige Komplexität, die dank Digitalisierung und Technologieoffenheit nun auch eigenständig diskutiert werden können – ja sogar, sollten. Im Optimierungssystem von Dekarbonisierung-Finanzierbarkeit-Versorgungssicherheit ist demnach der methodische Erfahrungsaustausch zwischen Nationen einem undifferenzierten, zuweilen gar moralisierenden Vorbildsein-Wollen vorzuziehen.
- Während sich in Südafrika die ursprünglichen Energieflüsse nahezu kontra-intuitiv umkehren, zeigt Malaysia, wie feingliedrige dezentrale Lösungen angemessen sein können – ganz zu schweigen von den eben nicht nur politisch, sondern modellierend hochsensiblen Ländern mit Öl- und Gasreichtum, welche, durch die gezeigte Datenanalytik gerechtfertigt, eben anders den Status quo überwinden können.
- Digital entstandene Abbildungen (Digital Twins) des energetischen Normativs exemplifizieren regional angepasste Formen der Technologieoffenheit, was sich an den unerlässlichen Brückentechnologien zeigt: Die Brücken sind zum angestrebten Wind, Sonne und zuweilen Wasser demnach flexibel zu bauen und zu ergänzen im Zeitablauf, da sich Netzstabilität und Speicheranforderungen nicht wegdiskutieren lassen.

- Die referenzierten Archetypen der landesspezifischen Ausgangsbedingungen sind keine Kopfgeburten, sondern sollten den ständigen Dialog sowie den methodischen und sonstigen Erfahrungsaustausch zwischen ähnlichen Ländern auch durchaus verschiedener Kontinente anregen. Die technologisch-praktischen Verbundlösungsmöglichkeiten zwischen benachbarten Ländern sind schließlich ohnehin unumstritten und konnten indirekt über die Beispiele der Mikroebene sichergestellt werden.

Regional bzw. auf mikroökologischer und -ökonomischer Ebene lassen sich ebenfalls Erkenntniserweiterungen oder zumindest -absicherungen erkennen, die sich wie folgt zusammenfassen lassen:

- Die einfachste, aber zentrale Aussage vorweg: Es sind die innovativen Methoden der hier thematisch eingeführten Digitalen Dekarbonisierung, welche neue Möglichkeiten zur Erkenntnis und professionellen Umsetzung von Dekarbonisierungsmaßnahmen (gerade auch) auf konkreter Entscheiderebene eröffnen. Die Differenziertheit der Methodik, dabei die Technologieoffenheit zur Geltung kommen lassend, befähigt eine entscheidende Person erst zu kognitiv überzeugenden Leistungen und Handlungen, indem diese realitätsbezogene Abwägungen nicht nur zulässt, sondern sogar auf dem Lösungsweg einfordert.
- Die Stärke des Ansatzes, auch wirtschaftliche und neben der Dekarbonisierung auch weitergehende Nachhaltigkeitsanforderungen zu berücksichtigen, verleiht zusätzliches Gewicht, welches es im Stakeholder-Dialog zu nutzen gilt. Dieses Prinzip lässt sich sowohl als Unternehmer, Manager oder Verantwortlicher einer öffentlich-rechtlichen Institution vertreten, denn Dekarbonisierung verlangt monetären Einsatz, der sich stets einer zu überprüfenden Legitimationsbasis zu stellen hat. Die aufgezeigten Beispiele in Gestalt von Flughafen, Molkerei und einer urbanen Agglomeration können dafür als prototypisch gelten.
- Schließlich scheint auch im Sinne einer angewandten Wissenschaft – und möge auch der hier vorgelegte Ansatz der Autoren gerne und kontinuierlich verbessert und konzeptionell überholt werden – folgende Anregung angebracht: Wenn Dekarbonisierung auch auf professioneller datenanalytischer Planung und regelmäßiger Justierung beruht, erweitert und vertieft sich das Berufs- und Forschungsgebiet der Energiesysteme um einen entsprechend interdisziplinären Ansatz.

In Anbetracht dieser verschiedenen Perspektiven und in den einzelnen Kapiteln dieses Buches argumentativ untermauerten Sequenzen des Erkenntnisgewinns bedarf es demnach zweifelsohne einer Kontextualisierung des vom Autorenteam eingebrachten Ansatzes einer Digitalen Dekarbonisierung. Eigentlich als methodische Innovation zu deklarieren, impliziert Digitale Dekarbonisierung stets begleitende Rahmenbedingungen, welche zwar ingenieurwissenschaftlich basiert sind, sich jedoch erst im gesellschaftlichen und wirtschaftlichen Bezugssystem nationaler oder wünschenswerterweise supranationaler Konsensbildung manifestieren.

Es gibt demnach nicht nur die eine Perspektive auf das Thema Treibhausgasreduzierung. Zweifelsohne bestehen aber ähnliche Facetten und Synergiepotenziale durch Ausschöpfung neuer Methoden und Gestaltungsoptionen. Diese subsumieren sich unter dem nunmehr eingeführten Begriffspaar der „Digitalen Dekarbonisierung".

Schließen wir vielleicht am besten mit einem wohl passenden Zitat des 36. US-Präsidenten Lyndon B. Johnson: „Das Gestern können wir nicht mehr retten, aber wir können das Morgen gewinnen oder verlieren."

Die Autoren freuen sich auf vielfältige – gerne auch kontroverse – Anschlussdiskussionen mit den Lesern dieser Publikation.

Literatur

AGFW. (2017). *AGFW – Hauptbericht 2017*. Frankfurt a. M.: Energieeffizienzverband für Wärme, Kälte und KWK e. V., Jahreshauptbericht 2017.

Agora. (2018). *Die zukünftigen Kosten strombasierter synthetischer Brennstoffe*. Berlin: Agora Energiewende und Frontier Economics.

Aichele, C., & Doleski, O. D. (2014). Idee des intelligenten Energiemarktkonzepts. In C. Aichele & O. D. Doleski (Hrsg.), *Smart Market – Vom Smart Grid zum intelligenten Energiemarkt* (S. 3–51). Wiesbaden: Springer Vieweg.

Arthur, D., & Vassilvitskii, S. (2007). *k-means++: The Advantages of Careful Seeding*. Proceedings of the eighteenth annual ACM-SIAM symposium on Discrete algorithms, 1027–1035.

BAFA. (2019). *Merkblatt zu den CO_2-Faktoren*. Eschborn: Bundesamt für Wirtschaft und Ausfuhrkontrolle (BAFA). https://www.bafa.de/SharedDocs/Downloads/DE/Energie/eew_merkblatt_co2.pdf?__blob=publicationFile&v=2. Zugegriffen: 16. Dez. 2020.

BAFA. (2020). *Zulassung von KWK-Anlagen nach dem Kraft-Wärme-Kopplungsgesetz (KWKG)*. Eschborn: Bundesamt für Wirtschaft und Ausfuhrkontrolle (BAFA). https://www.bafa.de/SharedDocs/Downloads/DE/Energie/kwk_statistik_zulassungen_2009_2019.pdf?__blob=publicationFile&v=16. Zugegriffen: 7. Jan. 2021.

Bauer, L., & Matysik, S. (2020). *Windturbines database*. https://en.wind-turbine-models.com/turbines. Zugegriffen: 16. Nov. 2020.

BDEW. (2019). *Entwicklung des Wärmeverbrauchs in Deutschland – Basisdaten und Einflussfaktoren*. 29.05.2019, Berlin: BDEW Bundesverband der Energie- und Wasserwirtschaft e. V. https://www.bdew.de/media/documents/20190529_Waermeverbrauchsanalyse-Foliensatz-2019_42oo8Va.pdf. Zugegriffen: 26. Jan. 2021.

Bellini, E. (2019). *Niedrigstes Gebot in Dubais 900 Megawatt Photovoltaik-Ausschreibung liegt bei 1,53 Cent pro Kilowattstunde*. pv magazine International. 10.10.2019. https://www.pv-magazine.de/2019/10/10/niedrigstes-gebot-in-dubais-900-megawatt-photovoltaik-ausschreibung-liegt-bei-153-cent-pro-kilowattstunde/. Zugegriffen: 18. Jan. 2021.

BMBF. (2016). *6,56 Terawattstunden elektrische Energie verbraucht die öffentliche Wasserversorgung jährlich*. 26.04.2016. Berlin: Bundesministerium für Bildung und Forschung (BMBF). https://www.bmbf.de/de/6-56-terawattstunden-elektrische-energie-verbraucht-die-oeffentliche-wasserversorgung-2734.html. Zugegriffen: 22. Dez. 2020.

BMBF. (2020a). *Kopernikus-Projekt ENSURE*. Berlin: Bundesministerium für Bildung und Forschung (BMBF). https://www.kopernikus-projekte.de/projekte/ensure. Zugegriffen: 26. Jan. 2021.

O. D. Doleski et al., *Digitale Dekarbonisierung*,
https://doi.org/10.1007/978-3-658-32934-1

BMBF. (2020b). *Eine kleine Wasserstoff-Farbenlehre*. 16.10.2020, Berlin: Bundesministerium für Bildung und Forschung (BMBF). https://www.bmbf.de/de/eine-kleine-wasserstoff-farbenlehre-10879.html. Zugegriffen: 16. Dez. 2020.

BMVBS. (Hrsg.) (2013). *Maßnahmen zur Umsetzung der Ziele des Energiekonzepts im Gebäudebereich – Zielerreichungsszenario*. Berlin: Bundesministerium für Verkehr, Bau und Stadtentwicklung (BMVBS). BMVBS-Online-Publikation 03/2013. https://www.kea-bw.de/fileadmin/user_upload/Kommunaler_Klimaschutz/Wissensportal/Bauen_und_Sanieren/BMVBS_IWU_ZIelerreichungsszenario2013.pdf. Zugegriffen: 12. Jan. 2021.

Bothe, D. (2020). *Blue, green or pink hydrogen – Potentials and security of supply*. London (UK): Frontier economics. https://www.frontier-economics.com/uk/en/news-and-articles/news/news-article-i7769-blue-green-or-pink-hydrogen/. Zugegriffen: 19. Nov. 2020.

Bukold, S. (2020). *Blauer Wasserstoff*. https://www.greenpeace-energy.de/fileadmin/docs/publikationen/Studien/blauer-wasserstoff-studie-2020.pdf. Zugegriffen: 7. Jan. 2021.

Bundesnetzagentur. (2019). *Quartalsbericht Netz- und Systemsicherheit – Gesamtes Jahr 2019*. Bonn: Bundesnetzagentur. https://www.bundesnetzagentur.de/SharedDocs/Mediathek/Berichte/2020/Quartalszahlen_Gesamtjahr_2019.pdf;jsessionid=428D1346A257560AA97AEDBA55204D61?__blob=publicationFile&v=9. Zugegriffen: 22. Dez. 2020.

Busch, R. (2020). *Decarbonization*. https://new.siemens.com/global/en/company/sustainability/decarbonization.html. Zugegriffen: 26. Jan. 2021.

Byers, L., Friedrich, J., Hennig, R., Kressig, A., Li, X., Mccormick, C., & Valeri, L. M. (2019). *A Global Database of Power Plants*. Washington, DC (USA): World Resources Institute. https://files.wri.org/s3fs-public/global-power-plant-database-technical-note_1.pdf. Zugegriffen: 16. Dez. 2020.

Byers, L., & McCormick, C. (2018). *Global Power Plant Database*. GitHub. https://github.com/wri/global-power-plant-database. Zugrgriffen: 26. Jan. 2021.

Carlsson, J. (2014). *ETRI 2014 – Energy Technology Reference Indicator projections for 2010–2050*. Luxembourg: Publications Office of the European Union. EUR – Scientific and Technical Research Reports No. JRC92496. https://doi.org/10.2790/057687. https://publications.jrc.ec.europa.eu/repository/handle/JRC92496. Zugegriffen: 26. Jan. 2021.

Carrington, D. (2019). Why the Guardian is changing the language it uses about the environment. London: *The Guardian*. 17.05.2019. https://www.theguardian.com/environment/2019/may/17/why-the-guardian-is-changing-the-language-it-uses-about-the-environment. Zugegriffen: 7. Jan. 2021.

CDP. (2020). *Carbon Disclosure Project*. London: CDP Worldwide Group. https://www.cdp.net/en/. Zugegriffen: 21. Jan. 2021.

CGG. (1995). *Our Global Neighborhood: The Report of the Commission on Global Governance*. Commission on Global Governance (CGG). Oxford: Oxford University Press.

Chan, Y., Petithuguenin, L., Fleiter, T., Herbst, A., Arens, M., & Stevenson, P. (2019). *Industrial Innovation: Pathways to deep decarbonisation of Industry – Part 1: Technology Analysis*. London und Karlsruhe: ICF Consulting Services Limited und Fraunhofer-Institut für System- und Innovationsforschung ISI. 20.01.2019.

Consentec, & Fraunhofer ISI. (2018). *Optionen zur Weiterentwicklung der Netzentgeltsystematik für eine sichere, umweltgerechte und kosteneffiziente Energiewende*. Studie im Auftrag des Bundesministeriums für Wirtschaft und Energie (BMWi), Schlussbericht 11.06.2018. Aachen und Karlsruhe: Consentec und Fraunhofer-Institut für System- und Innovationsforschung ISI. https://www.bmwi.de/Redaktion/DE/Publikationen/Studien/optionen-zur-weiterentwicklung-der-netzentgeltsystematik.html. Zugegriffen: 12. Jan. 2021.

Crastan, V. (2009). *Elektrische Energieversorgung 2 – Energie- und Elektrizitätswirtschaft, Kraftwerktechnik, alternative Stromerzeugung, Dynamik, Regelung und Stabilität, Betriebsplanung und -führung* (2. Aufl.). Berlin: Springer. https://doi.org/10.1007/978-3-540-70882-7. Zugegriffen: 7. Jan. 2021.

David, A., Vad Mathiesen, B., Averfalk, H., Werner, S., & Lund, H. (2017). *Heat Roadmap Europe: Large-Scale Electric Heat Pumps in District Heating Systems*. Vol. 10 (4), 578. Basel (Switzerland): Energies. https://doi.org/10.3390/en10040578. Zugegriffen: 23. Nov. 2020.

dena. (2016). *Der dena-Gebäudereport 2016 – Statistiken und Analysen zur Energieeffizienz im Gebäudebestand*. Stand Nov. 2016, Berlin: Deutsche Energie-Agentur GmbH (dena). https://www.dena.de/fileadmin/user_upload/8162_dena-Gebaeudereport.pdf. Zugegriffen: 18. Jan. 2021.

dena. (2018). *Impulse zur Weiterentwicklung der Netzentgeltsystematik – Industrielles Verbrauchsverhalten im Rahmen der Energiewende netzdienlich gestalten*. Berlin: Deutsche Energie-Agentur GmbH (dena). https://www.dena.de/themen-projekte/projekte/energiesysteme/taskforce-netzentgelte/. Zugegriffen: 16. Dez. 2020.

dena. (2020a). *Gebäude energieeffizient gestalten*. Berlin: Deutsche Energie-Agentur GmbH (dena). https://www.dena.de/themen-projekte/energieeffizienz/gebaeude/. Zugegriffen: 26. Jan. 2021.

dena. (2020b). Vorschlag für die Senkung der EEG-Umlage auf null, Ein Impuls für eine Beschleunigung der Energiewende. Berlin: Deutsche Energie-Agentur GmbH (dena). https://www.dena.de/fileadmin/dena/Publikationen/PDFs/2020/KURZSTUDIE_Vorschlag_fuer_die_Senkung_der_EEG-Umlage_auf_null.pdf. Zugegriffen: 7. Jan. 2021.

Doleski, O. D. (2015). *Integrated Business Model – Applying the St. Gallen Management Concept to Business Models*. Wiesbaden: Springer Gabler.

Doleski, O. D. (2017). Die Energiebranche am Beginn der digitalen Transformation: aus Versorgern werden Utilities 4.0. In O. D. Doleski (Hrsg.), *Herausforderung Utility 4.0: Wie sich die Energiewirtschaft im Zeitalter der Digitalisierung verändert* (S. 3–27). Wiesbaden: Springer Vieweg.

Doleski, O. D. (2020). Energieversorgungsunternehmen neu denken: Utility 4.0. In O. D. Doleski (Hrsg.), *Realisierung Utility 4.0 Band 1 – Praxis der digitalen Energiewirtschaft von den Grundlagen bis zur Verteilung im Smart Grid* (S. 3–62). Wiesbaden: Springer Vieweg.

Dorfner, J. (2016). *Open Source Modelling and Optimisation of Energy Infrastructure at Urban Scale*. München: TU München. https://mediatum.ub.tum.de/doc/1285570/1285570.pdf. Zugegriffen: 21. Jan. 2021.

Dyrelund (2020). *European Heat Pump Association webinar – The energy transition in cities: District heating*. 08.10.2020.

EEA. (2010). *Natura 2000 data – The European network of protected sites*. Copenhagen (Denmark): European Environment Agency (EEA). https://www.eea.europa.eu/ds_resolveuid/DAT-68-en. Zugegriffen: 12. Jan. 2021.

EEA. (2017). *Nationally designated areas*. Copenhagen (Denmark): European Environment Agency (EEA). https://www.eea.europa.eu/ds_resolveuid/DAT-24-en. Zugegriffen: 22. Dez. 2020.

eia. (2018). *International Energy Statistics*. Washington DC: U.S. Energy Information Administration. https://www.eia.gov/beta/international/data/browser. Zugegriffen: 16. Dez. 2020.

Eisenack, K., Villamayor-Tomas, S., Epstein, G., Kimmich, C., Magliocca, N., ManuelNavarrete, D., Oberlack, C., Roggero, M., & Sietz, D. (2019). Design and quality criteria for archetype analysis. *Ecology and Society, 24*(3), art6. https://doi.org/10.5751/ES-10855-240306. Zugegriffen: 25. Okt. 2020.

Ekblom, J., & Baczynska, G. (2019). EU trumpets Green Deal as its 'man on the moon moment'. Reuters, 11.12.2019. https://www.reuters.com/article/us-climate-change-eu/eu-trumpets-green-deal-as-its-man-on-the-moon-moment-idUSKBN1YF1NA. Zugegriffen: 7. Jan. 2021.

Energiebilanzen, A. (2018). *Auswertungstabellen zur Energiebilanz Deutschland: 1990 bis 2017*. Berlin: Arbeitsgemeinschaft Energiebilanzen e. V.

Energy Market Authority of Singapore. (2019). *Statistics – Half-hourly System Demand Data*. Government of Singapore. https://www.ema.gov.sg/statistic.aspx?sta_sid=20140826Y84sgBebjwKV. Zugegriffen: 24. Okt. 2020.

ENTSO-E. (2019). *ENTSO-E Transparency Platform*. Brüssel: European Network of Transmission System Operators for Electricity (ENTSO-E). https://transparency.entsoe.eu/dashboard/show. Zugegriffen: 18. Jan. 2021.

European Commission. (2016). The EU Emissions TradingSystem (EU ETS). Factsheet. Brüssel: European Commission. https://ec.europa.eu/clima/sites/clima/files/factsheet_ets_en.pdf. Zugegriffen: 26. Jan. 2021.

European Commission. (2019). *The European Green Deal*. 11.12.2019, Brüssel: European Commission.

European Commission. (2020). *State of the Union 2020. President von der Leyen's speech*. Brüssel: European Commission. https://ec.europa.eu/info/sites/info/files/soteu_2020_multilingual.pdf. Zugegriffen: 26. Jan. 2021.

Parliament, E. (2012). *Directive 2012/27/EU of the European Parliament and of the Council of 25 October 2012 on energy efficiency, amending Directives 2009/125/EC and 2010/30/EU and repealing Directives 2004/8/EC and 2006/32/EC*. Brüssel: European Parliament.

European Parliament. (2019a). *CO2 emissions from cars: facts and figures (infographics)*. 18.04.2019. Brüssel: European Parliament. https://www.europarl.europa.eu/news/en/headlines/society/20190313STO31218/co2-emissions-from-cars-facts-and-figures-infographics. Zugegriffen: 21. Jan. 2021.

European Parliament. (2019b). *Greenhouse gas emissions by country and sector (infographic)*. 17.10.2019. Brüssel: European Parliament. https://www.europarl.europa.eu/news/en/headlines/society/20180301STO98928/greenhouse-gas-emissions-by-country-and-sector-infographic. Zugegriffen: 16. Dez. 2020.

Fattouh, B., & Sen, A. (2016). *Saudi Arabia's Vision 2030, Oil Policy and the Evolution of the Energy Sector*. Oxford: The Oxford Institute for Energy Studies.

Fazlollahi, S., Bungener, S. L., Mandel, P., Becker, G., & Maréchal, F. (2014). Multi-objectives, multi-period optimization of district energy systems: I. Selection of typical operating periods. *Computers and Chemical Engineering, 65,* 54–66. https://doi.org/10.1016/j.compchemeng.2014.03.005. Zugegriffen: 7. Jan. 2021.

FfE. (2020). *Siemens Global Energy Demand – Modellierung des Weltweiten Stromverbrauchs*. München: Forschungsstelle für Energiewirtschaft e. V. (FfE). https://www.ffe.de/themen-und-methoden/erzeugung-und-markt/911-siemens-global-energy-demand-modellierung-des-weltweiten-stromverbrauchs. Zugegriffen: 26. Jan. 2021.

Fleiter, T., Elsland, R., Rehfeldt, M., Steinbach, J., Reiter, U., Catenazzi, G., Jakob, M., Rutten, C., Harmsen, R., Dittmann, F., Rivière, P., & Stabat, P. (2017). *Profile of heating and cooling demand in 2015*. Heat Roadmap Europe. https://heatroadmap.eu/wp-content/uploads/2018/11/HRE4_D3.1.pdf. Zugegriffen: 22. Dez. 2020.

Fourer, R., Gay, D. M., & Kernighan, B. W. (2003). *AMPL – A Modeling Language for Mathematical Programming* (2. Aufl.). Belmont: Duxbury-Thomson.

Fraunhofer. (2019). *Innovationen ermöglichen fast vollständige Dekarbonisierung des Industriesektors*. Presseinformation, 25.03.2019. https://www.isi.fraunhofer.de/de/presse/2019/presseinfo-08-2019-dekarbonisierung-industrie.html. Zugegriffen: 18. Jan. 2021.

Fraunhofer. (2020). *Aktuelle Fakten zur Photovoltaik in Deutschland*. Fassung vom 22.09.2020, Freiburg: Fraunhofer ISE. https://www.ise.fraunhofer.de/content/dam/ise/de/documents/publications/studies/aktuelle-fakten-zur-photovoltaik-in-deutschland.pdf. Zugegriffen: 26. Jan. 2021.

Gabler. (2020). *Pareto-Optimum.* Gabler Wirtschaftslexikon. Wiesbaden: Springer Gabler. https://wirtschaftslexikon.gabler.de/definition/pareto-optimum-45936. Zugegriffen: 22. Nov. 2020.

Gabriel, S. A., Conejo, A. J., Fuller, J. D., Hobbs, B. F., & Rius, C. (2013). *Complementary Modeling in Energy Markets.* New York (USA): Springer. https://doi.org/10.1007/978-1-4419-6123-5. Zugegriffen: 21. Jan. 2021.

GAMS. (2019). *General Algebraic Modeling System (GAMS) Release 27.1.0.* Fairfax, VA, USA: GAMS Development Corporation. https://www.gams.com/download/.

Gelaro, R. et al. (2017). The Modern-Era Retrospective Analysis for Research and Applications, Version 2 (MERRA-2). Boston: *Journal of Climate.* https://doi.org/10.1175/JCLI-D-16-0758.1.

Gerbert, P., Herhold, P., Burchardt, J., Schönberger, S., Rechenmacher, F., Kirchner, A., Kemmler, A., & Wünsch, M. (2018). *Klimapfade für Deutschland.* The Boston Consulting Group (BCG), Prognos.

Gerdts, M. (2013). *Einführung in die lineare und nichtlineare Optimierung.* Neubiberg: Universität der Bundeswehr München.

Global Energy Observatory, Google, KTH Royal Institute of Technology in Stockholm, Enipedia, World Resources Institute. (2018). *Global Power Plant Database.* Published on Resource Watch and Google Earth Engine. https://resourcewatch.org/ https://earthengine.google.com/. Zugegriffen: 16. Dez. 2020.

Gobierno De Mexico. (2019). Estimación de la Demanda Real del Sistema. Mexico City: Gobierno De Mexico. https://www.cenace.gob.mx/SIM/VISTA/REPORTES/DemandaRealSist.aspx. Zugegriffen: 7. Jan. 2021.

Görner, K., & Sauer, D. U. (Hrsg.). (2016). *Konventionelle Kraftwerke Technologiesteckbrief zur Analyse Flexibilitätskonzepte für die Stromversorgung 2050.* München: Deutsche Akademie der Technikwissenschaften.

Guo, D. (2009). *Greedy Optimization for Contiguity-Constrained Hierarchical Clustering.* 2009 IEEE International Conference on Data Mining Workshops, 591–596. https://doi.org/10.1109/ICDMW.2009.75. Zugegriffen: 22. Dez. 2020.

Gurobi. (2020). *MIPGap.* Gurobi Optimization. https://www.gurobi.com/documentation/9.0/refman/mipgap2.html. Zugegriffen: 18. Jan. 2021.

Hain, M., Schermeyer, H., Uhrig-Homburg, M., & Fichtner, W. (2018). Managing renewable energy production risk. *Journal of Banking & Finance, 97,* 1–19. https://doi.org/10.1016/j.jbankfin.2018.09.001. Zugegriffen: 12. Jan. 2021.

Hart, W. E., Watson, J., & Woodruff, D. L. (2011). Pyomo: modeling and solving mathematical programs in Python. *Mathematical Programming Computation, 3,* 219. https://doi.org/10.1007/s12532-011-0026-8. Zugegriffen: 26. Jan. 2021.

Hillebrandt, K., Samadi, S., & Fischedick, M. (2015). *Wege zu einer weitgehenden Dekarbonisierung Deutschlands. Kurzfassung.* Wuppertal: Wuppertal Institut für Klima, Umwelt und Energie.

Holtrup, F. (2015). *Potenzial für Demand Side Management der energieintensiven Industrie in Deutschland – Eine Kostenbetrachtung am Beispiel der Chlor-Alkali-Elektrolysen.* Word Energy Council, Berlin: Weltenergierat Deutschland.

Huntington, S. (2018). *US battery energy storage system capital cost outlook.* London: IHS Markit.

Husarek, D., Paulus, S., Huber, M., Metzger, M., & Niessen, S. (2019). *The Contribution of Carbon-Optimized Battery Electric Vehicle Charging to the Decarbonization of a Multi-Modal Energy System.* 3rd E-Mobility Power System Integration Symposium. 14.10.2019. Dublin, Ireland. https://integrationworkshops.org/ljubljana2020/wp-content/uploads/sites/20/2019/10/3C_2_EMOB19_137_paper_Dominik_Husarek.pdf. Zugegriffen: 21. Jan. 2021.

Icha, P., & Kuhs, G. (2020). Entwicklung der spezifischen Kohlendioxid-Emissionen des deutschen Strommix in den Jahren 1990–2019. Dessau-Roßlau. https://www.umweltbundesamt.de/sites/default/files/medien/1410/publikationen/2020-04-01_climate-change_13-2020_strommix_2020_fin.pdf. Zugegriffen: 26. Jan. 2021.

IEA. (2018). *Electricity Information 2018*. Paris: International Energy Agency (IEA).

IEA. (2019). *World Energy Outlook 2019 – Executive Summary*. Paris: International Energy Agency (IEA).

IEA. (2020). *CO2 Emissions from Fuel Combustion: Overview – An essential tool for analysts and policy makers*. Paris: International Energy Agency (IEA). https://www.iea.org/reports/co2-emissions-from-fuel-combustion-overview. Zugegriffen: 12. Jan. 2021.

IfW. (2020). *Corona: Deutscher Stromverbrauch deutlich unter Normalniveau*. 29.04.2020. Kiel: Institut für Weltwirtschaft (IfW). https://www.ifw-kiel.de/de/publikationen/medieninformationen/2020/corona-deutscher-stromverbrauch-deutlich-unter-normalniveau/. Zugegriffen: 22. Dez. 2020.

IPCC. (2014). *Climate Change 2014: Synthesis Report. Contribution of Working Groups I, II and III to the Fifth Assessment Report of the Intergovernmental Panel on Climate Change*. Genf: IPCC.

IPCC. (2019). *Climate Change and Land: an IPCC special report on climate change, desertifcation, land degradation, sustainable land management, food security, and greenhouse gas fuxes in terrestrial ecosystem*. Genf: IPCC.

IRENA. (2017). *REthinking Energy 2017: Accelerating the global energy transformation*. Abu Dhabi: International Renewable Energy Agency (IRENA).

IRENA. (2019). *Renewable capacity statistics 2019*. Abu Dhabi: International Renewable Energy Agency (IRENA).

IRENA. (2020). *Renewable Power Generation Costs in 2019*. Abu Dhabi: International Renewable Energy Agency. https://www.irena.org/-/media/Files/IRENA/Agency/Publication/2020/Jun/IRENA_Power_Generation_Costs_2019.pdf. Zugegriffen: 25. Okt. 2020.

Jackson, T. (2009). *Prosperity without Growth: Economics for a Finite Planet*. London: Earthscan.

Jain, A. K. (2010). Data clustering: 50 years beyond K-means. *Pattern Recognition Letters, 31*, 651–666. https://doi.org/10.1016/j.patrec.2009.09.011. Zugegriffen: 25. Okt. 2020.

JRC, & CIESIN. (2015). *GHS population grid, derived from GPW4, multitemporal (1975, 1990, 2000, 2015)*. Brüssel: Joint Research Centre (JRC) European Commission, & Columbia: Center for International Earth Science Information Network (CIESIN) Columbia University. https://data.jrc.ec.europa.eu/dataset/jrc-ghsl-ghs_pop_gpw4_globe_r2015a. Zugegriffen: 16. Dez. 2020.

Kaiser, T., & Doleski, O. D. (2020). *Advanced Operations – Best Practices for the Focused Establishment of Transformational Business Models*. Wiesbaden: Springer Vieweg.

Kodinariya, T. M., & Makwana, P. R. (2013). Review on determining number of Cluster in K-Means Clustering. *International Journal of Advance Research in Computer Science and Management Studies, 1*(6), 6.

Kueppers, M., Perau, C., Franken, M., Heger, H. J., Huber, M., Metzger, M., & Niessen, S. (2020a). *Data-Driven Regionalization of Decarbonized Energy Systems for Reflecting Their Changing Topologies in Planning and Optimization*. Basel (Switzerland): Energies. https://doi.org/10.3390/en13164076. Zugegriffen: 7. Jan. 2021.

Kueppers, M., Paredes Pineda, S. N., Metzger, M., Huber, M., Paulus, S., Heger, H.-J., & Niessen, S. (2020b). Decarbonization Pathways of Worldwide Energy Systems – Definition and Modeling of Archetypes. TechRxiv, 24.

Löffler, K., Hainsch, K., Burandt, T., Oei, P.-Y., Kemfert, C., & von Hirschhausen, C. (2017). *Designing a model for the global energy system – GENeSYS-MOD: An Application of the*

Open-Source Energy Modeling System (OSeMOSYS). Basel (Switzerland): Energies, 10, 1468. https://doi.org/10.3390/en10101468. Zugegriffen: 25. Okt. 2020.

Lopion, P., Markewitz, P., Robinius, M., & Stolten, D. (2018). A review of current challenges and trends in energy systems modeling. *Renewable and Sustainable Energy Reviews, 96,* 156–166. https://doi.org/10.1016/j.rser.2018.07.045. Zugegriffen: 18. Jan. 2021.

Maaßen, U. (2020). *Energiebilanz der Bundesrepublik Deutschland 2018*. Berlin (Deutschland): Deutsches Institut für Wirtschaftsforschung. https://ag-energiebilanzen.de/7-0-Bilanzen-1990-2017.html. Zugegriffen: 26. Jan. 2021.

Maier-Rigaud, F. P. (2019). Dekarbonisierung für Anfänger: Wie das europäische Zertifikatesystem zu retten wäre. *Wirtschaftsdienst, 99*(10), 731–735.

Marieni, A. (2020). Game over for oil? Welcome to the matrix revolution. Rome: Formiche. https://formiche.net/2020/05/game-over-for-oil/. Zugegriffen: 12. Jan. 2021.

Matar, W., Murphy, F., Pierru, A., Rioux, B., & Wogan, D. (2017). Efficient industrial energy use: The first step in transitioning Saudi Arabia's energy mix. *Energy Policy, 105,* 80–92. https://doi.org/10.1016/j.enpol.2017.02.029. Zugegriffen: 11. Okt. 2020.

Meadows, D. H., Meadows, D. L., Randers, J., & Behrens, W. W. (1972). *The limits to growth. A report for the club of Rome's project on the predicament of mankind*. New York: Universe Books.

Meindl, B., & Templ, M. (2012). *Analysis of commercial and free and open source solvers for linear optimization problems*. Forschungsbericht CS-2012-1. Wien: Technische Universität Wien, Institut für Statistik und Wahrscheinlichkeitstheorie.

Messner, D. (2016). Dekarbonisierung – Transformation zur Klimaverträglichkeit. *Swiss Academies Reports, 11*(5), 150–153.

Muffett, C., et al. (2019). *Plastic & Climate: The Hidden Costs of a Plastic Planet*. Washington, DC: Center for International Environmental Law (CIEL).

Müller, C., Hoffrichter, A., Wyrwoll, L., Schmitt, C., Trageser, M., Kulms, T., Beulertz, D., Metzger, M., Duckheim, M., Huber, M., Küppers, M., Most, D., Paulus, S., Heger, H. J., & Schnettler, A. (2019). Modeling framework for planning and operation of multi-modal energy systems in the case of Germany. *Applied Energy, 250,* S. 1132–1146. https://doi.org/10.1016/j.apenergy.2019.05.094. Zugegriffen: 21. Jan. 2021.

Nature. (2015). Tough targets (Editorial). *Nature, 522*(7555), 128. https://www.nature.com/news/tough-targets-1.17717. Zugegriffen: 7. Jan. 2021.

NEOM. (2020). *An acceleration of human progress*. Riyadh (Kingdom of Saudi Arabia): NEOM Company. https://www.neom.com/. Zugegriffen: 22. Dez. 2020.

NOAA. (2015). *Version 1 VIIRS Day/Night Band Nighttime Lights – Nighttime Light Composite*. Asheville: National Oceanic and Atmospheric Administration (NOAA) Earth Observation Group/National Centers for Environmental Information (NCEI). https://www.ngdc.noaa.gov/eog/viirs/download_dnb_composites.html. Zugegriffen: 26. Jan. 2021.

OpenStreetMap. (2020). OpenStreetMap and Contributors. Cambridge: OpenStreetMap Foundation, 2004 (edited 2019). https://www.openstreetmap.org. Zugegriffen: 26. Jan. 2021.

Paschotta, R. (2020). Gesicherte Kraftwerksleistung. In: RP-Energie-Lexikon. 15.08.2020. https://www.energie-lexikon.info/gesicherte_kraftwerksleistung.html?s=ak. Zugegriffen: 26. Jan. 2021.

Pecenak, Z. K., Stadler, M., Mathiesen, P., Fahy, K., & Kleissl, J. (2020). Robust design of microgrids using a hybrid minimum investment optimization. *Applied Energy, 276,* https://doi.org/10.1016/j.apenergy.2020.115400. Zugegriffen: 21. Jan. 2021.

Perner, J., Unteutsch, M., & Lövenich, A. (2018). *Die zukünftigen Kosten strombasierter synthetischer Brennstoffe*. Köln. https://www.agora-energiewende.de/fileadmin2/Projekte/2017/SynKost_2050/Agora_SynCost-Studie_WEB.pdf. Zugegriffen: 7. Jan. 2021.

Petrie, R. (2020). *openBIM Definition*. Kings Langley: buildingSMART International. https://www.buildingsmart.org/about/openbim/openbim-definition/. Zugegriffen: 16. Dez. 2020.

Pfenninger, S., Hawkes, A., & Keirstead, J. (2014). Energy systems modeling for twenty-first century energy challenges. *Renewable and Sustainable Energy Reviews, 33,* 74–86. https://doi.org/10.1016/j.rser.2014.02.003. Zugegriffen: 26. Jan. 2021.

Pfluger, B., Fleiter,T., Kranzl, L., Hartner, M., Schade,W., Hennecke, A., Fehrenbach, H., Brischke, L., Tersteegen, B., Sensfuß, F., & Steinbach, J. (2017). *Langfristszenarien für die Transformation des Energiesystems in Deutschland.* Berlin (Deutschland): Studie im Auftrag des Bundesministeriums für Wirtschaft und Energie. https://www.bmwi.de/Redaktion/DE/Downloads/B/berichtsmodul-10-a-bericht-reduktion-der-treibhausgasemissionen-deutschlands-langfassung.pdf?__blob=publicationFile&v=4. Zugegriffen: 12. Jan. 2021.

Piantieri, C., Westbroek, M., Probst, B., Flis, G., & Hunter, K. (2020). *Hydrogen in the Northwest European energy system (Public summary).* Oxford (UK): Aurora Energy Research. https://www.auroraer.com/insight/hydrogen-in-the-northwest-european-energy-system/. Zugegriffen: 22. Dez. 2020.

Ram, M., Bogdanov, D., Aghahosseini, A., Gulagi, A., Oyewo, S., Child, M., Caldera, U., Sadovskaia, K., Farfan, J., Barbosa, L. S. N. S., Fasihi, M., Khalili, S., Breyer, C., Traber, T., De Caluwe, F., Gruber, G., Dahlheimer, B., & Fell, H.-J. (2019). *Global Energy System Based On 100 % Renewable Energy – Power, Heat, Transport and Desalination Sectors.* Study by Lappeenranta University of Technology and Energy Watch Group.

Rippel, K. M., Wiede, T., Meinecke, M., & König, R. (2019). *Netzentwicklungsplan Strom 2030*, Version 2019. 50Hertz Transmission, Amprion, TenneT TSO, TransnetBW. https://www.netzentwicklungsplan.de/de/netzentwicklungsplaene/netzentwicklungsplan-2030-2019. Zugegriffen: 7. Jan. 2021.

Robinson, J. B. (1982). Energy backcasting – A proposed method of policy analysis. *Energy Policy, 10*(4), 337–344. https://doi.org/10.1016/0301-4215(82)90048-9. Zugegriffen: 21. Jan. 2021.

Rogner, H. (2016). *IIASA's Integrated Assessment Framework.* Pathways to Sustainable Energy Workshop, Geneva.

Rotmans, J., Kemp, R., & van Asselt, M. (2001). More evolution than revolution: transition management in public policy. *Foresight, 3*(1), 15–31.

S&P. (2017). *World Electric Power Plants Database, March 2017.* New York (USA): S&P Global Market Intelligence. https://doi.org/10.7910/DVN/OKEZ8A. Harvard Dataverse. Zugegriffen: 12. Jan. 2021.

SDH. (2016). *Silkeborg gets the world largest solar thermal plant.* 23.09.2016. https://www.solar-district-heating.eu/silkeborg-gets-the-world-largest-solar-thermal-plant/. Stuttgart: Solar District Heating (SDH). Zugegriffen: 18. Jan. 2021.

Smith School of Enterprise and the Environment. (2014). *Stranded Assets Programme.* 25.03.2014. https://web.archive.org/web/20140327230917/http://www.smithschool.ox.ac.uk/research/stranded-assets/. Zugegriffen: 22. Dez. 2020.

Suruhanjaya Tenaga. (2020a). *Peninsular Malaysia Electricity Supply Industry Outlook 2019.* Putrajaya (Malaysia): Energy Commission. https://www.st.gov.my/en/contents/files/download/106/PENINSULAR_MALAYSIA_ELECTRICITY_SUPPLY_INDUSTRY_OUTLOOK_2019.pdf. Zugegriffen: 24.Okt. 2020.

Suruhanjaya Tenaga. (2020b). *Sabah Electricity Supply Industry Outlook 2019.* Putrajaya (Malaysia): Energy Commission. https://www.st.gov.my/en/contents/files/download/106/SABAH_ELECTRICITY_SUPPLY_INDUSTRY_OUTLOOK_2019.pdf. Zugegriffen: 24. Okt. 2020.

Suruhanjaya Tenaga. (2020c). *Malaysia Energy Statistics Handbook 2019*. Putrajaya (Malaysia): Energy Commission. https://meih.st.gov.my/documents/10620/bcce78a2-5d54-49ae-b0dc-549dcacf93ae. Zugegriffen: 24. Okt. 2020.

SWM. (2020). Unsere Ökostrom-Anlagen. München: Stadtwerke München (SWM). https://www.swm.de/energiewende/oekostrom-erzeugung. Zugegriffen: 16. Dez. 2020.

Thiem, S. M., Danov, V., Metzger, M., Schäfer, J., & Hamacher, T. (2017). *Project-level multi-modal energy system design – Novel approach for considering detailed component models and example case study for airports*. Amsterdam: Energy, 133, S. 691–709. https://doi.org/10.1016/j.energy.2017.05.159. Zugegriffen: 26. Jan. 2021.

Thiem, S. M. (2017). *Multi-modal on-site energy systems – Development and application of a superstructure-based optimization method for energy system design under consideration of part-load efficiencies*. Dissertation. München: TU München. https://mediatum.ub.tum.de/doc/1342482/1342482.pdf. Zugegriffen: 7. Jan. 2021.

Umweltbundesamt. (2011). *Klimaschutz durch Reduzierung des Energiebedarfs für Gebäudekühlung*. Dessau-Roßlau: Umweltbundesamt. https://www.umweltbundesamt.de/sites/default/files/medien/461/publikationen/3979.pdf. Zugegriffen: 26. Jan. 2021.

Umweltbundesamt. (2020a). *Trends der Lufttemperatur*. Dessau-Roßlau: Umweltbundesamt, 23.03.2020. https://www.umweltbundesamt.de/daten/klima/trends-der-lufttemperatur#steigende-durchschnittstemperaturen-weltweit. Zugegriffen: 21. Jan. 2021.

Umweltbundesamt. (2020b). *Entwicklung der F-Gase – (teil-)fluorierte Kohlenwasserstoffe, Schwefelhexafluorid und Stickstofftrifluorid*. Dessau-Roßlau: Umweltbundesamt, 06.07.2020. https://www.umweltbundesamt.de/daten/klima/treibhausgas-emissionen-in-deutschland#entwicklung-der-f-gase-teil-fluorierte-kohlenwasserstoffe-schwefelhexafluorid-und-stickstofftrifluorid. Zugegriffen: 12. Jan. 2021.

Umweltbundesamt. (2020c). *Indikator: Emission von Treibhausgasen*. Dessau-Roßlau: Umweltbundesamt, 25.03.2020. https://www.umweltbundesamt.de/indikator-emission-von-treibhausgasen#die-wichtigsten-fakten. Zugegriffen: 22. Dez. 2020.

UNEP. (2019). *Emissions Gap Report 2019*. Nairobi: United Nations Environment Programme (UNEP).

United Nations. (2015a). *Transforming our world: the 2030 Agenda for sustainable development*. New York: United Nations. https://sustainabledevelopment.un.org/post2015/transformingourworld. Zugegriffen: 18. Jan. 2021.

United Nations. (2015b). *About the sustainable development goals*. New York (USA): United Nations. https://www.un.org/sustainabledevelopment/sustainable-development-goals/. Zugegriffen: 7. Jan. 2021.

United Nations. (2015). *Paris Agreement*. New York: United Nations.

United Nations. (2015). *The Paris Agreement: essential elements*. New York: United Nations.

United Nations. (2019). *World Urbanization Prospects: The 2018 Revision (ST/ESA/SER.A/420)*. New York: United Nations, Department of Economic and Social Affairs, Population Division.

United Nations. (1999). *Geographic Regions*. New York: United Nations. https://unstats.un.org/unsd/methodology/m49/. Zugegriffen: 25. Okt. 2020.

urgewald. (2019). *Companies Driving the World's Coal Expansion Revealed: NGOs Release New Global Coal Exit List for Finance Industry*. Media Briefing, September 2019. Sassenberg: urgewald.

Vaillancourt, K., & Labriet, M., & Loulou, R., & Waaub, J.-P. (2008). The role of nuclear energy in long-term climate scenarios: An analysis with the World-TIMES model. *Energy Policy, 36,* 2296–2307. https://doi.org/10.1016/j.enpol.2008.01.015. Zugegriffen: 25. Okt. 2020.

Vattenfall. (2019). *Sonnige Aussichten: Ein Jahr Bilanz – Köpenicker Solarthermie-Anlage übertrifft die Erwartungen*. Pressemitteilung, 24.07.2019. Berlin: Vattenfall. https://group.vattenfall.com/de/newsroom/pressemitteilungen/2019/koepenicker-solarthermie-anlage-uebertrifft-erwartungen. Zugegriffen: 25. Nov. 2020.

Vidal, R. (2015). *IHS long-term planning and energy scenarios – IHS Energy Autonomy*. London (UK): IHS Markit.

Vidal, R. (2018). *IHS long-term planning and energy scenarios – IHS Energy Rivalry*. London (UK): IHS Markit.

Voll, P. (2013). *Automated optimization-based synthesis of distributed energy supply systems*. Aachen: RWTH. https://darwin.bth.rwth-aachen.de/opus3/volltexte/2014/4913/. Zugegriffen: 26. Jan. 2021.

Wien Energie. (2019). *Stärkste Großwärmepumpe Mitteleuropas pumpt in Wien*. 06.03.2019, Wien: Wien Energie GmbH. https://www.wienenergie.at/blog/staerkste-grosswaermepumpe-mitteleuropas-pumpt-in-wien. Zugegriffen: 26. Jan. 2021.

Wietschel, M. (2019). Klimabilanz, Kosten und Potenziale verschiedener Kraftstoffarten und Antriebssysteme für Pkw und Lkw. Karlsruhe. https://www.isi.fraunhofer.de/content/dam/isi/dokumente/cce/2019/klimabilanz-kosten-potenziale-antriebe-pkw-lkw.pdf. Zugegriffen: 21. Jan. 2021.

Williamson, O. E. (1990). *Die ökonomischen Institutionen des Kapitalismus – Unternehmen, Märkte, Kooperationen*. Tübingen: Mohr Siebeck.

WMO. (2018). *WMO confirms 2017 among the three warmest years on record*. Genf: World Meteorological Organization (WMO), Press Release, 18.01.2018. https://public.wmo.int/en/media/press-release/wmo-confirms-2017-among-three-warmest-years-record. Zugegriffen: 12. Jan. 2021.

World Bank. (2019). *Population, total*. Washington, D.C.: The World Bank. https://data.worldbank.org/indicator/SP.POP.TOTL. Zugegriffen: 22. Dez. 2020.

World Bank. (2020). *Commodity markets outlook, April 2020*. Washington, DC: The World Bank.

Xu, R., & Wunsch, D. C. (2009). *Clustering*. Hoboken: Wiley, IEEE Press.

Yokoyama, R., Hasegawa, Y., & Ito, K. (2002). *A MILP decomposition approach to large scale optimization in structural design of energy supply systems*. Amsterdam: Energy Conversion and Management, 43(6), S. 771–790. https://doi.org/10.1016/S0196-8904(01)00075-9. Zugegriffen: 7. Jan. 2021.

Stichwortverzeichnis

O. D. Doleski et al., *Digitale Dekarbonisierung*,
https://doi.org/10.1007/978-3-658-32934-1

GPSR Compliance

The European Union's (EU) General Product Safety Regulation (GPSR) is a set of rules that requires consumer products to be safe and our obligations to ensure this.

If you have any concerns about our products, you can contact us on ProductSafety@springernature.com

In case Publisher is established outside the EU, the EU authorized representative is:

Springer Nature Customer Service Center GmbH
Europaplatz 3
69115 Heidelberg, Germany

Batch number: 10682396

Printed by Printforce, the Netherlands